基于智能材料的
结构健康监测技术

李剑芝 著

U0263262

科学出版社

北京

内 容 简 介

本书将智能材料与传统结构健康监测相结合，在光纤传感技术和结构长期监测方法方面进行了相关研究。本书结合光纤传感技术和不同监测对象的特点，对光纤传感系统的结构、特性，传感器与结构的有效融合、界面兼容性，传感器的植入工艺和结构的长期监测方法等方面展开研究。全书系统地阐述了一系列基于智能材料的结构健康监测技术与方法，旨在对当前结构健康监测体系进行补充与优化。这些技术不仅能够提升结构安全监测的效率和准确性，还有助于激发更广泛的社会参与，共同推进结构安全保障和灾害预防工作。

本书适合结构健康监测和光纤传感技术相关领域的科研人员与工程师阅读，也可作为结构工程、智能材料与结构、测控技术与仪器等相关专业的研究生和高年级本科生的参考书。

图书在版编目(CIP)数据

基于智能材料的结构健康监测技术/李剑芝著. —北京：科学出版社，2025.3

ISBN 978-7-03-073684-0

Ⅰ.①基… Ⅱ.①李… Ⅲ.①光纤传感器-研究 Ⅳ.①TP212.4

中国版本图书馆 CIP 数据核字（2022）第 203656 号

责任编辑：杨慎欣 狄源硕 / 责任校对：何艳萍
责任印制：徐晓晨 / 封面设计：无极书装

科 学 出 版 社 出版
北京东黄城根北街 16 号
邮政编码：100717
http://www.sciencep.com
北京华宇信诺印刷有限公司印刷
科学出版社发行 各地新华书店经销
*
2025 年 3 月第 一 版 开本：720×1000 1/16
2025 年 3 月第一次印刷 印张：18 1/4
字数：368 000
定价：168.00 元
（如有印装质量问题，我社负责调换）

前　言

基于智能材料的结构健康监测技术是材料、信息、力学和结构等学科交叉前沿领域的研究热点，除了实现力学传感功能外，还具有监测、诊断与分析等综合功能，旨在实现各种材料结构的智能健康监测。本书可为智能材料的结构健康监测技术提供理论指导和技术支持。

智能材料就是指具有感知环境（包括内环境和外环境）刺激，并对感知信号进行分析、处理、判断，然后采取措施进行合理响应的复合材料。它通常包括传感器、驱动器、控制系统、通信网络与母体材料五部分，由传感器对外界环境的变化进行感知，并将感知信息传递给控制系统，经过分析判断发出指令给驱动器，驱动器对环境变化做出响应。同时，健康监测的目的在于对结构力学状态或损伤进行识别与分析，利用结构材料参数及其几何特征的改变，监测结构力学状态并对其进行分析。

我们结合光纤传感技术和不同监测对象的特点对光纤传感器件与结构长期监测方法进行研究，经过十余年的坚守和不断探索，在基于智能材料结构的健康监测技术方面取得了一些阶段性成果。近年来，随着人工智能技术的快速发展，结构安全问题深入人心，相信未来在同行的共同努力下，基于智能材料的结构健康监测技术对工程结构的公共安全保障会有显著的支撑。

全书共8章。第1章是绪论，介绍基于光纤传感、光纤光栅传感与全分布式光纤传感的传感器特点、应用及发展现状，并介绍智能材料在结构健康监测中的应用；第2章介绍光纤光栅传感原理，以及基于光纤光栅传感原理的加速度传感器和倾角传感器的结构设计与特性验证；第3章介绍光纤光栅与全分布式光纤传感器的定位方法，以及基于光纤光栅的布里渊分布式位移传感器；第4章介绍基于光纤传感的智能材料结构设计理论，阐述其特点及发展现状，对光纤与纤维增强复合材料界面性能进行研究，并对智能结构中传感系统进行复合模型分析、界面数值分析和传感器尺寸设计；第5章介绍基于光纤智能材料结构智能拉索监测方法，讨论智能拉索丝的结构、工艺和制备方法，分析其力学性能及传感特性；第6章介绍基于智能支座的桥梁结构健康监测方法，对其传感原理进行理论分析和数值模拟，并验证与分析变截面支座模型和实际变截面支座的传感特性；第7章介绍基于螺旋分布式光纤的锚索腐蚀长期监测方法，讨论螺旋分布式光纤的传感原理与特性，建立锚索的长期监测方法；第8章介绍基于轴向分布式光纤的锚索腐蚀长期监测方法，阐述其测量原理，进行轴向分布式光纤传感器的传感特性研究，并验证该监测方法的可靠性。

本书的相关研究工作得到了国家自然科学基金项目（项目编号：51508349）、河北省自然科学基金重点项目（项目编号：E2019210201）和中央引导地方科技发展资金项目（项目编号：226Z0801G）、河北省"三三三人才工程"项目（项目编号：A2016002035）、留学人员科技活动项目（项目编号：CL201626）等的资助，在此一并表示感谢。

本书是在作者课题组成员的通力合作下撰写而成的。其中张婉洁老师和研究生申博豪、杨海群、刘占剑、王鹤林、赵翼遥、史宇承、张鹏、王晨、佟泽浩、侯跃敏、赵德胜、王俊杰、郭琪、邓天志、张强等均在本书的撰写过程中给予了作者大量帮助，在此对大家表示感谢。

希望本书的出版能够对结构智能健康监测领域的科研人员、工程技术人员和高校相关专业的师生有所帮助。由于作者水平有限，书中疏漏之处在所难免，恳请各位专家和读者提出批评改进意见（lijz@stdu.edu.cn）。

李剑芝

2024 年 6 月 17 日

于石家庄铁道大学

目　　录

前言

第1章　绪论 ……………………………………………………………… 1

1.1　智能材料结构概述 ……………………………………………… 1

1.2　光纤传感器 ………………………………………………………… 2

1.2.1　光纤传感器的原理、特点及分类 ………………………… 2

1.2.2　光纤传感器的应用及发展现状 …………………………… 3

1.3　光纤光栅传感器 …………………………………………………… 4

1.3.1　光纤光栅传感器的特点 …………………………………… 4

1.3.2　光纤光栅传感器的应用及发展现状 ……………………… 4

1.3.3　光纤光栅传感技术中存在的主要问题 …………………… 5

1.4　全分布式光纤传感器 ……………………………………………… 6

1.4.1　全分布式光纤传感器的特点 ……………………………… 7

1.4.2　全分布式光纤传感技术的应用 …………………………… 8

1.4.3　全分布式光纤传感技术的发展方向 ……………………… 11

1.5　智能材料结构在结构健康监测中的应用 ……………………… 12

参考文献 …………………………………………………………………… 13

第2章　光纤布拉格光栅传感技术 ………………………………… 15

2.1　概述 …………………………………………………………………… 15

2.2　光纤光栅的传感原理及理论分析 ……………………………… 16

2.2.1　光纤光栅的耦合模理论 …………………………………… 16

2.2.2　光纤光栅应变传感原理及应变灵敏度的理论分析 …… 20

2.2.3　光纤光栅温度传感原理及温度灵敏度的理论分析 …… 21

2.3　低频高灵敏度 FBG 加速度传感器 …………………………… 22

2.3.1　FBG 的基本特性 …………………………………………… 22

2.3.2　一般振动模型 ……………………………………………… 22

2.3.3　传感器结构参数分析及优化 ……………………………… 25

2.3.4　传感器结构设计与理论计算 ……………………………… 30

　　2.3.5　传感器传感特性试验验证 ·········· 39

2.4　位移型 FBG 倾角传感器 ·········· 55

　　2.4.1　基本传感原理 ·········· 55

　　2.4.2　结构设计与数值分析 ·········· 56

　　2.4.3　传感特性验证 ·········· 63

参考文献 ·········· 69

第 3 章　全分布式光纤传感技术 ·········· 71

3.1　概述 ·········· 71

3.2　全分布式光纤传感原理及分析 ·········· 71

　　3.2.1　光纤中的自发散射谱 ·········· 71

　　3.2.2　全分布式光纤传感技术的主要参数 ·········· 72

　　3.2.3　光纤中的布里渊散射原理和传感机制 ·········· 74

　　3.2.4　光栅温度-应变交叉灵敏度的理论分析 ·········· 82

3.3　基于 FBG 的全分布式精确定位方法 ·········· 83

　　3.3.1　基于 FBG 的时域定位方法原理 ·········· 83

　　3.3.2　FBG 与布里渊信号耦合特性 ·········· 85

　　3.3.3　环境温度及空间分辨率对定位精度的影响 ·········· 87

3.4　基于 FBG 的布里渊分布式位移传感器 ·········· 92

　　3.4.1　基于 FBG 的布里渊分布式位移传感原理 ·········· 93

　　3.4.2　1#位移传感器的传感特性 ·········· 95

　　3.4.3　2#位移传感器的传感特性 ·········· 98

参考文献 ·········· 101

第 4 章　基于光纤传感的智能材料结构设计理论 ·········· 103

4.1　概述 ·········· 103

4.2　基于光纤传感的智能材料结构特点及发展现状 ·········· 103

4.3　光纤植入复合结构材料的基本原理 ·········· 104

4.4　光纤与纤维增强复合材料界面性能 ·········· 105

　　4.4.1　剪滞分析模型 ·········· 105

　　4.4.2　黏结区应力分量的求解 ·········· 106

　　4.4.3　裸纤界面数值分析 ·········· 109

4.5　智能结构中传感系统的要求与设计 ·········· 113

　　4.5.1　复合材料与光栅传感器复合模型及分析 ·········· 113

　　4.5.2　传感器结构界面数值分析 ·········· 114

　　　　4.5.3　传感器的尺寸设计 ……………………………………… 121

　　参考文献 ……………………………………………………………… 125

第5章　基于光纤智能材料结构的智能拉索监测方法 ………………… 126

　　5.1　概述 ……………………………………………………………… 126

　　5.2　智能拉索的结构及功能设计 …………………………………… 126

　　　　5.2.1　钢索（筋）结构 …………………………………………… 126

　　　　5.2.2　斜拉索的功能设计 ………………………………………… 127

　　5.3　复合材料的成型工艺 …………………………………………… 128

　　5.4　增强复合材料智能拉索丝的制备 ……………………………… 129

　　　　5.4.1　试验设计 …………………………………………………… 129

　　　　5.4.2　FBG 的复合工艺研究 …………………………………… 131

　　5.5　混杂纤维增强复合材料的力学性能 …………………………… 134

　　　　5.5.1　力学性能样品制备及分析 ………………………………… 134

　　　　5.5.2　SEM 扫描样品制备及分析 ……………………………… 136

　　　　5.5.3　光栅传感器与复合材料的界面黏结分析 ………………… 139

　　5.6　智能拉索丝的传感特性 ………………………………………… 141

　　　　5.6.1　试验系统 …………………………………………………… 141

　　　　5.6.2　传感特性分析 ……………………………………………… 142

　　参考文献 ……………………………………………………………… 146

第6章　基于智能支座的桥梁结构健康监测方法 …………………… 147

　　6.1　概述 ……………………………………………………………… 147

　　6.2　智能支座应变放大原理与结构设计 …………………………… 148

　　　　6.2.1　支座结构力学分析 ………………………………………… 148

　　　　6.2.2　基于变截面的环向应变放大原理 ………………………… 150

　　　　6.2.3　变截面球形支座的结构设计 ……………………………… 150

　　6.3　球形支座的仿真分析 …………………………………………… 153

　　　　6.3.1　变截面放大器结构参数影响分析 ………………………… 153

　　　　6.3.2　竖向荷载下原尺寸球形支座的有限元分析 ……………… 157

　　　　6.3.3　压转荷载下原尺寸球形支座的有限元分析 ……………… 165

　　　　6.3.4　不同工况下的球形支座的有限元分析 …………………… 172

　　6.4　环向分布式光纤与球形支座的复合工艺研究 ………………… 193

　　　　6.4.1　传感元件与支座结构的复合设计 ………………………… 193

　　　　6.4.2　FBG 复合工艺 …………………………………………… 193

6.5　变截面支座模型传感特性 ···196
　　6.5.1　试件制作与试验 ···196
　　6.5.2　变截面厚度对支座模型传感特性的影响 ·················199
　　6.5.3　变截面直径对支座模型传感特性的影响 ·················200
　　6.5.4　传感器的工作范围 ···202
6.6　实际变截面支座传感特性 ···204
　　6.6.1　试件尺寸与试验 ···204
　　6.6.2　变截面直径为275mm的支座 ································207
　　6.6.3　变截面直径为315mm的支座 ································211
　　6.6.4　无变截面结构支座 ···213
参考文献 ···215

第7章　基于螺旋分布式光纤的锚索腐蚀长期监测方法 ·············217
7.1　概述 ···217
7.2　基于螺旋分布式光纤的锚索均匀腐蚀监测原理 ·············219
　　7.2.1　腐蚀膨胀厚壁圆筒模型分析 ·································219
　　7.2.2　基于螺旋分布式光纤的锚索腐蚀监测原理 ·········220
　　7.2.3　环向光纤应力的影响参数分析 ·····························222
7.3　螺旋分布式光纤的曲率研究 ···223
　　7.3.1　螺旋缠绕角对螺旋分布式光纤传感器性能的影响 ·······224
　　7.3.2　弯曲曲率对螺旋分布式光纤传感器性能的影响 ·········226
7.4　螺旋分布式光纤应变与腐蚀率的理论数学模型 ·············228
　　7.4.1　钢筋锈胀力与腐蚀率关系的理论分析 ·················228
　　7.4.2　螺旋光纤缠绕参数与光纤应变的理论分析 ·········231
7.5　钢筋混凝土结构的钢筋腐蚀规律 ·····································232
　　7.5.1　试验方案 ···232
　　7.5.2　钢筋锈胀规律 ···234
　　7.5.3　垫层厚度对螺旋分布式光纤应变的影响 ·············238
　　7.5.4　钢筋腐蚀长度对螺旋分布式光纤应变的影响 ·········242
　　7.5.5　光纤应变与结构损伤的关系 ·································243
　　7.5.6　钢筋腐蚀的损伤定位规律 ·····································244
7.6　复合式锚索长期监测模型试验 ···248
　　7.6.1　预应力锚索腐蚀长期监测验证平台的搭建 ·········248
　　7.6.2　电加速腐蚀试验 ···249
　　7.6.3　结果分析与讨论 ···250
参考文献 ···253

第 8 章　基于轴向分布式光纤的锚索腐蚀长期监测方法 ························254

　8.1　概述···254

　8.2　基于轴向分布式光纤的锚索腐蚀监测原理·······················254

　　　8.2.1　预应力锚索腐蚀损伤监测思路·····························254

　　　8.2.2　预应力锚索腐蚀损伤表征参数·····························256

　　　8.2.3　腐蚀率测试范围···258

　　　8.2.4　预应力锚索腐蚀损伤数学模型的推导·····················261

　　　8.2.5　试件的设计及制作···262

　8.3　基于轴向分布式光纤的预应力锚索腐蚀损伤的监测方法·········265

　　　8.3.1　试验方案···265

　　　8.3.2　结果分析与讨论···268

　8.4　光纤植入纤维增强复合材料的性能·······························275

　　　8.4.1　FBG 智能纤维复合材料的微观力学与界面性能············275

　　　8.4.2　界面的疲劳特性···279

参考文献 ···280

第1章 绪 论

1.1 智能材料结构概述

智能材料的来源可追溯到 20 世纪 70 年代，美国学者 Claus[1] 将光纤埋入聚合物基碳纤维复合材料中，开创了智能材料结构学科。20 世纪 80 年代中期人们开始讨论智能材料的定义，正式提出了智能材料的概念。首先，关于智能材料的英文表述有"smart material""adaptive material""smart structures"等，但笔者认为"intelligent material"更适合作为智能材料结构的表述，因为"intelligent"有判断、推理的含义，能更好地诠释"智能"的含义。肖纪美院士在《智能材料的来龙去脉》一文中介绍了不同学者对智能材料的各种定义，并通过逻辑分析对智能材料概念的内涵与外延进行了客观的评述[2]。例如，有侧重技术上的定义——"在材料和结构中集成有执行器、传感器和控制器"，该定义说明了材料类型与功能，但问题在于没有系统集成的指导思想和目标；有侧重科学上的定义——"在材料系统微结构中集成智能与生命特征，达到减小质量、降低能耗并产生自适应功能目的"，该定义的问题在于没有材料类型与功能要求。杨大智院士给出了一个相对全面的定义：智能材料是模仿生命系统，能感知环境变化并能实时地改变自身的一种或多种性能参数、自身可做出所期望的能与变化后的环境相适应的自我调整的复合材料或材料的复合[3]。

智能材料结构中两类重要的功能材料是感知材料及响应与驱动材料[4]。其中，感知材料感知环境信息及自身性能的变化；响应与驱动材料（可做成驱动或执行器）是对外界环境条件或内部状态发生变化做出响应或驱动的材料。它具有如下特征：①利用上述两种功能材料做成传感器和驱动器；②其中，传感器对外界刺激信号做出感知，得到感知信号；③并用信息技术对感知信号进行处理，指令反馈给驱动器；④然后驱动器做出及时、灵敏、恰当的反应；⑤当外部刺激信号消失后，迅速恢复到原始状态。

常用驱动材料有压电材料、电致伸缩材料、磁致伸缩材料、形状记忆材料、电流变材料和磁流变材料。目前驱动材料在实际应用中仍然存在作动力较小、响应滞后等问题。感知材料是指具有感知功能的材料（可做成各种传感器），用于感知外界或内部的刺激信号（如光、电、磁、热、化学、应力、应变与辐射等）。常用感知材料包括压电材料、电阻应变材料、微芯片传感材料与光纤传感材料。上述感知材料无法在材料结构内串联布设，需要大量并联导线，因此布线复杂，不易埋设，而且不能适应极限工作条件（如高温、高压、高磁场、高辐射、高腐蚀），其应用有限。然而，光纤材料由于体积小、质量轻、灵敏度高、动态范围大，可用于易燃、易爆、高电场及强磁场等极限条件，其与母体复合材料具有优良的兼容性，埋入方便，已成为智能材料结构的首选传感材料。因此，基于光纤传感的智能材料结构迅速且蓬勃地发展起来。

1.2　光纤传感器

1.2.1　光纤传感器的原理、特点及分类

光导纤维（简称光纤）最早用于传光及传像。在 20 世纪 70 年代初生产出低损耗光纤后，光纤在通信技术中用于长距离传输信息。然而，光纤不仅可以作为光波的传输媒质，而且还可以作为传感载体。这是因为光波在光纤中传播时，表征光波的特征参量（振幅、相位、偏振态、波长等）因外界因素（如温度、压力、磁场、电场、位移、转动等）作用而发生间接或直接的变化，从而可将光纤作为敏感元件来探测各种物理量，这也是光纤的基本传感原理。

光纤传感器主要由光源、光纤、光检测器和附加装置等组成。光源种类很多，常用光源有钨丝灯、激光器和发光二极管等。光纤传感器可以分为传感型与传光型两大类[5]。利用外界物理因素改变光纤中的光强度、相位、偏振态或波长，从而对外界因素进行测量和数据传输的，称为传感型（或功能型）光纤传感器，其具有传、感合一的特点，信息的获取和传输都在光纤之中。传光型光纤传感器是指通过将被测对象调制后的光信号输入光纤，并在输出端对光信号进行处理以实现测量的传感器。在该类传感器中，光纤仅作为光传输元件，而必须额外配置能够对光信号进行调制的敏感元件。

与传统传感器相比，光纤传感器具有一系列独特、难以比拟的优点，主要如下。

（1）光波抗电磁干扰能力极强，电绝缘、耐腐蚀，本质安全。

由于光纤传感器是利用光波传输信息，光纤是电绝缘、耐腐蚀的传输媒质，免电磁干扰，同时也不影响外界的电磁场。因此它在各种大型机电、石油化工、冶金高压、强电磁场干扰、易燃、易爆、强腐蚀环境中能安全而有效地传感。

（2）灵敏度高。

利用长光纤和光波干涉技术可使不少光纤传感器的灵敏度优于一般的传感器。其中有的已由理论和试验验证，如测量水声、加速度、辐射、磁场等物理量的光纤传感器。

（3）质量轻、体积小，对被测介质影响小。

光纤具有质量轻、体积小的特点，这有利于埋入结构材料中，尤其有利于用在航空航天以及狭窄空间中。

（4）外形可变。

光纤还具有可弯曲的独特优势，其与结构具有与生俱来的相容性，因此可利用光纤制成外形各异、尺寸不同的光纤传感器。

（5）可测参量多，应用对象范围广泛。

通过不同的解调和调制技术，光纤传感器可以实现多种参量的传感，例如应力、温度、振动、电流、电压、速度、加速度、转角、弯曲、位移、折射率、溶液浓度等。因此，光纤传感器测量对象十分广泛，可感知的参量已经达到了 100 多种。

1.2.2　光纤传感器的应用及发展现状

光纤一问世就受到极大重视，几乎在各个领域都得到了研究与应用，成为传感技术的先导，推动着传感技术的蓬勃发展。随着 20 世纪 70 年代低损耗光纤的成功研发，光纤已经发展成为现代通信和光传感网络的代名词。光纤传感器的传统终端市场包括航空航天、国防、石油和天然气开采、基础设施发展和电信行业。传统终端市场的发展将继续推进全球光纤传感器市场的增长。由此可见，智能结构的升级、新兴基础设施建设的蓬勃发展以及石油和天然气行业的飞速发展都为光纤传感器的市场增长开辟了重要机遇。

2021 年全球分布式光纤传感市场规模大约为 58 亿元（人民币），预计 2028 年将达到 114 亿元，2022～2028 年年复合增长率为 9.87%。2021 年中国占全球市场份额为 24.02%，北美占 34.63%，预计到 2028 年中国市场复合增长率为 11.96%，并在 2028 年规模达到 4.788 亿美元，同期北美市场复合平均增长率（compound annual growth rate，CAGR）预计大约为 9.13%。目前北美是全球最大的分布式光纤传感生产地区，占有大约 44% 的市场份额，中国占有大约 30% 的市场份额[6]。

然而在光纤传感领域中，传统光纤传感器绝大部分是光强型和干涉型的。前者的信息读取依赖于光强大小，因此光源起伏、光纤弯曲损耗、连接损耗和探测器老化等因素都会直接影响光纤传感器的测量精度。而干涉型传感器的信息读取是观察干涉条纹的变化，这就要求干涉条纹清晰，而干涉条纹清晰就要求两路干涉光的光强相等，这样光纤光路的灵活和连接方便等优点就大打折扣，而且干涉型传感器是一种过程传感器，而不是状态传感器，必须要有一个固定参考点，这给光纤传感器的应用带来了难度。

近年来，光纤光栅与全分布式光纤传感技术以其分布式、便于组网的独特优势，在光纤传感技术竞争中日益显示出强大的生命力，并在军用、民用等工程领域广泛应用。

1.3　光纤光栅传感器

1.3.1　光纤光栅传感器的特点

　　1978 年，在掺锗石英光纤中，加拿大渥太华通信研究中心 Hill 等[7]首次发现了光纤的光敏效应，并制作出世界上第一个光纤光栅，从而引起了光纤传感领域一次新的革命。1989 年美国联合技术研究中心 Meltz 等[8]以倍频燃料激光器输出的 244nm 的紫外光为光源，用全息干涉法在掺锗石英光纤上研制出第一支布拉格波长位于通信窗口的光纤光栅，使光纤光栅进入实用化。1993 年，Hill 等[9]又提出利用相位模板制作光纤光栅，使光纤光栅工业化生产成为现实。

　　除了具有普通光纤传感器的优点外，光纤光栅传感器还有一些明显优于传统光纤传感器的优势，其中最重要的就是波长编码以及复用特性，主要优点如下。

　　（1）波长编码，抗干扰能力强。

　　这一方面是因为普通传输光纤不会影响光波的频率特性（忽略光纤的非线性效应）；另一方面光纤光栅传感系统从本质上排除了各种光强起伏引起的干扰，例如，光源强度的起伏、光纤微弯效应引起的随机起伏、耦合损耗等都不可能影响传感信号的波长特性，因而基于光纤光栅的传感系统具有很高的可靠性和稳定性。

　　（2）便于复用成网。

　　光纤光栅能构成各种形式的光纤传感网络，形成分布式光纤光栅传感器阵列，结合波分复用、时分复用技术解调光纤光栅传感器阵列的光学信号，可实现多点测量的分布式光纤传感网络。

　　（3）光纤光栅传感器可实现绝对测量，具有良好的重复性。

　　光纤光栅是自参考的，可以绝对测量（在对光纤光栅进行标定后），不必像基于条纹计数的干涉型传感器那样要求初始参考。

　　（4）易于和材料复合。

　　鉴于光纤光栅外观与普通光纤相似，具备结构简单、体积小巧的特点，因此易于嵌入复合材料构件或大型建筑物内部。采用光纤传感技术的智能材料和结构，能够实现对结构完整性、安全性、荷载疲劳程度及损伤状态等进行持续且实时的监测。

1.3.2　光纤光栅传感器的应用及发展现状

　　随着相位掩膜法的使用、光纤制造技术的不断完善、应用成果的不断出现及世界向信息化社会的迈进，光纤光栅已成为目前较具挑战性和较有发展前途的光纤无源器件之一，极大地促进了光纤通信和光纤传感领域的发展，并被广泛应用于国防、工业与农业生产、环境保护、生物医学、计量测试、交通运输、自动控制等领域。特别是在光纤传感领域，光纤光栅作为一种具有优良性能的光纤传感元件，在土木工程和航天工程等技术领域有着很好的应用前景。

在光纤通信领域，光纤光栅的出现使许多复杂的全光通信成为可能。研究表明，光纤光栅以及基于光纤光栅的器件已经能够解决全光通信系统中许多关键技术问题，例如，光纤光栅可用于制作光纤光栅激光器、波分复用器、色散补偿器、波长变换器等。

在光纤传感领域，自从 1990 年美国的 Morey 等[10]首次进行光纤光栅的应变与温度传感器研究以来，世界各国都对其十分关注并开展了广泛的应用研究。光纤光栅已成为传感领域发展最快的技术，并在很多领域取得了成功的应用，如土木工程、航天器及船舶、电力、石油工业、医学、化学、医药等领域。

2003 年，Magne 等[11]将 11 个光纤光栅传感器布设在混凝土箱形梁内部，监测桥梁在动荷载作用下的反应，对桥梁的健康状况进行评估。2004 年，欧进萍等[12]对黑龙江省的呼兰河大桥进行健康监测，布设的光纤光栅传感器监测了预应力箱形梁张拉过程的钢筋应变历程，以及箱形梁静载试验的钢筋应变增量与分布。2007 年，李冬生等[13]在四川峨边大渡河拱桥关键性吊杆中成功布设了光纤光栅应变和温度传感器，利用布设好的光纤布拉格光栅（fiber Bragg grating, FBG）传感器成功监测了车辆荷载下吊杆应变历程和温度变化过程、同一车辆荷载对不同长度吊杆的影响。2009 年，王旭等[14]将光纤光栅应变传感器应用到云南小磨高速公路九龙隧道工程。同年，胡宁[15]将光纤光栅应变传感器应用到福建厦门翔安海底工程中。2010 年，郝晋豫等[16]将光纤光栅应用在郑州至西安铁路无砟轨道线路工后沉降监测上。2013 年，段抗等[17]等将光纤光栅位移传感器应用在盐岩地下储气库群模型试验中。2014 年，孙健[18]在神东天隆集团马家塔 2 号露天矿进行边坡位移的测量。2019 年，胡仲春[19]基于光纤光栅传感技术和云服务平台提出多类型近接工程综合监测系统，实现了对太原火车站蓄水池基坑、下穿既有铁路隧道等近接施工项目的联合监测。2020 年，Xu 等[20]在山西省神池县朔黄铁路进行边坡试验，提出了一种基于光纤光栅传感的边坡的变形和振动监测系统。2022 年，贾登等[21]利用光纤光栅监测技术，对钻机关键结构件井架和底座的起升、下放以及作业工况的关键受力截面进行应变监测。

光纤光栅传感器在其他方面还有很广泛的应用，此处不再赘述。

1.3.3　光纤光栅传感技术中存在的主要问题

光纤光栅传感器的应用是一个蓬勃发展的领域，有着广阔的发展前景，但在将光纤光栅传感器更好地应用于实际工程前，还有很多问题需要解决。例如，光纤光栅的波长位移检测需要较复杂的技术和仪器设备，需要大功率宽带光源或可调谐光源等,在当前的技术条件下,其检测的分辨率和动态范围也受到一定限制。同时,影响光纤光栅实用化的另外一个最重要的因素便是光纤光栅的温度与应变交叉敏感的问题。这些问题通过改进光纤光栅的解调系统均能得到解决。在光纤光栅传感器的设计和应用中,还存在如下问题。

（1）成本问题。

目前光纤光栅的写入设备和解调系统的成本过高,严重制约了光纤光栅传感器的普及。

（2）信号解调问题。

如何进行大量的信息存储和及时地从测量信号分析提取出反映结构安全性能指标的参数是必须解决的问题。光纤光栅传感器常在动态系统中应用,对其动态频响特性的研究是很重要的一方面,但目前研究力度仍然不够。

（3）封装问题。

光纤过于脆弱,须采用封装手段进行保护,因此,对封装后的光纤光栅传感器的传感机理还需要进一步研究,应在保证光纤不被破坏的前提下,尽可能提高其灵敏度。

（4）传感网络的布设优化问题。

光纤光栅为点分布式测量,对传感器的优化布置方法还有待进一步研究,即如何在大型工程结构中以最少的光纤光栅传感器数量来获取尽可能多的信息。

（5）测量信息处理系统的数据处理问题。

由于大型工程结构健康监测系统的重要性,测量要在一定的周期内进行,未来还应进一步提高光纤光栅解调系统的分辨率。

（6）交叉敏感问题。

由于光纤光栅对应变和温度同时敏感,当光栅波长发生变化时,无法对应变和温度造成的波长改变加以区分。当光纤光栅用作光通信器件时,对光纤光栅的波长稳定性要求很高,要求波长受温度影响越小越好,光纤光栅的中心波长漂移,会严重影响其在激光稳频与波分复用等方面的应用;而当光纤光栅用作应变传感元件时,温度变化和应变相互扰动导致的波长漂移使得难以识别传感器对温度和待测参量的响应。

1.4　全分布式光纤传感器

除光纤光栅传感器外,全分布式光纤传感器已成为光纤传感器蓬勃发展的另外一支重要力量。分布式光纤传感技术能够实现大范围测量场中分布信息的提取,因而可解决目前测量领域的众多难题。分布式光纤传感技术是在 20 世纪 70 年代末提出的，随着光时域反射（optical time domain reflectometer, OTDR）技术的出现而发展起来。在这几十年里，产生了一系列分布式光纤传感机理和测量系统，并在多个领域得以逐步应用。这些分布式测量技术已成为光纤传感技术中较具前途的技术之一。

1.4.1　全分布式光纤传感器的特点

全分布式光纤传感技术是应用光纤几何上的一维特性进行测量的技术，它把被测参量作为光纤位置长度的函数，可以在整个光纤长度上对沿光纤路径分布的外部物理参量进行连续的测量，提供了同时获取被测物理参量的空间分布状况和随时间变化状态的手段。

与传统测量仪器相比，全分布式光纤传感器除了具有普通光纤传感器的特点外，其最显著的特点就是能够进行连续分布式测量，具体表现如下。

（1）无级连续分布。

无级连续分布是全分布式光纤传感器最独特的优势。全尺度连续性指全分布式光纤传感器可以准确地感知光纤沿线上任一点的信息，是一种分布式的无级监测，解决了传统点式监测漏检的问题。此外，光纤的柔韧性还可以使全分布式光纤传感技术应用到非标准待测物体表面或待测环境中。

（2）网络智能化。

由于传感器本身就是光纤，因此全分布式光纤传感系统可以与光通信网络实现无缝连接或者自行组网，通过与计算机网络连接，实现自动监测、自动诊断的智能化监测以及远程遥测和监控。如果将光纤纵横交错铺设成网状，还可构成具有一定规模的监测网，实现对监测对象的三位一体全方位监测，如图 1-1 所示。

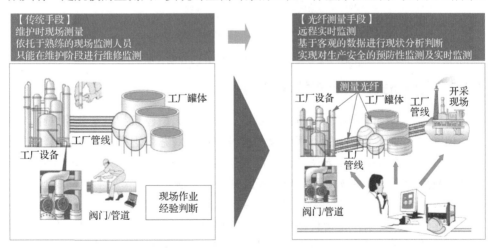

图 1-1　全方位监测示意图

（3）长距离、大容量、低成本。

由于全分布式光纤传感技术利用光纤感知并传输测量信号，光波在光纤中传输损耗低于 0.2dB/km，因而，特别适合长距离连续性传感，极大地提高了传感容量，可大大降低传感器的成本。现在更多的大型结构的测量要求为大范围、多参数测量，传统的监测手段如果想实现全范围的监测是相当困难的。因而，在长距离大范围监测的应用中，全分布式光纤传感技术具有其他传感技术无法比拟的高性价比。

（4）嵌入式无损监测。

光纤具有体积小、质量轻的显著特点，可嵌入被测物体内作为传感单元，嵌入后不影响材料自身的性能。例如在智能飞机方面，将光纤直接嵌入复合材料内并形成网络（图 1-2），就可以实现对机翼、机身、支撑杆、电机、电路等各部分应力、应变、温度、位移等全方位、全程无损监测。

图 1-2　飞机材料中植入光纤的智能皮肤

1.4.2　全分布式光纤传感技术的应用

随着大型基础工程设施如桥梁、隧道、大坝、大型建筑物以及公路铁路、电力通信网络、油气管道等的不断建设和普及使用，对它们进行安全健康监测以及时发现故障、确保国家和人民生命财产安全显得越来越重要。大型基础工程设施的结构故障诊断、事故预警等安全健康监测具有监测距离长（数十公里以上）、精度高（米量级以下）、部位隐蔽（不便于或难以测量）、实时性（瞬态变化）、分布式（连续性）等要求，使得传统监测手段难以胜任。全分布式光纤传感技术利用普通光缆能够感知沿光纤长度方向上的场分布信息，完全克服了点式传感器（如光纤光栅传感器）难以对被测场进行全方位连续监测的缺陷，且具有损耗低、易于与结构复合、抗电磁场干扰、信号数据可多路传输等传统传感器所不具备的优越性能，成为目前能源、电力、航空航天、建筑、通信、交通、安防等诸多领域最为理想的大型设施无损监测技术，展现出极为广阔的应用前景，如图 1-3 所示。

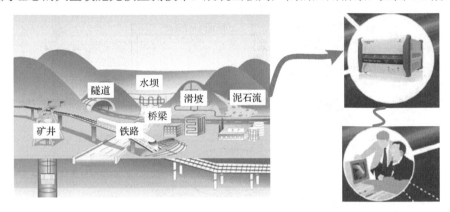

图 1-3　全分布式光纤传感技术应用前景示意图

目前，全分布式光纤传感技术的研究已经取得了较大进展，并在大型土木工程、隧道交通、石油化工等领域得到了应用。

（1）在土木工程领域中的应用。

在环境侵蚀、材料老化以及长期荷载作用等多重不利因素的共同影响下，土木工程结构不可避免地会经历损伤累积与抗力衰减的过程。这一过程将导致其抵御自然灾害乃至在正常环境条件下作用的能力逐步减弱，严重时还可能诱发灾难性的突发事故。因而，进行长期实时的无损健康自动监测和诊断，及时发现结构损伤，并评估其安全性非常重要，关系到一个国家的经济、军事乃至人民生命财产的安全。

全分布式光纤传感器的测量精度高，且具有很好的可靠性，可以采用分布式埋入，已经被广泛应用于大型土木工程如建筑物、桥梁、大坝、隧道、河堤等结构的健康监测[22,23]。图 1-4 为全分布式光纤传感技术在土木工程中的应用实例。从 20 世纪 90 年代开始，土木工程等领域的相关应用研究已经取得了很大的进展，如 2009 年葛捷[24]将光纤光栅技术应用到上海市临港新城海堤的监测上，2014 年童恒金等[25]研究了基于布里渊散射光时域反射测量技术的预应力高强混凝土（prestressed high-intensity concrete, PHC）桩挠度的分布式测量。

（2）在隧道交通中的应用。

全分布式光纤传感技术极其适用于交通基础设施以及国防设施中的安防领域，能够有效预防这些关键设施遭受损害。

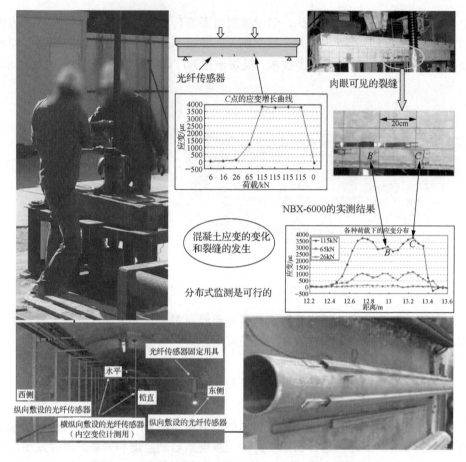

图 1-4　全分布式光纤传感技术在土木工程中的应用实例

（3）在石油化工等危险场合的应用。

石油化工、燃气存储罐区等场合存在大量的有害物质，因此海上石油勘探、运输、储存和加工都存在非常危险的事故隐患，如果不能及时探测、定位和排除，可能产生环境污染甚至是灾难性后果。而且，石油勘探及运输管道等地处野外，环境条件复杂，一旦发生事故，就会造成重大的经济损失和严重的污染。

永久连续的井下传感有利于油田的管理、优化和发展。目前只有少数油井使用了连续井下油田监控系统，且主要是电类传感器，高温操作和长期稳定性的要求限制了电类传感器的使用，电类传感器用于诸如油气罐、油气井、油气管等易燃易爆领域的测量时存在不安全因素。因此，利用光纤传感技术对石油管道的安全运行情况进行实时监测非常必要。

全分布式光纤传感器因其抗电磁干扰、耐高温、长期稳定并且抗辐射，非常适合用于井下传感。由于其能够获得被测物理场沿空间和时间上的连续分布信息，适合用于长距离管道泄漏、附近机械施工和人为破坏等事件产生的压力和振动等信号监测，并能够对其进行准确的定位。此外，针对石油管道泄漏、钻孔和盗油等事故时会产生振动及应变波动等变化信息，采用全分布式光纤传感技术可以对管道的安全运行进行监测，"边钻边测"的系统对钻井作业也是非常有利的。图 1-5 为全分布式光纤传感技术在石油化工等领域应用的几个实例。

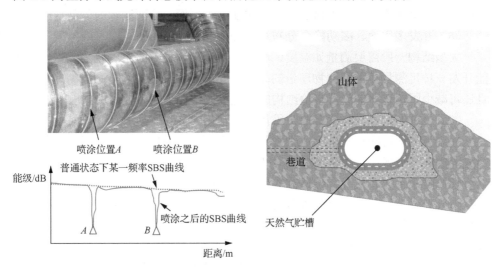

图 1-5　全分布式光纤传感技术在石油化工等领域的应用实例

SBS 为受激布里渊散射（stimulated Brillouin scattering）

　　此外，全分布式光纤在通信、电力中的应用也很多，例如在国内的电力系统应用中，上海长江隧桥工程中"220kV 高压电缆越江桥隧"采用了全分布式光纤传感技术进行电缆温度和火灾报警，在 2010 年上海世博会企业馆地下的"110kV 超高压地下变电站"中也安装了全分布式光纤传感系统。随着国家电力网络朝着信息化、数字化、自动化、互动化的"智能"技术特征的方向发展，全分布式光纤传感器在高压电力系统的安全监控中有着很好的应用前景。

1.4.3　全分布式光纤传感技术的发展方向

　　全分布式光纤传感器凭借其连续分布式传感的独特性能，已成为光纤传感技术领域内最具发展前景的一项技术趋势。今后全分布式光纤传感技术的发展方向主要如下。

　　（1）提高信号接收和处理的能力，需要进一步提高传感系统的空间分辨率、测量精度、灵敏度、测量范围，缩短测量时间，降低成本。

　　（2）探索新型全分布式光纤传感机制，研发新型全分布式光纤传感器。

　　（3）开发专用于工程结构应用的全分布式光纤传感器所需的特殊光纤材料及

组件。

（4）开发可用于全分布式光纤传感的新型光纤和光缆。

（5）全分布式光纤传感技术阵列化、网络化。

全分布式光纤传感技术只能探测单根光纤轴向上的一维传感信息，随着探测范围和信息量的增大，其局限性将会增大。研究多维的全分布式光纤传感网络，能够快速准确地传感大范围内的信息，实现由点到面、由面到体的监测功能。

（6）开发多用途、多功能全分布式光纤。

大型结构一般需要测量如温度、应变、加速度、位移等多种物理参数，如果能开发一种可测量多种待测物理量的光纤传感器，不仅能节约传感器的成本，而且还可减少因传感器的设置带给结构的其他问题，比如力学性能的影响等。

（7）全分布式光纤传感器的实用化和工程化。

在现有的科研成果基础上，大力开展应用研究，包括实时动态感知、传感光纤光缆的布设方式、自然环境变化对传感系统的影响。

（8）解决全分布式光纤传感器的定位漂移问题与温度应变交叉敏感问题。

全分布式光纤传感器以其大范围传感和全尺度连续性为显著优势。然而，长距离测量中光纤长度易受温度、应变等环境因素的影响，导致空间定位精度下降，这成为工程应用中亟待解决的技术难题。同时，全分布式光纤传感器中温度应变交叉敏感问题也是工程应用需要解决的难题，对多种物理量进行同时测量或不同传感技术间的耦合是解决温度应变交叉敏感问题的方向。

1.5　智能材料结构在结构健康监测中的应用

将具有仿生命功能的材料融合于基体材料中制成构件，使之具有人们期望的智能功能，这种结构称为智能材料结构。智能材料结构的设计特点是材料与结构紧密联系。而传统情况下，材料和结构设计制造是严格区分的。因此，将智能材料结构用于结构健康监测领域中，可以充分发挥结构材料设计与结构设计的有机统一，具有巨大的应用前景和社会效益。

现代航空航天、舰船、原子能、交通、机械、建筑等工业领域的发展，使得原来应用的各种材料，除了具有使用功能外，还要求具有安全性，即具有实现自诊断、损伤抑制、自修复和寿命预报等功能。智能材料和结构完全可以满足这些要求，智能材料和结构的概念一经提出，立即引起美国、日本、英国、德国等发达国家的重视，并投巨资成立专门的机构开展这方面的研究。智能材料的研究最早开展于美国，1984年美国陆军研究办公室首先对智能旋翼飞行器的研究给予赞助，要求能研制出自适应减小旋翼叶片振动和扭曲的结构。随后，在美国国防部

FY92-FY96（即代号 UR1）计划的支持下，美国陆军研究办公室和海军研究办公室对智能材料研究给予了更大资助，对其进行了更广泛的研究。美国陆军研究办公室侧重于旋翼飞行器和地面运输装置的结构部件振动、损伤检测、控制和自修复等，而美国海军研究办公室则计划用智能材料减小潜艇的振动噪声，提高其安静度。美国空军也于 1989 年提出宇航器智能蒙皮的研究计划，并将其纳入美国空军科研预测中，确定其为急需发展的、具有创造性的项目。同时，美国战略防御计划（Strategic Defense Initiative, SDI）也提出将智能结构用于"针对有限攻击的全球保护系统"（Global Protection Against Limited Strikes, GPALS）中，解决天基自主检测和防御系统难以维护及结构振动扰动等问题，以提高其对目标的跟踪和打击能力。美国的各大学和公司，如波音公司、麦道唐纳·道格拉斯公司等也都投巨资开展智能材料的研究，继美国之后，日本、英国、加拿大、法国、德国等国家相继组织大学和科研机构进行该领域的研究。加拿大在其雷达卫星的合成孔径雷达（Synthetic Aperture Radar, SAR）天线结构上采用智能材料，对其形状和振动进行监控。2001 年，德国的 Ecke 等[26]研制了一套基于 12 个 FBG 传感器的空间分布式传感网络系统，用于 X-38 宇宙飞船船体结构的健康监测。2004 年，日本的 Ogisu 等[27]利用压电陶瓷驱动器/FBG 传感器，实现了对新一代航天器先进复合材料结构的损伤监测。2010 年，日本科技厅在其科技发展预测报告中指出，要开发具有识别、传递、输出和环境响应功能的智能材料。据媒体报道美国国家航空航天局和美国空军联合支持的"系统研发型飞行器"项目在智能材料上获得了重大进展。这种利用超材料设计的技术就是智能蒙皮。利用智能蒙皮技术，可以通过共性设计有效减小飞机的天线尺寸，并可以采用低成本的新型材料提高飞机的隐身和气动外形效果，对提高飞机性能起到了重要作用。

目前，智能材料结构经过基础性研究和探索，已在基本原理、传感器研制、作动器研制、功能器件与复合材料之间匹配技术、智能材料成型工艺技术、智能材料性能评价、主动控制智能器件等方面开展了许多工作，并取得了较大突破。同时，智能材料结构已经从基础性研究进入到预研和应用型研究阶段，并在一批实际结构上得到局部应用，从试验室研究进入工程实际应用阶段。

参 考 文 献

[1] Claus R O. Effects of surface bonding on the existence of ultrasonic stoneley waves[C]//1978 Ultrasonics Symposium. 1978: 396-399.

[2] 肖纪美. 智能材料的来龙去脉[J]. 世界科技研究与发展, 1996(Z1): 120-125.

[3] 杨大智. 智能材料与智能系统[M]. 天津: 天津大学出版社, 2000.

[4] 陶宝祺. 智能材料结构[M]. 北京: 国防工业出版社, 1997.

[5] 黎敏. 光纤传感器及其应用技术[M]. 武汉: 武汉理工大学出版社, 2008.

[6] 2023-2029 全球及中国分布式光纤传感行业研究及"十四五"规划分析报告[R/OL]. (2023-01-11)(2024-08-10). https://www.qyresearch.com.cn/reports/1705915/distributed-fiber-optic-sensing.

[7] Hill K O, Fujii Y, Johnson D C, et al. Photosensitivity in optical fiber waveguides: Application to reflection filter fabrication[J]. Applied Physics Letters, 1978, 32: 647-649.

[8] Meltz G, Morey W W, Glenn W H. Formation of Bragg gratings in optical fibers by a transverse holographic method[J]. Optics Letters, 1989, 14 (15): 823-825.

[9] Hill K O, Malo B, Bilodeau F, et al. Bragg gratings fabricated in monomode photosensitive optical fiber by UV exposure through a phase mask[J]. Applied Physics Letters, 1993, 62 (10): 1035-1037.

[10] Morey W W, Meltz G, Glenn W H. Fiber optic Bragg grating sensors[C]//Proceedings of SPIE-The International Society for Optical Engineering, Boston, Massachusetts, 1990, 1169: 98-107.

[11] Magne S, Boussoir J, Stephane R, et al. Health monitoring of the Saint-Jean bridge of Bordeaux, France using fiber Bragg grating extensometers[J]. Proceedings of SPIE 5050, 2003: 305-316.

[12] 欧进萍, 周智, 武湛君, 等. 黑龙江呼兰河大桥的光纤光栅智能监测技术[J]. 土木工程学报, 2004, 37(1): 45-49, 64.

[13] 李冬生, 邓年春, 周智, 等. 拱桥吊杆的光纤光栅监测与健康诊断[J]. 光电子·激光, 2007(1): 81-84.

[14] 王旭, 张奂欧, 胡玉瑞. 光纤 Bragg 光栅在隧道诊断中的应用[J]. 质量检测, 2009, 27(12): 11-13.

[15] 胡宁. FBG 应变传感器在隧道长期健康监测中的应用[J]. 交通科技, 2009(3): 91-94.

[16] 郝晋豫, 朱少捷. 郑西客运专线路基后沉降监测方案的探讨[J]. 铁道工程学报, 2010(3): 33-36.

[17] 段抗, 张强勇, 朱鸿鹄, 等. 光纤位移传感器在盐岩地下储气库群模型试验中的应用[J]. 岩土力学, 2013, 34 (S2): 471-476, 485.

[18] 孙健. 光纤光栅位移传感器在边坡监测中的应用研究[J]. 工矿自动化, 2014, 40(2): 95-98.

[19] 胡仲春. 多类型近接工程综合监测系统应用研究[J]. 武汉理工大学学报, 2019, 41(2): 74-79, 92.

[20] Xu H B, Li F, Gao Y, et al. Simultaneous measurement of tilt and acceleration based on FBG sensor[J]. IEEE Sensors Journal, 2020, 20(24): 14857-14864.

[21] 贾登, 骆学理, 张易, 等. 基于光纤传感的井架和底座承载力监测系统[J].电子测量技术, 2022, 45(10): 140-147.

[22] Nannipieri T, Taki M, Zaidi F, et al. Hybrid BOTDA/FBG sensor for discrete dynamic and distributed static strain/temperature measurements[J]. 22nd International Conference on Optical Fiber Sensors, 2012, 8421: 211-214.

[23] 张桂生, 毛江鸿, 何勇, 等. 基于 BOTDA 的隧道变形监测技术研究[J]. 公路交通科技(应用技术版), 2009(8): 190-192.

[24] 葛捷. 分布式布里渊光纤传感技术在海堤沉降监测中的应用[J]. 岩土力学, 2009(6): 1856-1860.

[25] 童恒金, 施斌, 魏广庆, 等. 基于 BOTDA 的 PHC 桩挠度分布式检测研究[J]. 防灾减灾工程学报, 2014, 36 (6): 693-699.

[26] Ecke W, Grimm S, Latka I, et al. Optical fiber grating sensor network basing on high-reliable fibers and components for spacecraft health monitoring[C]//International Society for Optics and Photonics, San Diego, California, 2001: 297-305. DOI: 10.1117/12.435518.

[27] Ogisu T, Shimanuki M. Development of damage monitoring system for aircraft structure useing a PZT actuator/FBG sensor hybrid system[C]//Proceedings of SPIE-The International Society for Optical Engineering, Bellingham, WA, 2004, 5388: 425-430.

第2章　光纤布拉格光栅传感技术

2.1　概　　述

光纤布拉格光栅（FBG）是一种周期 $\Lambda<1\mu m$ 的短周期光栅，其反射波长被称为布拉格波长。它能根据环境温度或者应变的变化来改变其反射光波的波长。FBG是通过全息干涉法或者相位掩膜法来将一小段光敏感的光纤暴露在一个光强度周期分布的光波中，这样光纤的光折射率就会根据其被照射的光强度而永久改变，形成光折射率的周期性变化结构。FBG具有免电磁干扰、质量轻、体积小、耐腐蚀、波长编码、可复用的独特优势。

FBG传感器已成为一种使用频率最高、范围最广的光纤传感器。它可以实现对温度、应变等物理量的直接测量，也可以通过结构设计实现加速度、振动、位移、转角等其他物理量的测量。用光纤光栅制作的加速度计可用于很多工程的测量，如振动、入射角、事件记录、平台稳定性、车辆暂停控制、地震监测，以及起搏器控制等，并表现出良好的性能。用光纤光栅制作的水声器测量水下声场，可以实现很好的线性响应、高灵敏度、高稳定性、宽的动态范围（90dB）和宽的操作频率范围（几千赫兹到几兆赫兹）。用光纤光栅制作的机械工具系统结构形变监测传感器可以探测到实用结构微米量级的形变，其误差为0.4%。

随着对光纤光栅传感技术的深入研究，其在应用方面将会有新的突破。未来光纤光栅传感技术的发展方向可能在以下几个方面：①开发新的应用领域；②建立光纤光栅传感技术的标准；③能同时测量两个或两个以上参数传感器的研究；④传感信号解调的研究，开发低成本、便携式光纤光栅解调系统；⑤开发用于采集数据处理的专用分析软件；⑥根据实际应用的需要，对传感器的埋设工艺、封装技术、温度补偿技术、传感器网络技术的研究；⑦针对各个应用领域的不同需求，开发合适的监测系统；⑧应用过程中的配套服务，如传感器的安装、网络的布置、数据的采集、软件的开发、人员的培训等。

光纤传感器按用途分为振动传感器、位移传感器、角传感器、温度传感器、应变传感器等。振动测量是工业、工程领域的主要测量手段，机械振动测量主要通过位移、速度和加速度等物理参量来表征。目前，加速度的信息收集主要依赖于加速度传感器。常用的加速度传感器有压电式加速度传感器和电容式加速度传感器，二者分别可以测量结构的动态、静态参数。压电式加速度传感器具有低噪声输出、宽动态范围和宽频率范围的特点，但无法测量静态和准静态的加速度信息。而电容式加速度传感器可以被用来精确测量静态参量。压电式加速度传感器和电容式加速度传感器在应用功能上可以互补，共同测量系统的动态、静态特性。FBG 传感器由于其本质防磁防爆、信号安全、耐高温、长期可靠、体积小、质量轻、静态和动态性能好、可复用等独特优势，近年来引起了人们的极大关注。基于 FBG 的加速度传感器具有分布式传感能力，能够抵抗诸如光纤弯曲损耗等光强波动问题，因此 FBG 加速度传感器成为长期测试的首选器件。按照结构设计形式 FBG 加速度传感器可以分为以下三类：基于柔性材料的 FBG 振动传感器、梁式 FBG 加速度传感器和毛细钢管结构的 FBG 加速度传感器。梁式 FBG 加速度传感器又可以细分为简支梁、悬臂梁、异型梁等几种类型。目前 FBG 加速度传感器发展的瓶颈主要有以下几方面：①传统梁式结构大多因光栅的粘贴封装方式而易受啁啾或多峰现象的影响，致使测量结果不准确。②差动梁式光纤光栅加速度计克服了传统悬臂梁结构 FBG 加速度传感器存在的固有频率与灵敏度相互制约的矛盾，提高了固有频率和灵敏度，但灵敏度依然不够高。③钢管非常大的刚度系数使得毛细钢管式加速度传感器的谐振频率比较高，但灵敏度低，不能实现低频测量。

另外，倾角测量方式主要分为"固体摆"式、"液体"式以及"气体"式。"固体摆"式倾角传感器主要通过传感器内重物的质量带动悬臂发生偏转，继而测量出倾角。"液体"式倾角传感器的主要原理是金属电阻片在浸入液体不同深度时，电阻不同，从而测量转角。"气体"式倾角传感器因其传力"介质"为气体，受到冲击时的稳定性比较好。以上三种倾角传感器中，最适合使用光纤光栅技术测量转角的是"固体摆"式传感器，通过在悬臂上布置光栅来测量出悬臂的变形程度。还有特殊类型的水银式光纤光栅传感器，传感器检测到倾斜角度发生变化时，水银受到重力作用推动活塞杆使等强度梁自由端产生位移变化，黏结在等强度梁上的光纤光栅发生波长的改变，进而得到倾角和波长之间的变化关系，活塞式水银布拉格倾角传感器的灵敏度在 111.57pm/(°)。这些传感器测量精度低，不能满足小角度测量的精度需求。

2.2　光纤光栅的传感原理及理论分析

2.2.1　光纤光栅的耦合模理论

光纤光栅是利用光纤材料的光敏性（外界入射光子和纤芯内锗离子相互作用引起折射率的永久性变化），在纤芯内形成空间相位光栅，其作用实质上是在纤芯内形成一个窄带的（透射或反射）滤波或反射镜，如图 2-1 所示。

图 2-1　光纤光栅的结构示意图

光纤光栅的导波原理是纤芯光致折射率的变化造成了光纤波导条件的改变，从而使具有一定波长的光波在该区域发生相应的模式耦合[1]，其折射率的分布模型参见图 2-2。

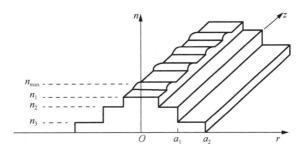

图 2-2　光纤光栅的折射率分布模型

如图 2-2 所示，在整个光纤曝光区内，光纤光栅的折射率分布一般可写为

$$n(r,\varphi,z) = \begin{cases} n_1[1+F(r,\varphi,z)], & |r| \leqslant a_1 \\ n_2, & a_1 < |r| \leqslant a_2 \\ n_3, & |r| > a_2 \end{cases} \quad (2\text{-}1)$$

$F(r,\varphi,z)$ 为纤芯光致折射率变化的函数：

$$F(r,\varphi,z) = \frac{\Delta n(r,\varphi,z)}{n_1} \quad (2\text{-}2)$$

$$\left|F(r,\varphi,z)\right|_{\max} = \frac{\Delta n_{\max}}{n_1} \quad (0 < z < L) \quad (2\text{-}3)$$

$$F(r,\varphi,z) = 0 \quad (z < L) \quad (2\text{-}4)$$

式中，a_1 为光纤纤芯半径；a_2 为光纤包层半径；n_1 为纤芯初始折射率；n_2 为包层折射率；$\Delta n(r,\varphi,z)$ 为光信号的折射率变化；$\Delta n_{\max}$ 为折射率的最大变化量；因为制作光纤光栅时需要去掉涂敷层，所以这里的 n_3 一般为空气折射率；r 和 φ 坐标项是折射率在横截面上的分布。

用于描述纤芯光致折射率变化的一般性函数为

$$F(r,\varphi,z) = \frac{\Delta n_{\max}}{n_1} F_0(r,\varphi,z) \sum_{q=-\infty}^{\infty} a_q \cos[k_g q + \varphi(z)z] \quad (2\text{-}5)$$

式中，$F_0(r,\varphi,z)$ 为由于纤芯对紫外光的吸收作用而造成的光纤横向截面曝光不均

匀性，或其他因素造成的光栅轴向折射率调制不均匀性，并有 $\left|F_0(r,\varphi,z)\right|_{\max}=1$，这些不均匀性将会影响到传输光波的偏振及色散特性；$k_g=2\pi/\Lambda$ 为光栅的传播常数，Λ 为光栅周期，通常在 0.2～0.5μm；q 为非正弦分布时进行傅里叶（Fourier）展开得到的谱波阶数，它将导致高阶布拉格波长的反向耦合；a_q 为展开系数；$\varphi(z)$ 为周期非均匀性的渐变函数。由于 $\varphi(z)$ 的渐变性，可视其为准周期函数。

结合式（2-1）和式（2-5），可得光栅区域的实际折射率分布为

$$n(r,\varphi,z)=n_1+\Delta n_{\max}F_0(r,\varphi,z)\sum_{q=-\infty}^{+\infty}a_q\cos[k_gq+\varphi(z)z] \tag{2-6}$$

式（2-6）为光纤光栅的折射率分布函数，它给出光纤光栅的理论模型，是分析光栅特性的基础。

通常光纤的有效折射率 n_{eff} 的变化为

$$\Delta n_{\text{eff}}(z)=\overline{\Delta n_{\text{eff}}}(z)\left[1+s\cos\left(\frac{2\pi}{\Lambda}z+\varphi(z)\right)\right] \tag{2-7}$$

式中，n_{eff} 为光纤的有效折射率，在折射率均匀调制的单模光纤光栅中，略小于纤芯的折射率，但通常用后者代替；s 为与折射率调制有关的条纹可见度，通常视光栅的反射率强弱在 0.5～1 范围内取值；$\varphi(z)$ 为光栅周期的啁啾或相移；$\overline{\Delta n_{\text{eff}}}(z)$ 为光栅周期的平均折射率变化，可以是沿光栅长度方向 z 缓慢变化的，通常为 10^{-5}～10^{-3} 量级，对应于光纤光栅的变迹（切趾）函数，不同形式的 $\varphi(z)$ 与 $\overline{\Delta n_{\text{eff}}}(z)$ 可用来描述各种光纤光栅。

目前的光纤光栅制作技术，多数情况下都是在光纤的曝光区利用紫外激光形成均匀干涉条纹，在光纤纤芯上引起类似条纹结构的折射率变化[2]，如图 2-3 所示，该图为未切趾的均匀周期光纤光栅的折射率分布图，即 $\overline{\Delta n_{\text{eff}}}(z)$ 不变，$\varphi(z)=0$。

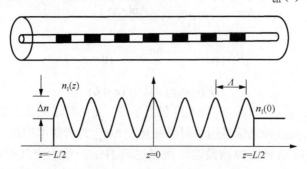

图 2-3　均匀周期光纤光栅的折射率分布图

光纤光栅的折射率分布如下：在光栅长度为 L 的光纤小段内制成周期为 Λ 的光栅，在写入光纤之前，纤芯折射率为 n_1，半径为 a_1，包层折射率为 n_2；光纤光栅写入后，在周期性结构中所引起的折射率在纤芯内的微扰可写成

$$\Delta n_{\text{eff}}(z) = \Delta n_{\max} \cos\left(m\frac{2\pi}{\varLambda}z \right), \quad m = 1,2,3,\cdots \tag{2-8}$$

在大多数光纤中，紫外光致折射率的变化 $\Delta n(x,y,z)$ 可近似为光纤纤芯的变化，而在纤芯外可忽略。均匀光纤光栅的折射率分布可写为

$$n(z) = \begin{cases} n_1 + \Delta n_{\max} \cos\left(\dfrac{2\pi}{\varLambda}mz \right), & -\dfrac{L}{2} \leqslant z \leqslant \dfrac{L}{2} \\ n_1, & z < -\dfrac{L}{2}, z > \dfrac{L}{2} \end{cases} \tag{2-9}$$

在理想光纤波导中，光场的横向模场可写为

$$E^{\text{T}}(x,y,z,t) = \sum_m \left[A_m(z)\mathrm{e}^{\mathrm{i}\beta mz} + B_m(z)\mathrm{e}^{-\mathrm{i}\beta mz} \right] e_m(x,y)\mathrm{e}^{-\mathrm{i}wt} \tag{2-10}$$

式中，$A_m(z)$ 和 $B_m(z)$ 分别为沿 $+z$ 和 $-z$ 方向传播的第 m 个模的慢变振幅，传播常数为

$$\beta = \frac{2\pi}{\lambda}n_{\text{eff}} \tag{2-11}$$

$e_m(x,y)$ 可描述纤芯束缚模、辐射线极化（linear polarization，LP）模或包层模。在理想波导情况下，这些模式是正交的，不会进行能量交换，但是介电扰动会使它们产生耦合，即 $A_m(z)$ 和 $B_m(z)$ 可表述为

$$\begin{cases} \dfrac{\mathrm{d}A_m}{\mathrm{d}z} = \mathrm{i}\sum_q A_q(C_{qm}^{\text{T}} + C_{qm}^{\text{L}})\mathrm{e}^{\mathrm{i}(\beta_q - \beta_q)z} + \mathrm{i}\sum_q B_q(C_{qm}^{\text{T}} - C_{qm}^{\text{L}})\mathrm{e}^{-\mathrm{i}(\beta_q + \beta_m)z} \\ \dfrac{\mathrm{d}B_m}{\mathrm{d}z} = -\mathrm{i}\sum_q A_q(C_{qm}^{\text{T}} - C_{qm}^{\text{L}})\mathrm{e}^{\mathrm{i}(\beta_q + \beta_m)z} - \mathrm{i}\sum_q B_q(C_{qm}^{\text{T}} + C_{qm}^{\text{L}})\mathrm{e}^{-\mathrm{i}(\beta_q - \beta_m)z} \end{cases} \tag{2-12}$$

$$n(r,\varphi,z) = \begin{cases} n_1\left[1 + F(r,\varphi,z)\right], & |r| < a_1 \\ n_2, & a_1 \leqslant |r| \leqslant a_2 \\ n_3, & |r| > a_2 \end{cases} \tag{2-13}$$

式中，C_{qm}^{T} 为第 m 模和第 q 模之间的横向耦合系数，可由以下积分式表达

$$C_{qm}^{\text{T}}(z) = \frac{w}{4}\iint_\infty \Delta\varepsilon(x,y,z)e_q(x,y) \cdot e_m^*(x,y)\mathrm{d}x\mathrm{d}y \tag{2-14}$$

其中，*为共轭符号，$\Delta\varepsilon(x,y,z)$ 是介电常数的微扰量（在 $\Delta n \ll n$ 时，近似为 $2n\Delta n$）。在光纤中，纵向耦合系数 $C_{qm}^{\text{L}}(z) \ll C_{qm}^{\text{T}}(z)$，可忽略。

对于光纤光栅，耦合主要发生在布拉格波长附近波长相同的两个正反向传输模式之间，设它们的振幅分别为 $A(z)$ 和 $B(z)$，则式（2-12）可简化为以下方程：

$$\begin{cases} \dfrac{\mathrm{d}A^+}{\mathrm{d}z} = \mathrm{i}\zeta^+ A^+(z) + \mathrm{i}\kappa B^+(z) \\ \dfrac{\mathrm{d}B^+}{\mathrm{d}z} = -\mathrm{i}\zeta^+ B^+(z) - \mathrm{i}\kappa^* A^+(z) \end{cases} \tag{2-15}$$

式中，$A^+(z) = A(z)\mathrm{e}^{(\mathrm{i}\delta_d z - \phi/2)}$；$B^+(z) = B(z)\mathrm{e}^{(-\mathrm{i}\delta_d z + \phi/2)}$；$\kappa$ 是模式传播常数；ζ^+ 是自耦合系数，定义为

$$\zeta^+ = \delta_\mathrm{d} + \zeta - \frac{1}{2}\frac{\mathrm{d}\varphi}{\mathrm{d}z} \tag{2-16}$$

其中，δ_d 是与 z 无关的相对于布拉格波长的失谐量，定义为

$$\delta_\mathrm{d} = \beta - \frac{\pi}{\varLambda} = 2\pi n_\mathrm{eff}\left(\frac{1}{\lambda} - \frac{1}{\lambda_\mathrm{B}}\right) \tag{2-17}$$

如果光栅为理想光纤光栅，即 $\overline{\Delta n_\mathrm{eff}} \to 0$，联立式（2-11）和式（2-17），可知布拉格波长 $\lambda_\mathrm{B} = 2n_\mathrm{eff}\varLambda$。

2.2.2　光纤光栅应变传感原理及应变灵敏度的理论分析

根据光纤模式耦合理论，入射到光栅的宽带光，只有满足布拉格条件的波长的光才能被反射回来，其余波长的光都被透射。布拉格波长的计算公式为

$$\lambda_\mathrm{B} = 2n_\mathrm{eff}\varLambda \tag{2-18}$$

式（2-18）中的 $\varLambda$ 和 n_eff 受外界环境（温度、应力等）的影响而发生变化，会导致布拉格反射波长移位，对式（2-18）进行求导可得

$$\mathrm{d}\lambda_\mathrm{B}/\mathrm{d}\varepsilon = 2\varLambda \mathrm{d}n_\mathrm{eff}/\mathrm{d}\varepsilon + 2n_\mathrm{eff}\mathrm{d}\varLambda/\mathrm{d}\varepsilon \tag{2-19}$$

可见当 $\varLambda$ 或 n_eff 的改变为 $\mathrm{d}\varLambda$、$\mathrm{d}n_\mathrm{eff}$ 时，中心反射波长会相应地改变为 $\mathrm{d}\lambda_\mathrm{B}$，因此可通过对 FBG 反射波长的监测了解被测物理量的变化情况。

当外界应力变化时，材料的弹性应变会导致光栅周期 $\varLambda$ 发生变化，同时光纤的弹光效应会导致光栅的有效折射率 n_eff 产生变化，从而引起中心反射波长发生偏移。式（2-19）中的 $\mathrm{d}n_\mathrm{eff}/\mathrm{d}\varepsilon$ 为应变弹光效应，$\mathrm{d}\varLambda/\mathrm{d}\varepsilon$ 为拉伸所引起的纵向弹性应变效应。

轴向应变引起光栅周期的变化为

$$\mathrm{d}\varLambda = \varLambda\mathrm{d}\varepsilon \tag{2-20}$$

对于各向同性的纤芯材料，应变引起的折射率的变化为

$$\frac{\mathrm{d}n_\mathrm{eff}}{\mathrm{d}\varepsilon} = -P_\mathrm{e}n_\mathrm{eff} \tag{2-21}$$

式中，P_e 是有效弹光系数。

因此应变灵敏度系数为

$$K_\varepsilon = \frac{1}{\lambda_\mathrm{B}}\frac{\mathrm{d}\lambda_\mathrm{B}}{\mathrm{d}\varepsilon} = \frac{1}{n}\frac{\mathrm{d}n}{\mathrm{d}\varepsilon} + \frac{1}{\varLambda}\frac{\mathrm{d}\varLambda}{\mathrm{d}\varepsilon} = 1 - P_\mathrm{e} \tag{2-22}$$

应变灵敏度系数反映了波长相对漂移量 $\Delta\lambda/\lambda_B$ 与 $\Delta\varepsilon$ 之间的变化关系。当材料确定后，K_ε 是与材料系数相关的常数。对于掺锗石英光纤，$P_e \approx 0.22$，因此 $K_\varepsilon \approx 0.78$。

由于应变作用引起的反射波长变化可表示为

$$\Delta\lambda_\varepsilon/\lambda_B = (1-P_e)\varepsilon \tag{2-23}$$

对于典型的石英光纤有 $P_e=0.22$，所以

$$\Delta\lambda_\varepsilon = 0.78\varepsilon \times \lambda_B \tag{2-24}$$

从上式可以看出，由 $\Delta\lambda_B$ 可以方便地求出外界应变 ε 的值。由于实际应用中应变是个很小的量，常引入 $\mu\varepsilon$（$1\mu\varepsilon = 1\times10^{-6}\varepsilon$）。对 λ_B 为 1550nm 的光栅，由式(2-24)计算出每个微应变引起 1.2pm 波长的变化。

实际上，张晓晶等[3,4]研究发现，应变灵敏度系数并不是常数，会随着温度的变化而变化。该研究结果表明：

$$K_\varepsilon = 0.76318 + 0.03793 \cdot e^{-T/124.3} \tag{2-25}$$

因此，对于环境温度为室温 25℃时，光栅应变灵敏度系数为 0.7941995。

2.2.3　光纤光栅温度传感原理及温度灵敏度的理论分析

光纤光栅周围温度场的变化对光栅周期 Λ 和有效折射率 n_{eff} 均有影响，使得布拉格波长 λ_B 发生漂移。温度的变化对波长的影响如下：

$$\frac{d\lambda_B}{dT} = 2\left(\frac{n_{eff}d\Lambda}{dT} + \frac{\Lambda dn_{eff}}{dT}\right) \tag{2-26}$$

当温度 T 发生变化时，一方面热胀冷缩效应会使光栅伸长或缩短，从而引起光栅周期的改变：

$$\frac{\Delta\Lambda}{\Lambda} = \alpha_f \Delta T \tag{2-27}$$

式中，α_f 为光纤材料的热膨胀系数，对于典型的掺锗石英光纤，α_f 取为 0.55×10^{-6}/℃；ΔT 为周围环境温度的变化量。

另一方面，热光效应会使光纤的有效折射率发生变化：

$$\frac{\Delta n_{eff}}{n_{eff}} = \xi\Delta T \tag{2-28}$$

式中，ξ 为光纤材料的热光系数。温度灵敏度系数为

$$K_T = \frac{1}{\lambda_B}\frac{d\lambda_B}{dT} = \alpha_f + \xi \tag{2-29}$$

温度灵敏度系数反映了波长相对漂移量 $\Delta\lambda/\lambda_B$ 与 ΔT 之间的变化关系。当材料被确定后，K_T 是与材料系数相关的常数。

将式（2-27）、式（2-28）代入式（2-26），可得温度对光栅波长移动的总的影响为

$$\frac{\Delta\lambda_T}{\lambda_B} = (\xi + \alpha_f)\Delta T \tag{2-30}$$

式中，$\Delta\lambda_T$ 为温度变化引起的 λ_B 漂移幅度。

对于典型的掺锗石英光纤，ξ 取 $6.5\times10^{-6}/℃$，$\alpha_f \approx 0.5\times10^{-6}/℃$。因此对于 λ_B 为 1550nm 的光栅，由式（2-30）计算可知，光栅的温度敏感度为 10.85pm/℃。可见，温度变化引起的光栅反射波长的移动主要取决于热光效应，它占波长漂移的 92.85%左右。

根据张晓晶等[3,4]及贾振安等[5,6]的研究，热光系数对温度存在依赖性。研究结果表明，光栅的温度灵敏度系数为

$$K_T = K_{T1} + K_{T2}\times\Delta T \tag{2-31}$$

$$K_{T1} = \frac{1}{\lambda_B}\frac{\mathrm{d}\lambda_B}{\mathrm{d}T} \tag{2-32}$$

$$K_{T2} = \frac{1}{\lambda_B}\frac{\mathrm{d}^2\lambda_B}{\mathrm{d}T^2} \tag{2-33}$$

式中，K_{T1}、K_{T2} 分别为光栅的一阶温度灵敏度系数和二阶温度灵敏度系数；K_T 为光栅的温度灵敏度系数。根据试验研究结果得出：

$$K_{T1} = 6.045\times10^{-6}/℃$$

$$K_{T2} = 10^{-8}/℃$$

$$K_T = 6.045\times10^{-6} + 10^{-8}\times\Delta T$$

2.3　低频高灵敏度 FBG 加速度传感器

2.3.1　FBG 的基本特性

当外界因素发生变化时，FBG 的周期或纤芯折射率会发生改变，最终表现为 FBG 波长的变化，通过监测 FBG 波长的变化便可得知外界温度、应变的变化。FBG 波长的变化与温度、应变的关系[7]如公式（2-34）所示：

$$\Delta\lambda / \lambda = (1-P)\varepsilon + (\alpha_f + \xi)T \tag{2-34}$$

式中，$\Delta\lambda$ 为 FBG 波长变化量（nm）；P 为光纤 FBG 应变灵敏度系数；ε 为应变（$\mu\varepsilon$）；α_f 为光纤材料的热膨胀系数；ξ 为光纤材料的热光系数；T 为温度（℃）。式（2-34）表明 FBG 波长的变化与温度、应变呈线性关系。

2.3.2　一般振动模型

FBG 加速度传感原理是以牛顿第二定律为依据的。当被测对象发生振动时，由于质量块惯性，加速度 a 会在质量块上产生一个与振动方向相反的惯性力 F，惯性力 F 与质量块的位移成正比，加速度 a 也与质量块位移成正比。因此，可通

过对质量块的位移测量反映加速度 a。

对各种惯性式的光纤光栅加速度传感器而言，都是将传感器与被测对象连接固定，被测对象的加速度施加到质量块上，使质量块与底座发生相对位移，其力学模型如图 2-4 所示。

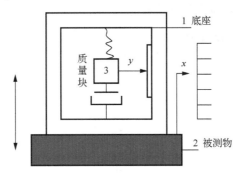

图 2-4　加速度传感器力学模型

图 2-4 中，x 表示被测对象 2 和传感器底座 1 相对于地面的绝对位移。y 表示质量块与底座的相对位移。假设被测物体与底座相对于地面的位移是 $x(t)$，质量块相对于地面的位移为 $z(t)$，质量块相对于底座的位移为 $y(t)$，设正方向是向上的。则可以得出式（2-35）：

$$y(t) = z(t) - x(t) \tag{2-35}$$

根据牛顿第二定律可知：

$$-m\ddot{z} - c(\dot{z} - \dot{x}) - k(z - x) = 0 \tag{2-36}$$

式中，m 为质量块的质量（kg）；c 为阻尼系数；k 为弹性元件的刚度（N/m）。

以基座运动 $x(t)$ 为输入，质量块对底座的相对运动 $y(t)$ 为输出，则式（2-36）可以写为

$$m\ddot{y} + c\dot{y} + ky = -m\ddot{x} \tag{2-37}$$

设系统开始状态为零，对式（2-37）进行拉普拉斯变换，可以得到：

$$ms^2 Y(s) + csY(s) + kY(s) = -ms^2 X(s) \tag{2-38}$$

从式（2-38）推导出加速度传感器的传递函数：

$$H(s) = \frac{Y(s)}{X(s)} = \frac{-m}{ms^2 + cs + k} \tag{2-39}$$

则可以得到加速度传感器的频率响应函数，如式（2-40）所示：

$$H(\mathrm{j}\omega) = \frac{-1}{\omega_n^2} \frac{1}{1 - \left(\dfrac{\omega}{\omega_n}\right)^2 + 2\mathrm{j}\zeta\dfrac{\omega}{\omega_n}} \tag{2-40}$$

式中，ω_n 是加速度传感器的固有频率（rad/s）；ζ 是加速度传感器的阻尼比。

$$\omega_n = \sqrt{\frac{k}{m}} \qquad (2\text{-}41)$$

$$\zeta = \frac{c}{2m\omega_n} \qquad (2\text{-}42)$$

加速度传感器的幅频特性可表示为

$$|H(j\omega)| = \frac{1}{\omega_n^2} \frac{1}{\sqrt{\left[1-\left(\dfrac{\omega}{\omega_n}\right)^2\right] + \left(2j\zeta\dfrac{\omega}{\omega_n}\right)^2}} \qquad (2\text{-}43)$$

相频特性可表示为

$$\tan^{-1} \frac{2\zeta\dfrac{\omega}{\omega_n}}{1-\left(\dfrac{\omega}{\omega_n}\right)^2} \qquad (2\text{-}44)$$

加速度传感器的幅频特性曲线如图 2-5 所示。

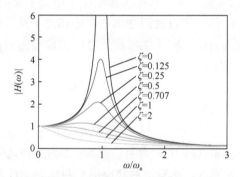

图 2-5　加速度传感器的幅频特性曲线

加速度传感器的相频特性曲线如图 2-6 所示。

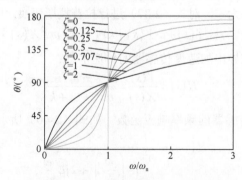

图 2-6　加速度传感器的相频特性曲线

当外加动态载荷存在与系统的固有频率相等或相近的频率分量时，系统会出现谐振现象，导致传感器结构损坏或输出信号失真。为了避免这种现象，通常加速度传感器的工作频率上限要低于其系统固有频率。在没有阻尼的理想状态下，当 $\omega/\omega_n \leqslant 0.2$ 时，一般会获得准确结果[8]。为了拓宽高频可测范围，一般会添加人工阻尼。例如：当 $\zeta=0.707$ 时，ω/ω_n 可达到 0.6。当输入信号是正弦信号时，测量结果无误，当输入信号不是正弦信号时，测量结果会出现偏差。为保证结果的准确性，要求传感器有线性相频特性。从图 2-6 可以看出，在 $\zeta=0.707$ 左右时，具有相似的线性相移特性。

2.3.3　传感器结构参数分析及优化

FBG 加速度传感器的灵敏度 S 为

$$S=\frac{\Delta\lambda}{a}=\frac{\lambda_B(1-P_e)\varepsilon}{a}=\lambda_B(1-P_e)\frac{(L_0/L)M}{2yk_1+2(L_0/L)^2E_fA_f} \tag{2-45}$$

FBG 加速度传感器的谐振频率 f 为

$$f=\frac{1}{2\pi}\sqrt{\frac{K}{M}}=\frac{1}{2\pi}\sqrt{\frac{2yk_1+2(L_0/L)^2E_fA_f}{yM}} \tag{2-46}$$

式中，λ_B 为封装后的光栅布拉格波长（nm）；P_e 为有效弹光系数，一般取 0.22；E_f 为光纤的弹性模量（Pa）；A_f 为光纤横截面面积（m^2）；y 为光纤的有效工作长度（m）；L 为质量块中心到转轴中心的距离（m）；L_0 为光纤中心到转轴中心的距离（m）；M 为系统的等效质量（kg）。

$$M=m_1+m_2+m_3 \tag{2-47}$$

式中，m_1 为质量块的质量（kg）；m_2 为梁等效到弹簧处的质量（kg）；m_3 为两块碳块等效到弹簧处的质量（kg）。

由推导出的灵敏度和固有频率可知，灵敏度和固有频率是相互制约的，设计时，需要在满足频率要求的前提条件下，尽可能地提高灵敏度。这样才能使设计出来的高灵敏度 FBG 加速度传感器性能达到最优。在设计时，还必须要考虑到工艺和材料的限制，例如，选取的材料必须容易找到，价格要经济实惠。经过对数学模型中各个参数及现有材料的大量摸索，最终确定了该高灵敏度光纤光栅加速度传感器的尺寸并进行了优化[9]。从该高灵敏度光纤光栅加速度传感器的灵敏度 S 和固有频率 f 的表达式中可以看出，质量 m、弹簧的弹性系数 k_1、有效光纤长度 y 对灵敏度 S 和固有频率 f 有很大影响。

下面从这三个变量入手，确定该高灵敏度光纤光栅加速度传感器的尺寸。

（1）根据灵敏度的数学表达式，在 Origin[10]中绘制质量 m 与灵敏度 S 之间的关系，如图 2-7 所示，固有频率 f 与质量 m 的关系如图 2-8 所示。从图 2-7 和图 2-8 中可以看出，灵敏度和固有频率随质量的变化趋势是相反的，灵敏度随着质量的增大而增大，固有频率随着质量的增大而减小，考虑到设计要求，选择 m 为 43g。

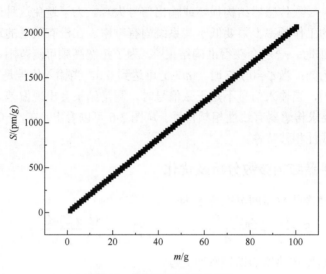

图 2-7　灵敏度随质量的变化

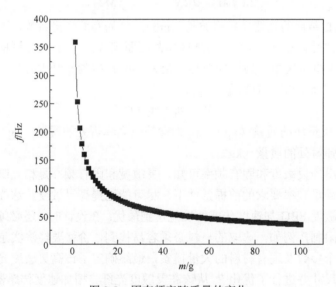

图 2-8　固有频率随质量的变化

（2）根据灵敏度的数学表达式，在 Origin 中绘制出了弹簧的弹性系数 k_1 与灵敏度 S 之间的关系，如图 2-9 所示，弹簧的弹性系数 k_1 与固有频率 f 之间的关系如图 2-10 所示。从图 2-9 和图 2-10 中可以看出，灵敏度和固有频率随弹簧弹性系数的变化趋势是相反的，灵敏度随着弹簧弹性系数的增大而减小，固有频率随着弹簧弹性系数的增大而增大，选择弹性系数 k_1 为 1000N/m 的弹簧。

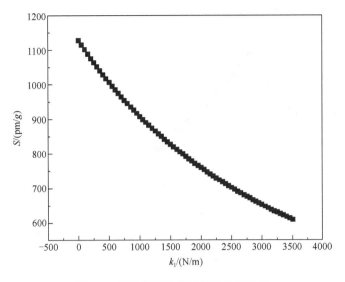

图 2-9　灵敏度随弹簧弹性系数的变化

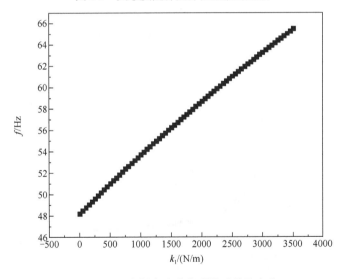

图 2-10　固有频率随弹簧弹性系数的变化

（3）根据灵敏度和固有频率的数学表达式，在 Origin 中绘制出了有效光纤长度 y 与灵敏度 S 之间的关系，如图 2-11 所示，固有频率和有效光纤长度的关系如图 2-12 所示。从图 2-11 和图 2-12 中可以看出，灵敏度和固有频率均随着光纤长度的增加而减小，因为 FBG 最短长度为 12mm，且光纤越短黏结越难，为了更方便黏结，选择有效光纤长度 y 为 30mm。

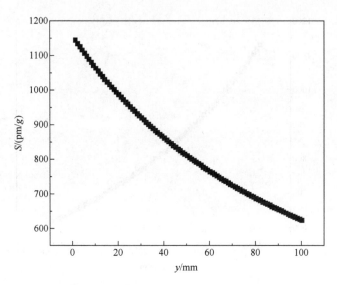

图 2-11　灵敏度随有效光纤长度的变化

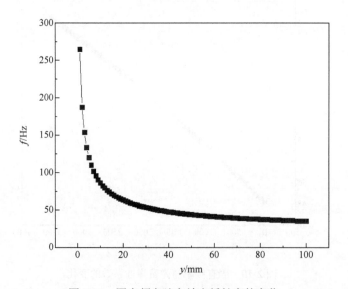

图 2-12　固有频率随有效光纤长度的变化

质量块中心到转轴中心距离为 L，光纤中心到转轴中心距离为 L_0，设

$$d = \frac{L_0}{L} \tag{2-48}$$

根据灵敏度和固有频率的数学表达式，在 Origin 中绘制出了 d 与灵敏度 S 之间的关系，如图 2-13 所示，d 与固有频率 f 之间的关系如图 2-14 所示。当 d 为 0.15 时，灵敏度最大，但固有频率偏低，为了适当提高固有频率，取 d 为 0.263，此时，

L_0=10mm，L=38mm。

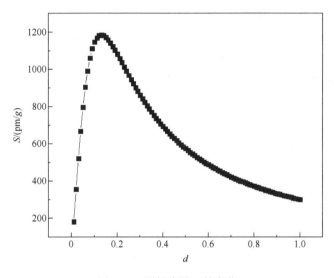

图 2-13　灵敏度随 d 的变化

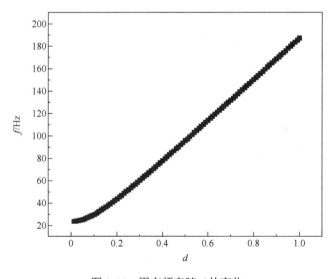

图 2-14　固有频率随 d 的变化

　　低频高灵敏度 FBG 加速度传感器结构参数如表 2-1 所示。材料的选取对该传感器有很大的影响。材料选取得恰当，能大大提高该传感器的性能，但是在选择材料时，要选择一些易找到的材料，同时，所选的材料也要经济实惠。在该传感器的结构中，质量块、弹簧、光纤的选取对其性能有很大影响。所以，它们的选取从如下几个方面入手。

（1）对于质量块的选择：由于该传感器体积较小，内部空间也很小，所以选择质量块时，应尽可能地选取密度比较大的材料，由常见材料及其密度[11]可得，黄铜密度大，所以选择黄铜作为质量块的材料，该黄铜的密度是 8.5g/cm³，质量块的质量为 43g。

（2）对弹簧的选择：弹簧的弹性系数 k_1 为 1000N/m。

（3）对光纤的选择：根据式（2-45）和式（2-46），FBG 工作波长只对灵敏度有影响，对谐振频率无影响，并且工作波长越大，灵敏度就越高，所以选取工作波长较大的 FBG。通过比较，选择在 G655 光纤上制作的 FBG，波长 λ_B 为 1550nm。

（4）对梁的选择：传感器所选用的梁为刚性梁，不易变形，质量轻，且考虑加工方便，选取黄铜作为梁材料。

（5）对底座的选择：底座对传感器的灵敏度和固有频率影响不大，只要保证两点即可，一是底座比较稳定，工作时不发生晃动，二是底座与被测对象接触的面要光滑，不易生锈。故选取不锈钢为底座的材料。

（6）对黏结剂的选择：黏结剂的选取对传感器的传感特性影响很大，黏结剂要能在常温下快速固化，具有很好的防潮耐腐蚀性能，而且还具有较强的黏结能力。通过比较，选取 502 和 AB 胶为黏结剂。

表 2-1　低频高灵敏度 FBG 加速度传感器结构参数

参量	数值
L_0 /mm	10
L /mm	38
m /kg	0.045
y /m	0.03
E_f /Pa	7.29×10^{10}
A_f /m²	1.227×10^{-8}
P_e	0.22
λ_B /nm	1550
k_1 /(N/m)	1000

2.3.4　传感器结构设计与理论计算

1. 结构设计

支板双弹簧式低频高灵敏度 FBG 加速度传感器如图 2-15 所示。其中，1 是底座，2 是刚性梁，3 是质量块，4 是带有 FBG 的光纤，5 是轴承，6 是弹簧，7 是支板（支板可以缩短弹簧的长度，提高系统稳定性），8 是圆柱形空壳（可以在空壳内放置碳块，有效地对 FBG 施加预应力）。

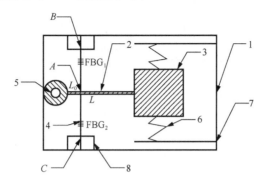

图 2-15　支板双弹簧式低频高灵敏度 FBG 加速度传感器

A、B、C 表示光纤与封装体的固定点；L_0 表示轴承中心到固定点 *A* 的距离；
L 表示质量块质心到固定点 *A* 的距离；余同

　　上述 FBG 加速度传感器的结构相对复杂，为了进一步简化传感器结构并同时提高其灵敏度和固有频率，设计了两种低频高灵敏度 FBG 加速度传感器，一种是单弹簧式低频高灵敏度 FBG 加速度传感器，另外一种是双弹簧式低频高灵敏度 FBG 加速度传感器。

　　双弹簧式低频高灵敏度 FBG 加速度传感器如图 2-16 所示。其中，1 是底座，2 是刚性梁，3 是质量块，4 是带有 FBG 的光纤，5 是轴承，6 是弹簧。在 *A* 点、*B* 点和 *C* 点处开直径为 1mm 的孔，将光纤用胶黏结在 *A*、*B* 和 *C* 处，黏结之前需要对光纤施加一定的预应力，光纤通过该孔，可避免啁啾现象。

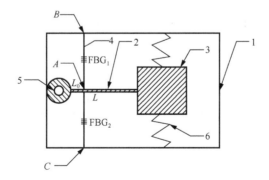

图 2-16　双弹簧式低频高灵敏度 FBG 加速度传感器

　　单弹簧式低频高灵敏度 FBG 加速度传感器如图 2-17 所示。其中，1 是底座，2 是刚性梁，3 是质量块，4 是带有 FBG 的光纤，5 是轴承，6 是弹簧。

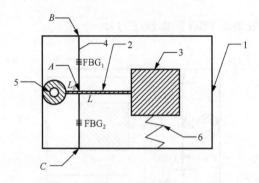

图 2-17　单弹簧式低频高灵敏度 FBG 加速度传感器

竖向支板双弹簧双栅式低频高灵敏度 FBG 加速度传感器如图 2-18 所示。其中，1 是底座，2 是刚性梁，3 是质量块，4 是带有 FBG 的光纤，5 是轴承，6 是弹簧，7 是竖向支板。

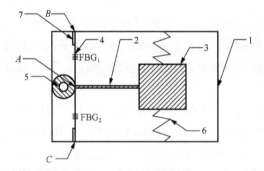

图 2-18　竖向支板双弹簧双栅式低频高灵敏度 FBG 加速度传感器

大弹性系数双弹簧双栅式低频高灵敏度 FBG 加速度传感器如图 2-16 所示，其中，6 是大弹性系数弹簧。

将传感器类型与其对应的编号进行统计，如表 2-2 所示。

表 2-2　传感器编号

传感器结构类型	编号
支板双弹簧双栅式	1#
支板双弹簧单栅式	2#
单弹簧双栅式	3#
单弹簧双栅式	4#
双弹簧双栅式	5#
竖向支板双弹簧双栅式	6#
大弹性系数双弹簧双栅式	7#

注：3#、4#传感器的结构类型相同的原因是，3#传感器频响特性试验没有测到共振区意外损坏，所以进行了 4#传感器试验。

根据低频高灵敏度 FBG 加速度传感器原理及传感器的结构设计、参数分析及优化结果，FBG 加速度传感器的制作步骤如下。

（1）运用 SolidWorks 绘制各个零件的 3D 模型[12]，并进行装配体的配合，验证结构整体设计的合理性。

（2）运用 AutoCAD 绘制五种低频高灵敏度 FBG 加速度传感器的工程图纸[13]，由专业厂家进行机械加工；1#～7#传感器的梁、质量块、固定轴和固定轴承的结构均相同，加工图纸如图 2-19～图 2-22 所示；支板双弹簧式传感器（1#和 2#）外壳加工图纸如图 2-23 和图 2-24 所示，它们的装配图如图 2-25 和图 2-26 所示；单弹簧式（单栅和双栅）和双弹簧式低频高灵敏度 FBG 加速度传感器外壳加工图纸如图 2-27、图 2-28 所示，双弹簧式低频高灵敏度 FBG 加速度传感器装配图如图 2-29、图 2-30 所示，单弹簧式（单栅和双栅）低频高灵敏度 FBG 加速度传感器的装配图如图 2-31、图 2-32 所示。

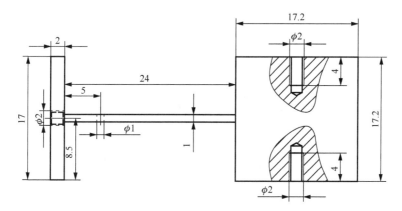

图 2-19　梁和质量块主视图（单位：mm）

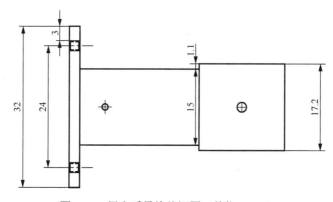

图 2-20　梁和质量块俯视图（单位：mm）

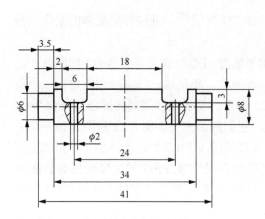

图 2-21　固定轴主视图（单位：mm）

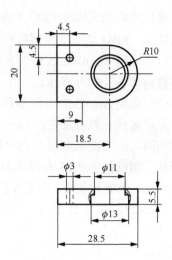

图 2-22　固定轴承的器件主视图和俯视图
（单位：mm）

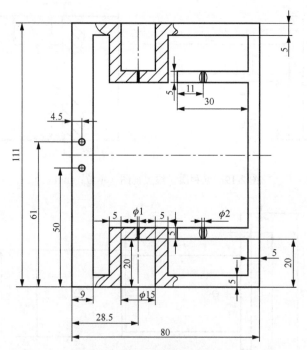

图 2-23　1#和 2#传感器的外壳主视图（单位：mm）

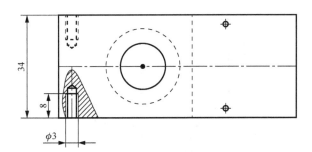

图 2-24　1#和 2#传感器的外壳俯视图（单位：mm）

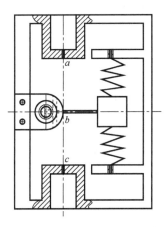

图 2-25　1#和 2#传感器的装配主视图（单位：mm）

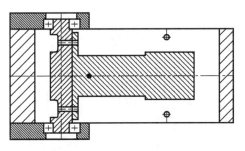

图 2-26　1#和 2#传感器的装配俯视图

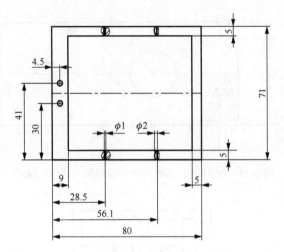

图 2-27　3#～5#传感器的外壳主视图（单位：mm）

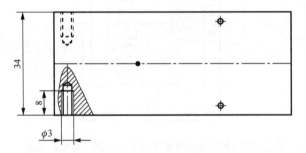

图 2-28　3#～5#传感器的外壳俯视图（单位：mm）

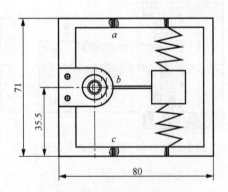

图 2-29　5#传感器的装配主视图（单位：mm）

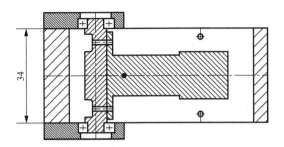

图 2-30　5#传感器的装配俯视图（单位：mm）

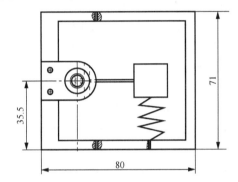

图 2-31　3#和 4#传感器的装配主视图（单位：mm）

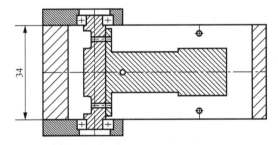

图 2-32　3#和 4#传感器的装配俯视图（单位：mm）

由低频高灵敏度 FBG 加速度传感器原理及设计的分析可得，弹簧弹性系数对传感器的固有频率和灵敏度有至关重要的影响，所以，下面对弹簧的弹性系数进行分析。弹簧的弹性系数为[14]

$$k = \frac{Gd^4}{8N_c D_m^3} \qquad (2-49)$$

式中，d 为线径，单位为 mm；$D_m = D_0 - d$ 为中径（D_0 为外径），单位为 mm；$N_c = N - 2$ 为有效圈数，N 为总圈数；G 为线材的刚性模数（即切变模量）。

利用游标卡尺测量出弹簧的线径、外径，并数出弹簧的有效圈数，将上述参数代入式（2-49）进行计算。常用弹簧钢的 G=79000N/mm^2，1#、2#传感器中的弹簧系统是双弹簧等效并联系统，将 G=79000N/mm^2、d=0.6mm、N_c=7、D_0=6.18mm

代入式（2-49），得支板双弹簧式（单栅和双栅）低频高灵敏度 FBG 加速度传感器的弹簧系统的弹性系数 k=2105N/m。

3#、4#单弹簧式低频高灵敏度 FBG 加速度传感器中弹簧的弹性系数的确定：利用游标卡尺测量出弹簧的线径、外径，并数出弹簧的有效圈数。常用弹簧钢的 G=79000N/mm^2，将 G=79000N/mm^2、d=0.6mm、N_c=7、D_0=6.18mm 代入式（2-49），得单弹簧式低频高灵敏度 FBG 加速度传感器弹簧的弹性系数 k_1=1053N/m。

5#双弹簧双栅式低频高灵敏度 FBG 加速度传感器中弹簧系统的弹性系数的确定：利用游标卡尺测量出弹簧的线径、外径，并数出弹簧的有效圈数。将 G=79000N/mm^2、d=0.6mm、N_c=7、D_0=6.18mm 代入式（2-49），得双弹簧双栅式低频高灵敏度 FBG 加速度传感器中并联的两个弹簧的弹性系数 k=2k_1=2105N/m。

6#竖向支板双弹簧双栅式低频高灵敏度 FBG 加速度传感器中弹簧系统的弹性系数的确定：利用游标卡尺测量出弹簧的线径、外径，并数出弹簧的有效圈数。常用不锈钢丝的切变模量 G=71000N/mm^2，将 G=71000N/mm^2、d=0.6mm、N_c=14、D_0=5.4mm 代入式（2-49），得竖向支板双弹簧双栅式低频高灵敏度 FBG 加速度传感器中并联的两个弹簧的弹性系数 k=2k_1=1044N/m。

7#大弹性系数双弹簧双栅式低频高灵敏度 FBG 加速度传感器中弹簧系统的弹性系数的确定：利用游标卡尺测量出弹簧的线径、外径，并数出弹簧的有效圈数。将 G=71000N/mm^2、d=1.2mm、N_c=5、D_0=7.8mm 代入式（2-49），得大弹性系数双弹簧双栅式低频高灵敏度 FBG 加速度传感器中并联的两个弹簧的弹性系数 k=2k_1=15512N/m。

2. 灵敏度和固有频率的理论计算

对于含有双 FBG 的加速度传感器，由于给两个 FBG 施加了预应力，一个 FBG 受压，另一个 FBG 受拉，故可以对两个 FBG 的灵敏度进行叠加，将其作为整个传感器的灵敏度，这样就提高了传感器灵敏度。通过对提取的 FBG 波峰值和波谷值差值进行解调，计算出传感器的灵敏度，将其命名为峰谷值解调法。同时，由温度引起的 FBG 波峰波长改变量和波谷波长改变量相同，而峰谷值解调方法是用波峰值减去波谷值，温度引起的 FBG 波长改变量就抵消了，故峰谷值解调可以进行温度补偿。峰谷值解调的温度补偿和灵敏度原理图如图 2-33 所示。

根据力的等效原则，计算出 m_1=0.043kg、m_2=0.0014kg、m_3=0.0006kg，系统等效总质量 M=0.045kg。

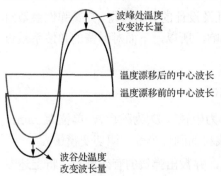

图 2-33 峰谷值解调的温度补偿和灵敏度原理图

对于 6#竖向支板双弹簧双栅式低频高灵敏度 FBG 加速度传感器,将 k_1=522N/m、y=0.025m、L_0=5mm、L=37mm、E_f=7.29×10^{10}Pa、A_f=1.228×10^{-8}m²、M=0.045kg 代入式(2-46),得竖向支板双弹簧双栅式低频高灵敏度 FBG 加速度传感器的固有频率 f=36Hz。

将 λ_B=1545nm 和 1550nm、P_e=0.22、L_0=5mm、L=37mm、E_f=7.29×10^{10}Pa、A_f=1.228×10^{-8}m²、M=0.045kg、y=0.025m 代入式(2-45),得灵敏度 S=1247pm/g 和 1251pm/g,按峰谷值解调方法,S=4996pm/g。

对于 7#大弹性系数双弹簧双栅式低频高灵敏度 FBG 加速度传感器,将 k_1=7756N/m、y=0.02m、L_0=10mm、L=38mm、E_f=7.29×10^{10}Pa、A_f=1.228×10^{-8}m²、M=0.045kg 代入式(2-46),得 f=111Hz。

将 λ_B=1555nm 和 1560nm、P_e=0.22、L_0=10mm、L=38mm、E_f=7.29×10^{10}Pa、A_f=1.228×10^{-8}m²、M=0.045kg、y=0.02m 代入式(2-45),得灵敏度 S=331pm/g 和 S=332pm/g,按峰谷值解调方法,S=1326pm/g。

1#、2#、3#、4#、5#、6#、7#传感器结构参数及理论性能表如表 2-3 所示。

表 2-3　传感器结构参数及理论性能表

传感器编号	FBG 分类	封装后波长/nm	L_0/mm	L/mm	M/kg	y/m	k_1/(N/m)	S/(pm/g)	f/Hz
1#	上栅	1535.6224	10	38	0.045	0.025	1053	804	63
	下栅	1553.9913						813	
2#		1560.2420	10	38	0.045	0.025	1053	817	63
3#	上栅	1535.8259	10	38	0.045	0.02	1053	979	64
	下栅	1555.7943						991	
4#	上栅	1535.5449	10	38	0.045	0.02	1053	979	64
	下栅	1556.1272						992	
5#	上栅	1556.0983	10	38	0.045	0.02	1053	866	68
	下栅	1555.3901						853	
6#	上栅	1533.3515	5	37	0.045	0.025	522	1247	36
	下栅	1548.4987						1251	
7#	上栅	1553.3223	10	38	0.045	0.02	7756	331	111
	下栅	1557.1102						332	

2.3.5　传感器传感特性试验验证

1. 试验

为了获取 FBG 加速度传感器的传感特性,我们进行了频响特性和幅值特性的验证试验。采用中国计量科学研究院提供的竖向激光绝对式低频振动测量振动台进行试验,振动台的最小振动频率可以达到 0.1Hz,振动频率范围为 0.1～120Hz,最大测试加速度为 3g,最大振幅为±50mm。振动台在 1Hz 的频率下,最大可测

$1m/s^2$ 的加速度；在 0.5Hz 的频率下，最大可测 $0.45m/s^2$ 的加速度；在 0.1Hz 的频率下，最大可测 $0.08m/s^2$ 的加速度。对 1#～7#这 7 个 FBG 加速度传感器进行了试验，利用光纤光栅解调仪 SM130 对 FBG 的波长进行了采集，其中，解调仪的采样频率设置为 1000Hz，波长重复性为±1pm。利用振动台，通过激光绝对法，采集到了加速度的标准值。试验采用进口双面胶将待测传感器固定到振动台上[15]，且该种方法可以使得振动台和传感器很好地黏合，在试验过程中，也不会发生松动的现象。用无尘纸擦拭光纤的跳线头，用清洁笔清洁光纤光栅解调仪的通道，将传感器通过跳线接到光纤光栅解调仪 SM130 上，打开光纤光栅解调仪。试验装置连接实物如图 2-34 所示。

图 2-34　试验装置连接实物图

　　本试验主要分析传感器的传感特性，分为振动频响特性试验和加速度幅值特性试验。

　　（1）对 1#、2#、3#、4#、5#传感器进行振动频响特性试验，将传感器按照上述连接方法连接完成后，参照 1/3 倍频程标准[16]进行振动频率的赋予，给振动台分别施加 1.6～40Hz 频率的振动；对 6#传感器进行振动频响特性试验，给振动台分别施加 0.1～16Hz 等频率的振动；对 7#传感器进行振动频响特性试验，给振动台分别施加 0.1～80Hz 频率的振动。在每个频率下，分别记录标准加速度的大小。与此同时，用光纤光栅解调仪采集 FBG 波长的变化。利用波长改变量 $\Delta\lambda$ 和标准的加速度值 a，可以根据

$$S = \frac{\Delta\lambda}{a} \tag{2-50}$$

计算出传感器的灵敏度，并绘制传感器的频响特性曲线，分析传感器的测试精度等性能。

　　（2）对 1#、2#、3#、4#、5#传感器进行加速度幅值特性试验，固定振动台的振动频率为 16Hz，保持振动频率不变，依次改变振动台振动加速度的大小，依次为 $1m/s^2$、$2m/s^2$、$3m/s^2$、$4m/s^2$、$5m/s^2$、$8m/s^2$、$10m/s^2$、$14m/s^2$、$16m/s^2$、$18m/s^2$、$20m/s^2$；对于 6#传感器，固定振动台的振动频率为 5Hz，保持振动频率不变，依

次改变振动台振动加速度的大小，依次为 0.01g、0.02g、0.05g、0.1g、0.15g、0.2g、0.25g、0.3g、0.4g、0.5g、0.75g、1g、1.5g；对于 7#传感器，固定振动台的振动频率为 20Hz，保持振动频率不变，依次改变振动台振动加速度的大小，依次为 0.02g、0.5g、0.75g、1g、1.25g、1.5g、1.75g、2g。同时，记录振动台提供的标准加速度的大小实际值，利用光纤光栅解调仪 SM130 采集传感器的波长。利用波长改变量 $\Delta\lambda$ 和标准的加速度值 a，根据式（2-50）计算出传感器的灵敏度。同时，确定 FBG 加速度传感器的量程。

2．试验结果及分析

1）1#传感器的频响特性和幅值特性

先采用峰值解调方法分析 1#传感器的频响特性和幅值特性。振动台的加速度标准值、1#传感器灵敏度和对应的频率等数据见表 2-4。作出 1#传感器的灵敏度 S 随频率 f 的变化曲线图，如图 2-35 所示。

表 2-4　1#传感器的频响特性（峰值解调）

频率/Hz	加速度标准值	灵敏度/(pm/g)
1.6	0.0832g	749
3.15	0.2044g	966
4	0.2092g	963
8	0.5135g	1200
12.5	0.5148g	1263
16	0.5120g	1215
20	0.5136g	1623
31.5	0.5126g	1794
40	0.5128g	2596

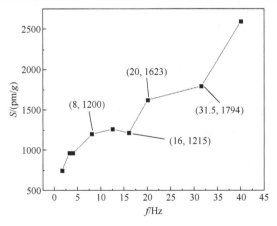

图 2-35　1#传感器频响特性图（峰值解调）

由图 2-35 可知，在 8～16Hz 和 20～31.5Hz 范围内，1#传感器的灵敏度比较稳定，为传感器的传感特性平坦区，故对 8～16Hz 和 20～31.5Hz 这两段数据的灵敏度分别求平均值得 1226pm/g 和 1708pm/g。灵敏度相对误差的计算如表 2-5 所示。

表 2-5　1#传感器灵敏度相对误差分析（峰值解调）

频率/Hz	实测灵敏度/(pm/g)	标定灵敏度/(pm/g)	灵敏度相对误差/%
8	1200	1226	−2.1
12.5	1263	1226	3.0
16	1215	1226	−0.9
20	1623	1708	−5.0
31.5	1794	1708	5.0

由表 2-5 可知，将全部标准数据相对于平均值或拟合直线的残差看成随机分布，求出标准偏差 σ，然后取 2σ 或 3σ 作为静态误差，标准偏差计算公式：

$$\sigma = \sqrt{\frac{\sum_{i=1}^{P}(\Delta y_i)^2}{P-1}} \tag{2-51}$$

式中，Δy_i 为各测试点的残差；P 为所有测试循环中总的测试点数。

用相对误差表示静态误差，则有

$$e_s = \pm\frac{(2\sim3)\sigma}{y_{FS}}\times100\% \tag{2-52}$$

式中，y_{FS} 为理论满量程输出值。经计算得到 1#传感器静态误差为 6.2%。

下面分析 1#传感器的幅值特性，将传感器的加速度标准值、波长改变量等相关数据列于表 2-6。作出 1#传感器的加速度幅值特性曲线及线性拟合图，如图 2-36 所示，图中直线的斜率即为传感器的灵敏度。1#传感器的幅值特性在 0.2g～1g 范围内是线性的，幅值特性比较好。

再采用峰谷值解调方法分析 1#传感器的频响特性和幅值特性。振动台的加速度标准值、1#传感器的灵敏度和对应的频率等数据见表 2-7。1#传感器频响特性图如图 2-37 所示，在 8～16Hz 和 20～31.5Hz 范围内灵敏度比较稳定，为传感器的传感特性平坦区，故对 8～16Hz 和 20～31.5Hz 这两段数据的灵敏度分别求平均值得 2446pm/g 和 3435pm/g。灵敏度相对误差的计算如表 2-8 所示。由表 2-8 及根据式（2-51）、式（2-52）可得 1#传感器的静态误差为 6.3%。

表 2-6　1#传感器的幅值特性试验数据（峰值解调）

频率/Hz	加速度标准值	波长改变量/pm
16	0.2094g	208
16	0.3150g	358
16	0.4136g	476
16	0.5135g	600
16	0.8286g	1032
16	1.0290g	1333

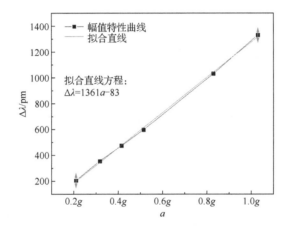

图 2-36　1#传感器加速度幅值特性曲线及线性拟合图（峰值解调，16Hz）

表 2-7　1#传感器的频响特性试验数据（峰谷值解调）

加速度标准值	频率/Hz	灵敏度/(pm/g)
0.0832g	1.6	1498
0.2044g	3.15	1933
0.2092g	4	1931
0.5135g	8	2398
0.5148g	12.5	2522
0.5120g	16	2418
0.5136g	20	3234
0.5126g	31.5	3584
0.5128g	40	5145

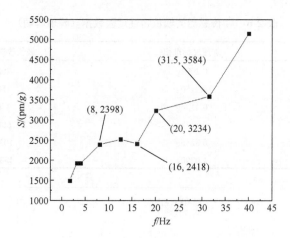

图 2-37　1#传感器频响特性图（峰谷值解调）

表 2-8　1#传感器灵敏度相对误差分析（峰谷值解调）

频率/Hz	实测灵敏度/(pm/g)	标定灵敏度/(pm/g)	灵敏度相对误差/%
8	2398	2446	−2.0
12.5	2522	2446	3.1
16	2418	2446	−1.1
20	3234	3435	−5.9
31.5	3584	3435	4.3

下面分析 1#传感器的幅值特性，将传感器的加速度标准值、波长改变量等相关数据列于表 2-9，1#传感器的加速度幅值特性曲线及线性拟合如图 2-38 所示，加速度幅值特性曲线图中直线的斜率即为传感器的灵敏度，1#传感器的幅值特性在 $0.2g\sim1g$ 范围内是线性的，幅值特性比较好。

表 2-9　1#传感器的试验数据及处理结果（峰谷值解调）

频率/Hz	加速度标准值	波长改变量/pm
16	0.2094g	408
16	0.3150g	711
16	0.4136g	945
16	0.5135g	1194
16	0.8286g	2061
16	1.0290g	2653

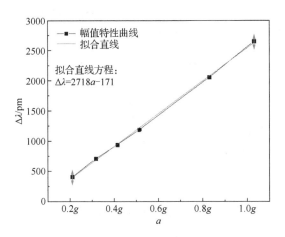

图 2-38　1#传感器加速度幅值特性曲线及线性拟合图（峰谷值解调，16Hz）

2）2#传感器的频响特性及幅值特性

采用峰值解调方法对 2#传感器进行三次重复试验，作出 2#传感器的频响特性图，如图 2-39 所示。从图中可以看出，在 8～20Hz 和 23～30Hz 范围内 2#传感器的灵敏度比较稳定，是传感器的传感特性平坦区，又由于第 1 次试验误差较大，故对第 2 次和第 3 次试验进行处理，对 8～20Hz 和 23～30Hz 这两段数据分别进行以试验次数为权函数的加权平均值[17]的计算，计算结果分别是 472pm/g 和 636pm/g。灵敏度相对误差的计算如表 2-10 所示，由表 2-10 及式（2-51）、式（2-52）可得 2#传感器的静态误差为 5.4%。

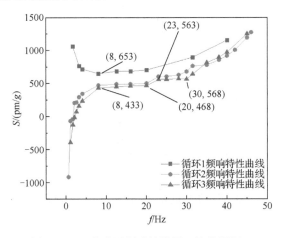

图 2-39　2#传感器频响特性图（峰值解调）

表 2-10 2#传感器灵敏度相对误差分析（峰值解调）

频率/Hz	实测灵敏度/(pm/g)	标定灵敏度/(pm/g)	灵敏度相对误差/%
8	474	472	0.4
12.5	491	472	4.0
16	493	472	4.4
20	504	472	6.8
23	608	636	−4.4
25	608	636	−4.4
28	633	636	−0.5
30	684	636	7.6

采用峰值解调方法，分析 2#传感器的加速度幅值特性，作出 2#传感器的加速度幅值特性图，如图 2-40 所示，图中直线的斜率即为传感器的灵敏度。从图中可以看出，2#传感器的幅值特性在 $0.1g \sim 2g$ 范围内是线性的，幅值特性比较好。采用峰谷值解调方法，作出 2#传感器的频响特性图，如图 2-41 所示，在 $0.5 \sim 4\text{Hz}$、$8 \sim 20\text{Hz}$ 和 $23 \sim 30\text{Hz}$ 范围内 2#传感器的灵敏度较稳定，是传感器的传感特性平坦区，对 $0.5 \sim 4\text{Hz}$、$8 \sim 20\text{Hz}$ 和 $23 \sim 30\text{Hz}$ 这三段数据分别进行以试验次数为权函数的加权平均值的计算，计算结果分别是 843pm/g、1117pm/g 和 1354pm/g。灵敏度相对误差的计算如表 2-11 所示。由表 2-11 及式（2-51）、式（2-52）可得 2#传感器的静态误差为 2.4%。

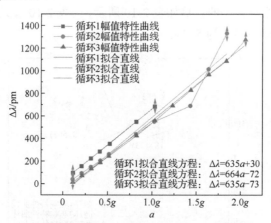

图 2-40 2#传感器加速度幅值特性曲线图（峰值解调，16Hz）

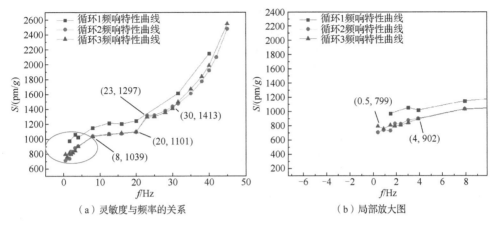

（a）灵敏度与频率的关系　　　　　　　　　（b）局部放大图

图 2-41　2#传感器频响特性图（峰谷值解调）

表 2-11　2#传感器灵敏度相对误差分析（峰谷值解调）

频率/Hz	实测灵敏度/(pm/g)	标定灵敏度/(pm/g)	灵敏度相对误差/%
0.5	799	843	−5.2
1	763	843	−9.5
1.6	815	843	−3.3
2	799	843	−5.2
2.5	818	843	−3.0
3.15	849	843	0.7
4	902	843	7.0
8	1039	1117	−7.0
12.5	1066	1117	−4.6
16	1083	1117	−3.0
20	1101	1117	−1.4
23	1297	1354	−4.2
25	1302	1354	−3.8
28	1358	1354	0.3
30	1413	1354	4.4

　　采用峰谷值解调方法，分析 2#传感器的加速度幅值特性，作出 2#传感器的加速度幅值特性图，如图 2-42 所示，图中直线的斜率即为传感器的灵敏度。从图中可以看出，2#传感器的幅值特性在 0.1g～2g 范围内是线性的，幅值特性比较好。

　　比较峰谷值解调与峰值解调方法，峰谷值解调的优势在于：由于波峰值和波谷值均受温度的影响，故采用峰谷值解调时，计算波峰值与波谷值的差，对传感器进行了温度补偿。峰谷值解调由于在同等的加速度下，波长改变量大，从而灵敏度会大一倍。同时，峰谷值解调时，1#和 2#传感器频响范围平坦区更大，灵敏度更高，且静态误差小。所以，采用峰谷值解调。

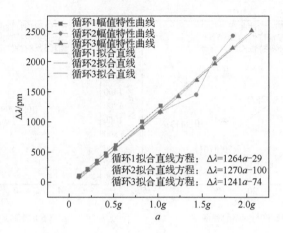

图 2-42　2#传感器加速度幅值特性及拟合图（峰谷值解调，16Hz）

3）3#传感器的频响特性及幅值特性

采用峰谷值解调方法，作出 3#传感器的频响特性图，如图 2-43 所示。从图中可以看出，在 4～16Hz 范围内 3#传感器的灵敏度比较稳定，是传感器的传感特性平坦区，平坦区灵敏度平均值为 2805pm/g。3#传感器灵敏度相对误差的计算如表 2-12 所示。

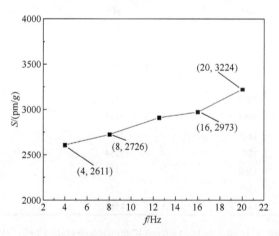

图 2-43　3#传感器频响特性图（峰谷值解调）

表 2-12　3#传感器灵敏度相对误差分析（峰谷值解调）

频率/Hz	实测灵敏度/(pm/g)	标定灵敏度/(pm/g)	灵敏度相对误差/%
4	2611	2805	−6.9
8	2726	2805	−2.8
12.5	2911	2805	3.8
16	2973	2805	6.0

下面分析 3#传感器的加速度幅值特性，作出 3#传感器的加速度幅值特性图，如图 2-44 所示，图中直线的斜率即为传感器灵敏度。从图中可以看出，3#传感器的加速度幅值特性在 0.3g~1g 范围内是线性的，幅值特性比较好。故其量程范围是 0.3g~1g。

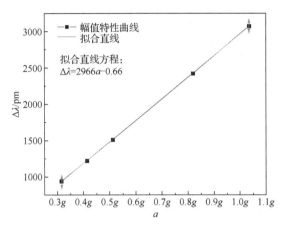

图 2-44　3#传感器加速度幅值特性及拟合图（峰谷值解调，16Hz）

4）4#传感器的频响特性和幅值特性

采用峰谷值解调方法，作出 4#传感器的频响特性图，如图 2-45 所示。从图中可以看出，在 0.5~8Hz、8~20Hz 和 20~25Hz 范围内 4#传感器的灵敏度比较稳定，是传感器的传感特性平坦区，对 0.5~8Hz、8~20Hz 和 20~25Hz 这三段数据分别以试验次数为权函数，进行灵敏度加权平均值的计算，计算结果分别是 3193pm/g、

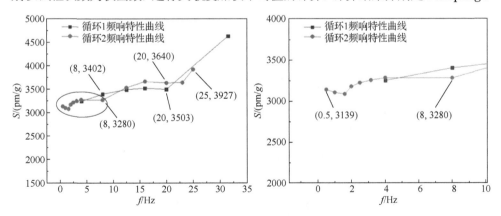

图 2-45　4#传感器频响特性图（峰谷值解调）

3508pm/g 和 3739pm/g。4#传感器灵敏度相对误差的计算如表 2-13 所示。由表 2-13 及式（2-51）、式（2-52）可得 4#传感器的静态误差为 4.6%。下面分析 4#传感器 的加速度幅值特性，作出 4#传感器的加速度幅值特性图，如图 2-46 所示，图中直 线的斜率即为传感器灵敏度。4#传感器的加速度幅值特性在 0.1g～1g 范围内是线 性的，幅值特性比较好。故其量程范围是 0.1g～1g。

表 2-13　4#传感器灵敏度相对误差分析（峰谷值解调）

频率/Hz	实测灵敏度/(pm/g)	标定灵敏度/(pm/g)	灵敏度相对误差/%
0.5	3139	3193	−1.7
1	3104	3193	−2.8
1.6	3085	3193	−3.4
2	3177	3193	−0.5
2.5	3222	3193	0.9
3.15	3253	3193	1.9
4	3282	3193	2.8
8	3280	3193	2.7
12.5	3540	3508	0.9
16	3670	3508	4.6
20	3640	3739	−2.6
23	3648	3739	−2.4
25	3927	3739	5.0

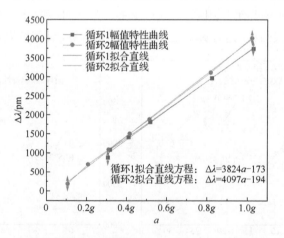

图 2-46　4#传感器加速度幅值特性及拟合图（峰谷值解调，16Hz）

5）5#传感器的频响特性及幅值特性

采用峰谷值解调方法，作出 5#传感器的频响特性图，如图 2-47 所示。从图中 可以看出，在 0.5～20Hz 和 23～30Hz 范围内 5#传感器的灵敏度比较稳定，是传感器的传感特性平坦区。对 0.5～20Hz 和 23～30Hz 这两段数据进行灵敏度加权平均值的计算，计算结果分别是 2711pm/g 和 3336pm/g。灵敏度相对误差的计算如表 2-14 所示。由表 2-14 及式（2-51）、式（2-52）可得 5#传感器的静态误差为 1.8%。

　　下面分析 5#传感器的加速度幅值特性，作出 5#传感器的加速度幅值特性图，图中直线的斜率即为传感器的灵敏度，如图 2-48 所示。从图中可以看出，5#传感器的加速度幅值特性在 0.1g～2g 的范围内是线性的，幅值特性比较好。故其量程范围是 0.1g～2g。

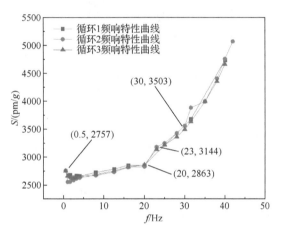

图 2-47　5#传感器频响特性图（峰谷值解调）

表 2-14　5#传感器灵敏度相对误差分析（峰谷值解调）

频率/Hz	实测灵敏度/(pm/g)	标定灵敏度/(pm/g)	灵敏度相对误差/%
0.5	2757	2711	1.7
1	2667	2711	−1.6
1.6	2655	2711	−2.1
2	2644	2711	−2.5
2.5	2624	2711	−3.2
3.15	2638	2711	−2.7
4	2652	2711	−2.2
8	2693	2711	−0.7
12.5	2756	2711	1.7
16	2828	2711	4.3
20	2863	2711	5.6
23	3144	3336	−5.8
25	3224	3336	−3.4
28	3369	3336	1.0
30	3503	3336	5.0

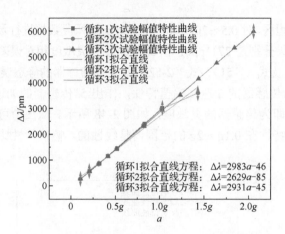

图 2-48　5#传感器加速度幅值特性及拟合图（峰谷值解调，16Hz）

6）6#传感器的频响特性及幅值特性

采用峰谷值解调方法，作出 6#传感器的频响特性图，如图 2-49 所示。从图中可以看出，在 4～10Hz 范围内 6#传感器的灵敏度比较稳定，是传感器的传感特性平坦区。计算 4～10Hz 灵敏度平均值是 3815pm/g。灵敏度相对误差的计算如表 2-15 所示。由表 2-15 及式（2-51）、式（2-52）可得 6#传感器静态误差为 3.4%。

下面分析 6#传感器的加速度幅值特性，作出 6#传感器的加速度幅值特性图，如图 2-50 所示，图中直线的斜率即为传感器的灵敏度。从图中可以看出，6#传感器的加速度幅值特性在 0.01g～1.5g 范围内是线性的，幅值特性比较好。故其量程范围是 0.01g～1.5g。

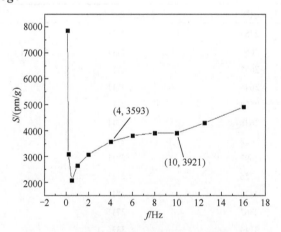

图 2-49　6#传感器频响特性图（峰谷值解调）

表 2-15　6#传感器灵敏度相对误差分析（峰谷值解调）

频率/Hz	实测灵敏度/(pm/g)	标定灵敏度/(pm/g)	灵敏度相对误差/%
4	3593	3815	−5.8
6	3823	3815	0.2
8	3924	3815	2.9
10	3921	3815	2.8

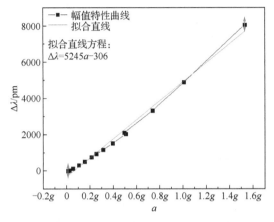

图 2-50　6#传感器加速度幅值特性及拟合图（峰谷值解调，5Hz）

7）7#传感器的频响特性和幅值特性

采用峰谷值解调方法，作出 7#传感器的频响特性图，如图 2-51 所示。从图中可以看出，在 0.5～40Hz 范围内 7#传感器的灵敏度比较稳定，是传感器的传感特性平坦区。计算 0.5～40Hz 区间灵敏度加权平均值，计算结果是 1154pm/g。灵敏度相对误差的计算如表 2-16 所示。由表 2-16 及式（2-51）、式（2-52）可得到 7#传感器在 0.5～40Hz 的静态误差为 2.9%。

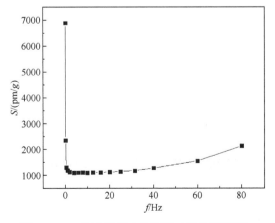

图 2-51　7#传感器频响特性图（峰谷值解调）

表 2-16　7#传感器灵敏度相对误差分析（峰谷值解调）

频率/Hz	实测灵敏度/(pm/g)	标定灵敏度/(pm/g)	灵敏度相对误差/%
0.5	1298.4	1154	12.5
1	1190.4	1154	3.2
2	1132.4	1154	−1.9
4	1102.6	1154	−4.5
6	1105.1	1154	−4.2
8	1111.7	1154	−3.7
10	1101.3	1154	−4.6
12.5	1117.8	1154	−3.1
16	1116.7	1154	−3.2
20	1126.6	1154	−2.3
25	1149.2	1154	−0.4
31.5	1178.4	1154	2.1
40	1276.6	1154	10.6

　　下面分析 7#传感器的加速度幅值特性，作出 7#传感器的加速度幅值特性图，如图 2-52 所示，图中直线的斜率即为传感器的灵敏度。从图中可以看出，7#传感器的加速度幅值特性在 0.02g~2g 范围内是线性的，幅值特性比较好。故其量程范围是 0.02g~2g。

　　7#传感器解决了支板双弹簧双栅式、支板双弹簧单栅式、单弹簧单栅式、单弹簧双栅式、双弹簧双栅式 FBG 加速度传感器的频响特性平坦区分段的问题。

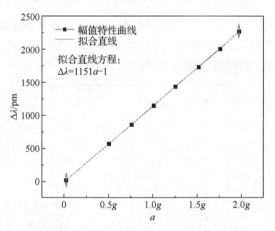

图 2-52　7#传感器加速度幅值特性及拟合图（峰谷值解调，20Hz）

2.4　位移型 FBG 倾角传感器

近几十年来，我国公路、铁路发展迅猛。桥梁作为公共交通的组成部分之一，目前建设数量达百万座，桥梁安全问题不容小觑。为保证桥梁的正常运载，要求监测桥梁支座来反映桥梁的健康状态。桥梁支座是桥梁承载系统中的重要组成部分，其位于梁体和桥墩柱体之间。支座倾角是判断桥梁、支座健康状态的重要参数，关系到列车车辆、汽车车辆的正常运行。尤其是对于列车的提速、平稳性等都有很大的影响，因此必须对支座的转角进行监测。针对桥梁转角测量问题，本节介绍一种位移型 FBG 倾角传感器的相关原理和结构设计，对传感特性进行数值分析和试验分析。

2.4.1　基本传感原理

利用角度偏转作为整个结构的"动力源"，将"动力源"输出的位移（动力）进行转化，通过连杆机构将该竖直方向上的位移进行数量和方向上的转化，如图 2-53 所示。同时，使用 FBG 测量悬臂梁变形，反映转角变化。因此，为了方便粘接 FBG，将 FBG 布置在悬臂梁外侧靠近固定端处，使其沿着悬臂梁的长度方向，如图 2-54 所示。

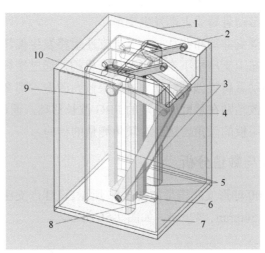

图 2-53　位移型 FBG 倾角传感器

1—保护外壳；2—V 形连杆；3—圆柱铰链；4—连杆；5—悬臂梁；6—滑块；7—底座；
8—滑轨；9—悬臂梁支架；10—回转轴

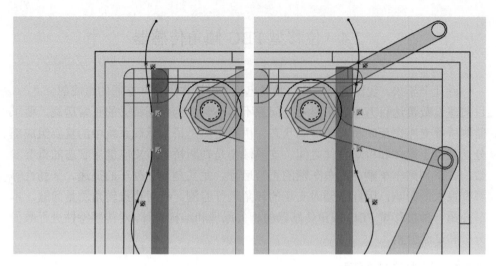

图 2-54　FBG 布置图

位移型 FBG 倾角传感器使用保护外壳保护传感器内部构件。当上支座板旋转时，V 形连杆起到"传递"作用，将上支座板偏转时的小位移转化为 V 形连杆的角度位移。圆柱铰链起到连接连杆和 V 形连杆以及连杆和滑块的作用。连杆起到将 V 形连杆行程的角度位移转化为滑块的水平位移的作用。滑块在导轨上进行水平移动，通过连杆推拉使悬臂梁下端发生偏转，将 FBG 与悬臂梁上端相结合，当下端发生偏转时，带动悬臂梁上端发生变形。

球形桥梁支座受到非均布荷载时，其上支座板将发生偏转，同时在偏转方向发生小范围偏移。在上支座板下布置小型连杆机构，通过接杆、铰链等组件将偏转的角度转化为推动悬臂梁偏转的动力。如果倾角改变，那么悬臂梁下端的变形也将随之变大，导致粘贴在悬臂梁上端的 FBG 波长移动，通过测量波长变化量，即可得到被测上支座板的倾角，达到对倾角测量的目的。

2.4.2　结构设计与数值分析

TJQZ-8360-5000 球形支座模型如图 2-55 所示。该球形支座的上支座板长、宽、高分别为 950mm、540mm、42mm，如图 2-56 所示。

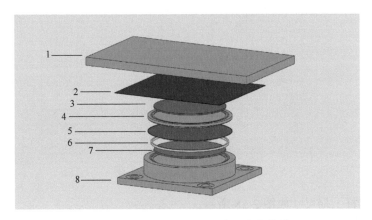

图 2-55　TJQZ-8360-5000 球形支座模型

1—上支座板；2—不锈钢板；3—平面滑板；4—球冠衬板；5—球面不锈钢板；6—密封环；
7—球面滑板；8—下支座板

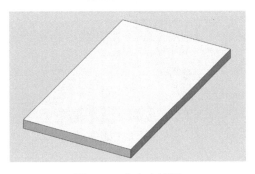

图 2-56　上支座板图

假设该球形支座的偏转角度为顺时针 θ，上支座板发生偏转时，上支座板左右两侧的竖直位移差值 L 为

$$L = 950 \times \tan\theta \tag{2-53}$$

此时单侧位移型 FBG 倾角传感器所能检测到的位移为 $a/2$。当偏转角度为 0.02rad 时，达到了上支座板的最大偏转程度。上支座板的偏转位移如图 2-57 所示。两点间的实际位移 b 为

$$b = \sqrt{(\mathrm{d}x)^2 + (\mathrm{d}y)^2} = \sqrt{(9.45)^2 + (0.09)^2} \approx 9.45\text{mm} \tag{2-54}$$

由于偏转位移与实际圆弧接近，故将竖直位移视为上支座板的位移。V 形连杆在 9.45mm 内的偏转其弦长与弧长所计算得到的圆心角度几乎一致，故将上支座板的竖直位移等价于 V 形连杆的偏转弧长，此时得到偏转的圆弧长 S 为

$$S = \frac{950 \cdot \tan\left(\dfrac{\theta \cdot 180}{\pi}\right)}{2} \tag{2-55}$$

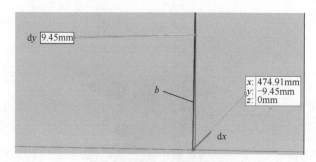

图 2-57 上支座板偏转位移

V 形连杆上端尺寸如图 2-58 所示。

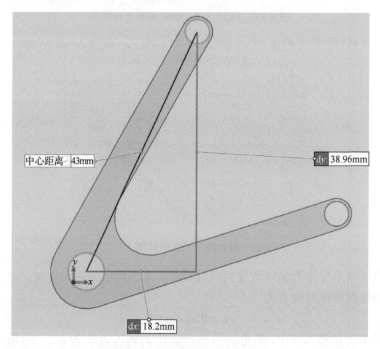

图 2-58 V 形连杆上端尺寸图

回转中心与连杆上端中心的距离 $l_1 = 43\text{mm}$。那么假设 V 形连杆偏转角度为 φ，则

$$\varphi = \frac{950 \cdot \tan\left(\dfrac{\theta \cdot 180}{\pi}\right)}{2\pi \cdot 86} \cdot 360° \tag{2-56}$$

V 形连杆下端尺寸如图 2-59 所示。

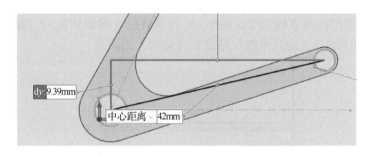

图 2-59　V 形连杆下端尺寸图（l_2=42mm）

回转中心与连杆下端中心的距离近似为 $l_2 = 42\text{mm}$。建立 V 形连杆下端和连杆的数学模型，如图 2-60 所示。

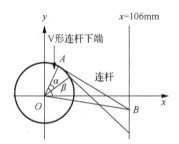

图 2-60　V 形连杆下端与连杆的数学模型（l_2=42mm）

假设 O 点为回转中心，初始角为 $\beta = 70.187°$，连杆长度为 100mm，V 形连杆下端和连杆的夹角设置为 $80°$。以 A 点为圆心，此时 A 点坐标为（42cos70.187°，42sin70.187°），连杆长度 l=100mm 为半径，作圆弧，交 x=106mm 于点 B，得到方程：

$$(x - 42\cos 70.187°)^2 + (y - 42\sin 70.187°)^2 = 100^2 \tag{2-57}$$

由方程（2-57）可以计算得到初始位置（即 x=106mm）时，滑块的纵坐标为 –2.56mm。此数学方程应得到两解，结合传感器初始布置的实际情况，B 点的纵坐标要在 A 点纵坐标以下，故排除另外一解。

当上支座板带动 V 形连杆发生偏转时，假设偏转角度为 α，此时 V 形连杆下端与 x 轴之间的夹角为 $\beta - \alpha$，则方程变化为

$$[x - 42\cos(70.187° - \alpha)]^2 + [y - 42\sin(70.187° - \alpha)]^2 = 100^2 \tag{2-58}$$

纵坐标的位置的表达式为

$$y = -\sqrt{100^2 - [106 - 42\cos(70.187° - \alpha)]^2} + 42\sin(70.187° - \alpha) \tag{2-59}$$

故悬臂梁末端的水平位移的大小 δ（单位为 mm）为

$$\delta = -2.56 - y$$

$$= \sqrt{100^2 - [106 - 42\cos(70.187° - \alpha)]^2} - 42\sin(70.187° - \alpha) - 2.56 \tag{2-60}$$

滑块的水平位移大小即悬臂梁的末端挠度大小。

悬臂梁模型如图 2-61 所示。图中，θ_B 为悬臂梁 B 端偏转角，F 为滑块的推力，l 为悬臂梁的长度，x 为光栅的粘贴位置到梁端 A 的距离。

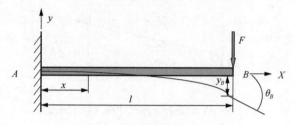

图 2-61　悬臂梁模型示意图

截面 x 的弯矩方程为

$$M(x) = -F(l-x) = F(x-l) \tag{2-61}$$

列出该悬臂梁曲线的微分方程并进行两次积分得到：

$$EI\frac{\mathrm{d}^2 y}{\mathrm{d}x^2} = M(x) = F(x-l) \tag{2-62}$$

式中，E 为悬臂梁材料的弹性模量；I 为悬臂梁的极惯性矩。

对式（2-62）第一次积分后得到角度 θ 与 x 之间的关系：

$$EI\frac{\mathrm{d}y}{\mathrm{d}x} = EI\theta = \frac{1}{2}F(x-l)^2 + C \tag{2-63}$$

第二次积分后得到角度 y 与 x 之间的关系：

$$EIy = \frac{1}{6}F(x-l)^3 + Cx + D \tag{2-64}$$

由边界条件可得

$$\begin{cases} x=0, & \theta_A = 0 \\ x=0, & y_A = 0 \end{cases} \tag{2-65}$$

将式（2-65）代入式（2-63）和式（2-64）中可得到：

$$C = -\frac{1}{2}Fl^2, \quad D = \frac{1}{6}Fl^3 \tag{2-66}$$

故悬臂梁的挠度方程为

$$EIy = \frac{1}{6}F(x-l)^3 - \frac{1}{2}Fl^2 x + \frac{1}{6}Fl^3 \tag{2-67}$$

所以有

$$y = \frac{\frac{1}{6}F(x-l)^3 - \frac{1}{2}Fl^2 x + \frac{1}{6}Fl^3}{EI} \tag{2-68}$$

当 $x=l$ 时，取得悬臂梁挠度的最大值 y_B：

$$y_{\max} = |y_B| = \frac{Fl^3}{3EI} \tag{2-69}$$

所以有

$$F = \frac{3EI \cdot y_{max}}{l^3} \tag{2-70}$$

悬臂梁末端的水平位移 δ 视为悬臂梁的挠度大小 y_{max}。

由于悬臂梁的截面为圆形，故其极惯性矩为

$$I_z = \frac{\pi d^4}{64} \tag{2-71}$$

式中，$d=h$。

悬臂梁的应力公式为

$$\sigma = \frac{My}{I_z} = \frac{Fl \cdot \dfrac{h}{2}}{\dfrac{\pi h^4}{64}} = \frac{32Fl}{\pi h^3} \tag{2-72}$$

结合胡克定律：

$$\xi = \frac{\sigma}{E} \tag{2-73}$$

将悬臂梁应力公式及力的方程代入胡克定律即可得到：

$$\xi = \frac{32Fl}{\pi E h^3} = \frac{32\dfrac{3EI}{l^3}\delta l}{\pi E h^3} = \frac{32 \cdot \dfrac{3E \cdot \dfrac{\pi h^4}{64}}{l^3}\delta l}{\pi E h^3} = \frac{\dfrac{3h}{2l^2}\delta}{1} = \frac{3h\delta}{2l^2} \tag{2-74}$$

FBG 在悬臂梁的黏结位置为 $l=100\text{mm}$，悬臂梁截面边长 $h=5\text{mm}$。因此转角 θ 和悬臂梁应变 ξ 之间的关系为

$$\xi = \frac{3 \cdot h \cdot \left\{ \sqrt{100^2 - \left[106 - 42\cos\left(70.187° - \dfrac{950\tan\left(\dfrac{\theta \cdot 180}{\pi}\right)}{2\pi \cdot 86} \cdot 360° \right) \right]^2} - 2.56 - 42\sin\left(70.187° - \dfrac{950\tan\left(\dfrac{\theta \cdot 180}{\pi}\right)}{2\pi \cdot 86} \cdot 360° \right) \right\}}{2 \cdot l^2} \tag{2-75}$$

当 θ 在 0～0.02rad 变化时，ξ 的变化情况如表 2-17 所示。

表 2-17　变化关系

θ/rad	φ/(°)	悬臂梁端部的变形	悬臂梁 FBG 处的应变
0	0	0	0
0.0015799	1	1.6112	395
0.0031599	2	3.2664	910
0.0047399	3	4.8725	2173
0.0063198	4	6.4343	3397
0.0078997	5	7.9560	4586
0.0094796	6	9.4412	5744
0.011059	7	10.8929	6873
0.012639	8	12.3139	7977
0.014219	9	13.7065	9056
0.015799	10	15.0728	10113
0.017378	11	16.4148	11150
0.018958	12	17.7340	12168

如果直接让光纤用作弹性元件，旋转中心到连杆的上端中心的距离为 $l_1 = 55\text{mm}$。然后，假定 V 形连杆偏转的角度是 φ，那么：

$$\varphi = \frac{950 \times \tan\left(\dfrac{\theta \times 180°}{\pi}\right)}{2\pi \times 55} \times 180° \qquad (2\text{-}76)$$

V 形连杆下端尺寸如图 2-62 所示。

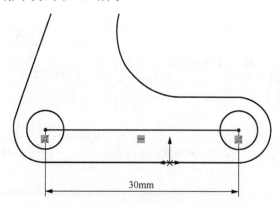

图 2-62　V 形连杆下端尺寸图（l_2=30mm）

旋转中心和连杆的下端中心之间的距离大约是 $l_2 = 30\text{mm}$。在图 2-60 中，建立了 V 形连杆的下端和连杆的数学模型。

该数学模型由简化的传感器模型逆时针方向转动 90° 后得到。假定旋转中心为 O 点，起始角度为 $\beta = 63.66°$（此时，光纤没有变形，也就是孔 2 位于孔 1 正下方），连杆的长度为 120mm，而 V 形连杆的下端与连杆的角度是 74.35°。令 A 点为圆心，A 点的坐标是 $(30\cos63.66°, 30\sin63.66°)$，用连杆长度 120mm 为半径作圆弧，交 $x=102.5\text{mm}$ 于点 B，得出公式：

$$(x-30\cos63.66°)^2+(y-30\sin63.66°)^2=120^2 \tag{2-77}$$

初始位置时，滑块在 $x=102.5\text{mm}$ 处，滑块还未移动时其纵坐标为 -53.4mm，用数学公式求出两个解。考虑到传感器的初始设计，B 点的纵坐标必须在 A 点坐标的下面，所以可以排除一个解。

在上支撑板驱动 V 形连杆运动的情况下，假定弯曲角为 α，这时，V 形连杆的下端和 x 轴的角度是 $\beta-\alpha$，那么式（2-77）可以表达为

$$[x-30\cos(63.66°-\alpha)]^2+[y-30\sin(63.66°-\alpha)]^2=120^2 \tag{2-78}$$

得到纵坐标的位置的表达式为

$$y=-\sqrt{120^2-[102.5-30\cos(63.66°-\alpha)]^2}+30\sin(63.66°-\alpha) \tag{2-79}$$

故滑块的水平位移的大小 δ（单位为 mm）为

$$\delta=-53.4-y=\sqrt{120^2-[102.5-30\cos(63.66°-\alpha)]^2}-30\sin(63.66°-\alpha)-53.4 \tag{2-80}$$

滑块水平位移大小即光纤下端位移大小。滑块移动前后的位置关系如图 2-63 所示。

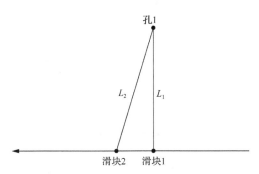

图 2-63 滑块移动前后的位置关系

当滑块中心位于孔 1 正下方时，光纤未受到力，光纤长度为 $L_1=105\text{mm}$。当滑块移动时（由滑块 1 移动到滑块 2 时），光纤长度变为 L_2，光纤改变的长度 ΔL 表达式为

$$\Delta L=\sqrt{\delta^2+L_1^2}-L_1=\sqrt{\delta^2+105^2}-105 \tag{2-81}$$

2.4.3 传感特性验证

1. 试验

本次试验使用 SM130 光栅解调仪进行 FBG 波长的测量，使用 HWT905-485

倾角仪作为参照传感器，螺旋式升降台用作角度动力源。升降台置于左侧控制上支座板偏转，陀螺仪测量上支座板偏转角度，随着上支座板偏转角度的增加，V 形连杆带动滑块向左运动，FBG 发生形变，从而波长发生变化。本节针对本次试验设计了一种试验装置，用于替代智能支座，具体试验装置布置如图 2-64 所示。

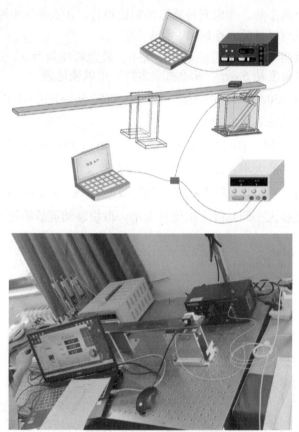

图 2-64　试验装置布置图

　　光纤从传感器上端小孔穿出，把光纤先用速干胶黏结固定在滑块上，再用 AB 胶涂抹在滑块小孔处，确保滑块上小孔与传感器上端小孔对齐。待滑块处胶水凝固后将传感器倒置，对下方的光纤施加一定预应力，使光纤绷直，此时再用速干胶黏结光纤。凝固后再用 AB 胶覆盖。在传感器顶部小孔处涂 AB 胶，待胶水凝固后，光纤黏结完成。封装细节如图 2-65、图 2-66 所示。

图 2-65　传感器顶部 FBG 封装

图 2-66　滑块处 FBG 封装

2. 试验结果与分析

1）灵敏度分析

图 2-67 为波长 1550.07nm FBG 波长-角度关系图，可以看到 FBG 波长均随着角度的增大而增大。不同循环下 FBG 波长与理论波长的线性拟合结果如图 2-68 所示。循环 1 线性拟合后斜率为 1.76348，循环 2 线性拟合后斜率为 1.7708，循环 3 线性拟合后斜率为 1.80453，循环 4 线性拟合后斜率为 1.75703，循环 5 线性拟合后斜率为 1.82885。FBG 理论波长线性拟合后斜率为 1472.90633。

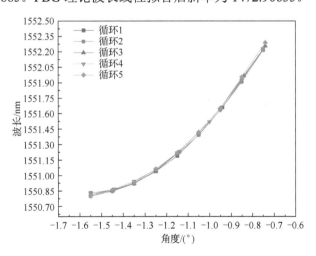
图 2-67　循环 1～循环 5 FBG 波长-角度关系

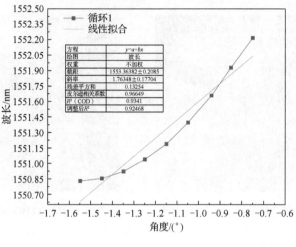

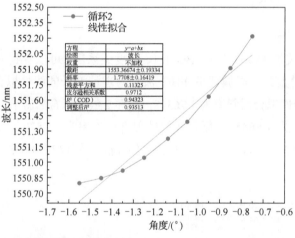

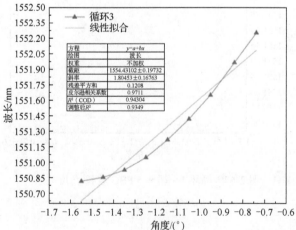

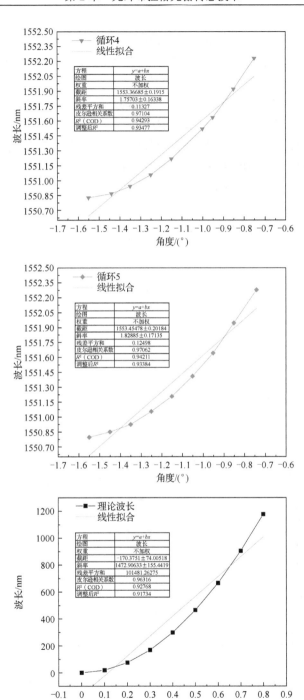

图 2-68　不同循环下 FBG 波长与理论波长的线性拟合

COD 为决定系数（coefficient of determination）

图 2-69 为循环 1～循环 5 FBG 波长和理论波长对比图，可以看出，循环 1～循环 5 试验波长和理论波长并不重合，产生误差的原因可能是：在封装传感器时，光纤两端都是粘胶固定，为了避免光纤拔出，在光纤两端涂了 4～5mm 的胶，使得光纤的实际长度要比理论长度小，理论长度为 105mm，实际长度约为 97～98mm。如果按照 97～98mm 来计算 FBG 波长，其线性拟合斜率和循环 1～循环 5 实际测量斜率一致，因此认为循环 1～循环 5 试验波长和理论波长不重合主要是封胶工艺导致的。表 2-18 为不同循环下 FBG 传感器的灵敏度，可以看到理论计算灵敏度与实测灵敏度基本吻合。

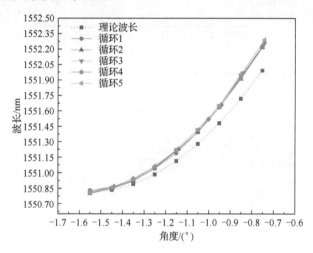

图 2-69　循环 1～循环 5 FBG 波长和理论波长对比图

表 2-18　不同循环下 FBG 传感器的灵敏度

	角度变化范围/(°)	灵敏度/[pm/(°)]
循环 1	−1.55～−0.75	1763.48
循环 2	−1.55～−0.75	1770.8
循环 3	−1.55～−0.75	1804.53
循环 4	−1.55～−0.75	1757.03
循环 5	−1.55～−0.75	1828.85
理论计算	0～0.8	1472.90633
理论计算（考虑封装误差）	0～0.8	1725.7523

2）重复性分析

重复性是指测量系统在同一工作条件下，按同一方向进行全量程多次（5 次以上）测量时，对于同一个激励量其测量结果的不一致程度。

重复性误差 δ_R 的计算公式如下：

$$\delta_{R} = \frac{t\sigma}{y_{FS}} \times 100\% \qquad (2\text{-}82)$$

式中，t 为置信系数；σ 为标准差；y_{FS} 为满量程。

重复性反映测量结果的偶然误差，分别对循环 1～循环 5 进行重复性计算，如表 2-19 所示。

表2-19　位移型 FBG 倾角传感器重复性分析

	标准差	波长最大值/nm	波长最小值/nm	满量程/(°)	δ	
					$t=2$	$t=3$
循环 1	0.472718932	1552.2186	1550.8294	1.3892	0.680562816	1.020844223
循环 2	0.470811315	1552.2176	1550.7987	1.4189	0.663628607	0.99544291
循环 3	0.485419266	1552.2557	1550.8153	1.4404	0.674006201	1.011009302
循环 4	0.469599112	1552.2306	1550.8269	1.4037	0.669087572	1.003631358
循环 5	0.489768285	1552.2881	1550.8033	1.4848	0.659709436	0.989564154

3）温度干扰分析

采用 5 次重复试验，两个 FBG 的波长变化情况如表 2-20 所示。从表中可以看出，波长变化的最大值为 10pm 左右，因此可以认为试验中温度基本无影响。

表2-20　试验温度环境下循环 1～循环 5 FBG 波长变化

	均值/nm	标准差	最小值/nm	最大值/nm	极差
循环 1(1530)	1530.051378	0.00159149	1530.0493	1530.054	0.0047
循环 1(1540)	1540.064544	0.001391331	1540.0625	1540.0665	0.004
循环 2(1530)	1530.052733	0.00200444	1530.0512	1530.0578	0.0066
循环 2(1540)	1540.0657	0.000864099	1540.0641	1540.0665	0.0024
循环 3(1530)	1530.053222	0.001279564	1530.0512	1530.0551	0.0039
循环 3(1540)	1540.066767	0.000730297	1540.0661	1540.0681	0.002
循环 4(1530)	1530.055067	0.001159502	1530.0532	1530.057	0.0038
循环 4(1540)	1540.068422	0.00124613	1540.0665	1540.07	0.0035
循环 5(1530)	1530.057167	0.000983192	1530.0551	1530.0581	0.003
循环 5(1540)	1540.070956	0.001677373	1540.0685	1540.074	0.0055
循环 1(1530)	1530.053913	0.002478405	1530.0493	1530.0581	0.0088
循环 1(1540)	1540.067278	0.002554985	1540.0625	1540.074	0.0115

参 考 文 献

[1] 马卫东, 施伟. 光纤光栅传感器的工作原理及研究进展[J]. 光通信研究, 2001(4): 58-62.

[2] Meiarashi S, Nishizaki I, Kishima T. Life-cycle cost of all-composite suspension bridge[J]. Journal of Composites for Construction, 2002, 6(4): 206-214.

[3] 张晓晶, 武湛君, 张博明, 等. 光纤布拉格光栅温度和应变交叉灵敏度的试验研究[J]. 光电子激光, 2005, 16(5):

566-569.

[4] 张晓晶, 武湛君, 张博明, 等. 光纤布拉格光栅温度灵敏性的试验研究[J]. 光学技术, 2005, 31(4): 497-499.

[5] 贾振安, 乔学光, 付海威. 光纤光栅温度灵敏度系数研究[J]. 光电子激光, 2003, 14(5): 453-456.

[6] 贾振安, 乔学光, 李明, 等. 光纤光栅温度传感的非线性现象[J]. 光子学报, 2003, 32(7): 844-847.

[7] 欧进萍, 周智, 武湛君, 等. 黑龙江呼兰河大桥的光纤光栅智能监测技术[J]. 土木工程学报, 2004, 37(1): 45-49, 64.

[8] 王永皎. 机械振动的双光栅传感理论与试验研究[M]. 北京: 清华大学出版社, 2017.

[9] 单辉祖, 谢传锋. 工程力学 静力学与材料力学[M]. 北京: 高等教育出版社, 2004.

[10] 肖信. Origin 8.0 实用教程 科技作图与数据分析[M]. 北京: 中国电力出版社, 2009.

[11] 徐峰, 黄芸. 新编金属材料手册[M]. 合肥: 安徽科学技术出版社, 2017.

[12] 詹迪维. SolidWorks 2016 机械设计教程[M]. 北京: 机械工业出版社, 2017.

[13] 谢丽君, 冯爱平, 张玲芬. 机械制图[M]. 北京: 北京理工大学出版社, 2017.

[14] 闻邦椿. 机械设计手册 第 6 卷[M]. 6 版. 北京: 机械工业出版社, 2018.

[15] 张力, 刘斌. 机械振动试验与分析[M]. 北京: 清华大学出版社, 2013.

[16] 王东生. 分贝的由来和 1/3 倍频程算法[J]. 橡塑资源利用, 2005(5): 45-46.

[17] 李庆扬, 王能超, 易大义. 数值分析[M]. 5 版. 武汉: 华中科技大学出版社, 2018.

第3章　全分布式光纤传感技术

3.1　概　　述

　　全分布式光纤传感技术的独特优势在于传感范围大、无级连续分布性等。同时，在对工程结构监测中损伤识别与定位是非常重要的，实现结构损伤的精确定位可以准确识别结构关键受力和腐蚀损伤位置。然而，当传感光纤长度很长时，光纤长度受温度和应变的影响引起沿光纤长度空间位置的变化，因此如何将光纤位置与结构位置关联，解决光纤长度空间位置受环境影响而引起的漂移问题成为工程应用中亟须解决的难题。本章将从布里渊传感与光纤光栅基本原理出发，对全分布式光纤传感器的定位漂移问题进行论述。

3.2　全分布式光纤传感原理及分析

3.2.1　光纤中的自发散射谱

　　光波是一种电磁波[1]。当电磁波入射到诸如光纤这样的介质中时，入射电磁波将与组成该材料的分子或原子相互作用，从而产生散射谱。入射光强相对较低时，可以观察到自发散射现象。当角频率为 ω_0 的光入射到介质中时，典型的自发散射谱示意图如图 3-1 所示。

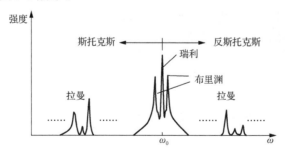

图 3-1　固态物质典型的自发散射谱示意图

　　其中，瑞利散射光的角频率与入射光相同，均为 ω_0，即整个散射过程前后光子能量守恒，因此瑞利散射也称为弹性散射。而其他角频率与入射光角频率不同的散射称为非弹性散射。当散射光的角频率高于入射光的角频率时，称为反斯托克斯光；低于入射光角频率时则称为斯托克斯光。非弹性散射过程可进一步分为布里渊散射和拉曼散射。布里渊散射描述光子和声学声子的能量转换，形式上，声子是散射材料中一种包括相应核子运动的集体振动。拉曼散射则是由于入射光与独立的分子或原子的电子结构的能量转换引起的[2]。在凝聚态物理学中，拉曼散射被描述为光学声子的光散射[2]。特别值得强调的是，分子结构有两个重要的特征：一是分子的旋转有几个波数（cm^{-1}）；二是有较大能量的分子振动。然而，在光纤中很少能观察到分子的转动能量，这是由于邻近的分子堆积得非常密集，其旋转自由度受到限制。分子重构过程中存在着激发，但重构分子的激发态能量范围更小，从而与之相关联的主要振动谱出现不均匀展宽。所以，拉曼散射谱含有许多窄谱带，各谱带间隔对应电子振动，其带宽源于分子旋转或重构的激发态。人们认为拉曼散射是固态物质中的光学声子引起的。需要注意的是，上述自发散射被认为是拉曼散射在入射光强不高时所产生的散射，若使用极高强度的激光作用于物质，所得到的散射谱截然不同。

3.2.2　全分布式光纤传感技术的主要参数

由于传感机制不同，各种全分布式光纤传感技术除具有共性的一些参数外，还有表示自身特点的参数，所以全分布式光纤传感技术涉及的参数较多，本节只介绍全分布式光纤传感技术主要的性能参数。

1. 灵敏度

传感器将输入信号 X 转换为输出信号（通常是电信号）V_0，灵敏度 S 是传感系统输出信号与输入信号的比值，其表达式是 $V_0 = SX$。理想情况下，灵敏度在整个工作范围内应保持为一常数，而与温度等环境因素无关。

2. 噪声

噪声存在于所有传感器中，因为即使是电子在电阻中的随机波动也会引入噪声（热噪声）。传感器的带宽越宽，其输出信号的噪声往往越大，所以噪声的分类通常与频率相关。

3. 信噪比

信噪比定义为传感器输出的信号强度与噪声强度的比值。

4. 分辨率

分辨率是可观测到的被测量的最小变化量。若由被测量变化带来的传感器输出电压的变化量与噪声电压有效值相等，则被测量的变化量即定义为该传感器的分辨率。

全分布式光纤传感器中一个重要的性能参数是空间分辨率。它表征测量系统能区分开传感光纤上相邻最近两个事件点的能力。因为每一时刻传感光纤上获得的信息实际上是某一段传感光纤上信号的积累，所以，不是传感光纤上任意无穷小段上的信息都能区分开，即传感光纤上小于空间分辨率的所有点的信息在时间上互相叠加。实际测量中，空间分辨率一般被定义为被测信号在过渡段的 10%～90%上升时间所对应的空间长度[3]。

空间分辨率主要由传感系统的探测光脉冲宽度、光电转换器件的相应时间、模/数（analogue-to-digital, A/D）转换速度和放大电路的频带宽度等决定。

若探测光脉冲为矩形，脉冲宽度为 τ，光纤中光的群速度为 V_g，忽略光脉冲在传感光纤中的色散，认为光电探测器及放大器的频带足够宽，那么由探测光脉冲决定的空间分辨率 R_{pulse} 为

$$R_{pulse} = \frac{\tau V_g}{2} \tag{3-1}$$

若真空中的光速为 c，普通单模光纤的纤芯折射率为 n，那么光纤中光的群速度为

$$V_g = \frac{c}{n} = \frac{3 \times 10^8}{1.46} = 2.05 \times 10^8 (m/s) \tag{3-2}$$

由式（3-1）和式（3-2）可以得出在普通单模光纤中的空间分辨率 R_{pulse} 为

$$R_{pulse} \approx \frac{\tau(ns)}{10(ns/m)} \tag{3-3}$$

A/D 转换速度 f 确定的空间分辨率 $R_{A/D}$ 可以估算为

$$R_{A/D} \approx \frac{100(m/s)}{f(MHz)} \tag{3-4}$$

若放大器的频带宽度为 B（含探测器上升时间的影响），那么由其确定的空间分辨率 R_{amp} 可以估算为

$$R_{amp} \approx \frac{100(m/s)}{B(MHz)} \tag{3-5}$$

全分布式光纤传感系统的空间分辨率 R 可以表示为

$$R = \max \left\{ R_{pulse}, R_{A/D}, R_{amp} \right\} \tag{3-6}$$

式（3-3）～式（3-5）中，R_{pulse}、$R_{A/D}$ 和 R_{amp} 的单位均为米（m）。

5. 动态范围

动态范围有两种定义方式：双程动态范围和单程动态范围。双程动态范围指探测光在光纤中一个来回获得的探测曲线从信噪比等于 1 至最大信噪比的信号功

率范围。单程动态范围的定义是取双程动态范围（单位为 dB）的一半。

3.2.3 光纤中的布里渊散射原理和传感机制

1. 光纤中的布里渊散射

从物理机制来看，布里渊散射与拉曼散射一样都是光纤中光与物质相互作用的非弹性散射过程。不同的是，拉曼散射是入射光场与介质的光学声子相互作用产生的非弹性光散射，而布里渊散射是入射光场与介质的声学声子相互作用产生的一种非弹性光散射现象[1]。光纤中的布里渊散射分为自发布里渊散射（spontaneous Brillouin scattering, Sp-BS）和受激布里渊散射（stimulated Brillouin scattering, SBS）。

1）自发布里渊散射

组成介质的粒子（原子、分子或离子）由于自发热运动会在介质中形成连续的弹性力学振动，这种力学振动会导致介质密度随时间和空间周期性变化，从而在介质内部产生一个自发的声波场，该声波场使介质的折射率被周期性调制并以声波速度 V_a 在介质中传播，这种作用如同光栅（称为声场光栅），当光波射入介质中时受到声场光栅作用而发生散射，其散射光因多普勒效应而产生与声波速度相关的频率漂移，这种带有频移的散射光称为自发布里渊散射光[4,5]。

在光纤中，自发布里渊散射的物理模型如图 3-2 所示。不考虑光纤对入射光的色散效应，设入射光的角频率为 ω，移动的声场光栅通过布拉格衍射反射入射光，当声场光栅与入射光运动方向相同时，由于多普勒效应，散射光相对于入射光角频率发生下移，此时散射光称为布里渊斯托克斯光，角频率为 ω_S，如图 3-2（a）所示。当声场光栅与入射光运动方向相反时，由于多普勒效应，散射光相对于入射光角频率发生上移，此时散射光称为布里渊反斯托克斯光，角频率为 ω_{AS}，如图 3-2（b）所示。

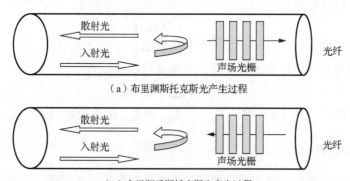

（a）布里渊斯托克斯光产生过程

（b）布里渊反斯托克斯光产生过程

图 3-2　光纤中自发布里渊散射的物理模型示意图

假设光纤的入射光场和光纤中分子热运动引起的周期性声波场分别为

$$E(z,t) = E_0 e^{i(k \cdot r - \omega t)} + \text{c.c.} \tag{3-7}$$

$$\Delta p = \Delta p_0 e^{i(q \cdot r - \Omega t)} + \text{c.c.} \tag{3-8}$$

式中，c.c. 为各等式第一项的复共轭项；E_0 为入射光场的振幅；k 为入射光的波矢；r 为位移；ω 为入射光的角频率；Δp_0 为声波场振幅；q 为声波的波矢；Ω 为声波的角频率。

光纤中的散射光场遵循波动方程：

$$\nabla^2 E - \frac{n^2}{c^2} \frac{\partial^2 E}{\partial t^2} = \frac{4\pi}{c^2} \frac{\partial^2 P}{\partial t^2} \tag{3-9}$$

式中，n 为光纤介质的折射率；c 为真空中的光速；P 为光纤介质中极化强度起伏所引起的附加极化，可以表示为

$$P = \frac{\Delta \varepsilon}{4\pi} E \tag{3-10}$$

其中，ε 为光纤介质的介电常数，其变化由光纤介质的密度起伏而产生，光纤介质密度 ρ 的变化又由声波的扰动而产生，即

$$\Delta \varepsilon = \frac{\partial \varepsilon}{\partial p} \Delta \rho \tag{3-11}$$

$$\Delta \rho = \frac{\partial \rho}{\partial p} \Delta p \tag{3-12}$$

将式（3-11）和式（3-12）代入式（3-10），可得

$$P = \frac{1}{4\pi} \left(\frac{\partial \varepsilon}{\partial \rho} \right) \left(\frac{\partial \rho}{\partial p} \right) \Delta p \cdot E \tag{3-13}$$

将电致伸缩系数 $\gamma_e = \rho_0 \dfrac{\partial \varepsilon}{\partial \rho}$ 和绝热压缩系数 $C_s = \dfrac{1}{\rho_0} \dfrac{\partial \rho}{\partial p}$ 代入式（3-13）得

$$P = \frac{1}{4\pi} \gamma_e C_s \Delta p \cdot E \tag{3-14}$$

将式（3-14）、式（3-7）、式（3-8）联立，就得到了光纤中布里渊散射所满足的非线性极化波动方程[6]：

$$\nabla^2 E - \frac{n^2}{c^2} \frac{\partial^2 E}{\partial t^2} = -\frac{\gamma_e C_s}{c^2} \left[(\omega - \Omega)^2 E_0 \Delta p e^{i(k-q) \cdot r - i(\omega - \Omega)t} \right. $$
$$\left. + (\omega + \Omega)_0^2 \Delta p e^{i(k+q) \cdot r - i(\omega + \Omega)t} \right] + \text{c.c.} \tag{3-15}$$

式（3-15）右边的项表明，在入射光角频率 ω 的两边，对称分布着斯托克斯和反斯托克斯两部分散射谱线，这些散射光相对入射光的频移等于声波角频率 Ω，它们相对于入射光的频移量称为布里渊频移。

斯托克斯光的角频率 ω_s 和波矢 k_s 与入射光的角频率 ω 和波矢 k 的关系为

$$\omega_{\mathrm{S}} = \omega - \Omega \qquad (3\text{-}16)$$

$$\boldsymbol{k}_{\mathrm{S}} = \boldsymbol{k} - \boldsymbol{q} \qquad (3\text{-}17)$$

反斯托克斯光的角频率 ω_{AS} 和波矢 $\boldsymbol{k}_{\mathrm{AS}}$ 与入射光的角频率 ω 和波矢 $\boldsymbol{k}$ 的关系为

$$\omega_{\mathrm{AS}} = \omega + \Omega \qquad (3\text{-}18)$$

$$\boldsymbol{k}_{\mathrm{AS}} = \boldsymbol{k} + \boldsymbol{q} \qquad (3\text{-}19)$$

图 3-3 简单地反映了斯托克斯光、反斯托克斯光与入射光及声波之间的波矢关系。

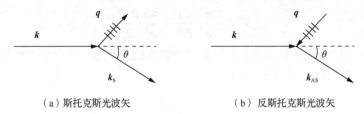

（a）斯托克斯光波矢　　　　　　　（b）反斯托克斯光波矢

图 3-3　布里渊散射光与入射光和声波之间的波矢关系

为了更好地体现入射光、斯托克斯光和反斯托克斯光之间的动量守恒关系，图 3-4 给出了三者的三角矢量。

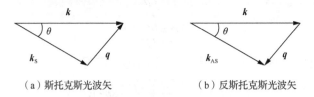

（a）斯托克斯光波矢　　　　　　　（b）反斯托克斯光波矢

图 3-4　布里渊散射光的矢量守恒关系

由于 $\Omega \ll \omega$、$|\boldsymbol{q}| \ll |\boldsymbol{k}|$，所以可以认为 $\omega \approx \omega_{\mathrm{S}} \approx \omega_{\mathrm{AS}}$、$|\boldsymbol{k}| \ll |\boldsymbol{k}_{\mathrm{S}}| \ll |\boldsymbol{k}_{\mathrm{AS}}|$。

由图 3-4 可得

$$|\boldsymbol{q}| = 2|\boldsymbol{k}|\sin\left(\frac{\theta}{2}\right) \qquad (3\text{-}20)$$

且入射光及声波的角频率与波矢之间分别有如下关系：

$$\omega = |\boldsymbol{k}|\frac{c}{n} \qquad (3\text{-}21)$$

$$\Omega = |\boldsymbol{q}|V_{\mathrm{a}} \qquad (3\text{-}22)$$

式中，V_{a} 为光纤中的声波速度。则可由式（3-20）得到布里渊频移：

$$v_{\mathrm{B}} = \frac{\Omega}{2\pi} = \frac{2nV_{\mathrm{a}}}{\lambda_0}\sin\left(\frac{\theta}{2}\right) \qquad (3\text{-}23)$$

式中，λ_0 为入射光波长；θ 为散射光波矢与入射光波矢的夹角。由式（3-23）可以看出，布里渊散射光的频移与散射角度有关。在单模光纤中，轴向以外的传播模式都被抑制，因此布里渊散射光只表现为前向传播和背向传播。当散射发生在前向（$\theta = 0$）时，$v_B = \Omega/2\pi = 0$，即不发生布里渊散射；当散射发生在背向（$\theta = \pi$）时，$v_B = \Omega/2\pi = 2nV_a/\lambda_0$，可见背向布里渊散射的频移与光纤的有效折射率以及光纤中的声波速度成正比，与入射光的波长成反比。若石英光纤的折射率 $n = 1.46$、声波速度 $V_a = 5945\text{m/s}$、入射光波长 $\lambda_0 = 1550\text{nm}$，则石英光纤的布里渊频移约为 11.2GHz。

实际情况中，声波在光纤介质中有衰减，所以布里渊散射光功率谱具有一定的宽度，并呈洛伦兹曲线形式[1]：

$$G_B(v) = G \frac{\left(\dfrac{\Gamma_B}{2}\right)^2}{\left(v - v_B\right)^2 + \left(\dfrac{\Gamma_B}{2}\right)^2} \tag{3-24}$$

式中，Γ_B 为布里渊散射光功率谱的半峰全宽（full width at half maximum, FWHM）。Γ_B 与声子寿命有关，普通单模光纤中 Γ_B 一般为几十兆赫兹。当 $v = v_B$ 时，信号功率处于布里渊散射峰值 G 处，布里渊散射光功率谱如图 3-5 所示。

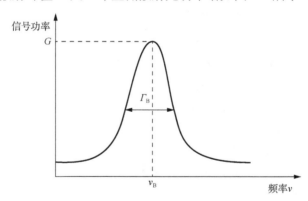

图 3-5　单模光纤中自发布里渊散射光功率谱示意图

2）受激布里渊散射

1964 年，人们在块状晶体中首次观察到了受激布里渊散射[1]。受激布里渊散射过程可以经典地描述为入射光波、斯托克斯波通过声波进行的非弹性相互作用。与自发布里渊散射不同，受激散射过程源自强感应声波场对入射光波的作用。当入射光波到达一定功率时，入射光波通过电致伸缩产生声波，引起介质折射率的周期性调制，而且大大加强了满足相位匹配的声场，致使入射光波的大部分能量耦合到反向传输的布里渊散射光，从而形成受激布里渊散射。

受激布里渊散射过程中，入射光波只能激发出同向传播的声波场，因此通常只表现出频率下移的斯托克斯光谱线，其频移与介质中声频大小相同。从量子力学的角度，这个散射过程可看成一个入射光子湮没，产生一个斯托克斯光子和一个声频声子。

受激布里渊散射的入射光场、斯托克斯光和声波场之间的频率和波矢关系与自发布里渊散射过程中相似，这里不再重复分析。布里渊放大过程是受激布里渊散射相关的非线性效应，是用于光纤传感技术的重要机制。

受激布里渊散射过程通常由经典的三波耦合方程描述，在稳定情况下，典型的三波耦合方程可以化简为[1]

$$\frac{\mathrm{d}I_\mathrm{p}}{\mathrm{d}z} = -g_\mathrm{B}(\Omega)I_\mathrm{p}I_\mathrm{S} - \alpha I_\mathrm{p} \tag{3-25}$$

$$\frac{\mathrm{d}I_\mathrm{S}}{\mathrm{d}z} = -g_\mathrm{B}(\Omega)I_\mathrm{p}I_\mathrm{S} + \alpha I_\mathrm{S} \tag{3-26}$$

式中，I_p 和 I_S 分别为入射光波和斯托克斯光的强度；α 为光损耗系数。布里渊增益因子 $g_\mathrm{B}(\Omega)$ 具有洛伦兹谱型，可表示为

$$g_\mathrm{B}(\Omega) = g_0 \frac{(\Gamma_\mathrm{B}/2)^2}{(\Omega_\mathrm{B} - \Omega)^2 + (\Gamma_\mathrm{B}/2)^2} \tag{3-27}$$

式中，峰值增益因子 g_0 可以表示为

$$g_0 = g_\mathrm{B}(\Omega_\mathrm{B}) = (2\pi^2 n^7 p_{12}^2)/(c\lambda_0^2 \rho_0 V_\mathrm{a} \Gamma_\mathrm{B}) \tag{3-28}$$

其中，p_{12} 为弹光系数，ρ_0 为材料密度，$\Gamma_\mathrm{B} = 1/\tau_\mathrm{p}$ 为布里渊增益谱带宽，τ_p 为声子寿命。对于普通单模光纤和 1550nm 的连续入射光，若光纤的折射率 $n = 1.45$，$V_\mathrm{a} = 5.96\,\mathrm{km/s}$，则 $g_0 = 5.0 \times 10^{-10}\,\mathrm{m/W}$。由式（3-27）可知，当 $|\Omega - \Omega_\mathrm{B}| \gg 0$ 时，布里渊增益将变得很小，而在 $\Omega = \Omega_\mathrm{B}$ 处布里渊散射具有最大的增益 g_0，即只有当两光场的频率差 Ω 接近 Ω_B 时，才会有明显的受激布里渊放大效应，基于受激布里渊散射的传感技术正是应用了这一放大效应来实现传感的。

3）受激布里渊散射阈值

阈值特性是受激布里渊散射的重要特性之一[1,7]。组成光纤介质的分子原子等在连续不断地做热运动，使得光纤中始终存在着不同程度的热致声波场。热致声波场使得光纤折射率产生周期性调制，当有入射光进光纤时，产生自发布里渊散射光。入射光功率逐渐增加到一定程度时，背向传输的布里渊散射光与入射光发生干涉作用，使得光纤折射率被周期性调制，产生折射率光栅，随着入射光功率的进一步增加，这一折射率光栅将进一步增强，从而使光在此光栅上的背向散射光不断增强，导致大部分入射光被转化为背向散射光，产生受激布里渊散射。可见受激布里渊散射具有明显的阈值特性：当入射光的强度较小时，布里渊散射光的功率与入射光的功率呈线性关系；但当入射光功率超过某一数值即受激布里渊散射阈值时，布里渊散射光的功率会急剧增加，产生受激布里渊散射。光纤中的

受激布里渊散射阈值在文献中有不同的定义[8]，主要可以描述为以下四种情况：
①入射光功率等于背向散射光功率时的入射光功率，即当入射光功率与背向散射光功率相等时，此时的入射光功率被视为受激布里渊散射阈值；②透射光功率等于背向散射光功率时的入射光功率，即当透射光功率与背向散射光功率相等时，此时的入射光功率被视为受激布里渊散射阈值；③背向散射光功率快速增加时的入射光功率，即当背向散射光功率随入射光功率增加而显著上升时，此时的入射光功率被视为受激布里渊散射阈值；④光纤入射端的背向散射光功率等于入射光功率的 η 倍时的入射光功率，即当背向散射光功率达到入射光功率的某一特定比例（η 倍）时，此时的入射光功率被视为受激布里渊散射阈值。一种常用的受激布里渊散射阈值公式由（3-29）给出[7,8]：

$$P_{cr} = G\frac{K_p A_{eff}}{g_0 L_{eff}} \tag{3-29}$$

式中，G 为受激布里渊散射阈值增益因子；K_p 为偏振因子（$1 \leqslant K_p \leqslant 2$），依赖于入射光和布里渊散射光的偏振态；$A_{eff}$ 为有效纤芯面积；L_{eff} 为有效作用长度，

$$L_{eff} = \left[1 - e^{-\alpha L}\right]/\alpha \tag{3-30}$$

其中，L 为光纤长度，α 为光损耗系数。

Floch 等[9]经过理论和试验研究，认为影响光纤中布里渊散射阈值的因素较多，除了光纤长度、光纤截面面积外，还有泵浦光的波长等，为此，提出了布里渊散射阈值系数，可表示为

$$G \approx \ln\left(\frac{4A_{eff}f_B\pi^{1/2}B^{3/2}}{g_0 L_{eff}k_B T f_p \Gamma}\right) \tag{3-31}$$

式中，f_p 为泵浦光频率；$\Gamma = 1/T_B$ 为声子衰减速率，$T_B = 10ns$ 为声子寿命；$B = 21$ 为与光纤色散相关的常数；k_B 为玻尔兹曼常数。

2. 基于布里渊散射的传感机制

由式（3-23）可得光纤中背向布里渊散射频移为

$$\nu_B = 2nV_a/\lambda_0 \tag{3-32}$$

可见，布里渊频移与光纤的有效折射率以及光纤中的声波速度成正比，与入射光的波长成反比。

已知光纤中的声波速度可用下式表示：

$$V_a = \sqrt{\frac{(1-k)E}{(1+k)(1-2k)\rho}} \tag{3-33}$$

式中，k 为泊松比；E 为弹性模量；ρ 为光纤介质的密度。折射率 n 和这些参量都是温度和应力的函数，分别记为 $n(\varepsilon,T)$、$E(\varepsilon,T)$、$k(\varepsilon,T)$ 和 $\rho(\varepsilon,T)$，将其代

入式（3-32）可得布里渊频移量：

$$v_B(\varepsilon,T) = \frac{2n(\varepsilon,T)}{\lambda_0}\sqrt{\frac{\left[1-k(\varepsilon,T)\right]E(\varepsilon,T)}{\left[1+k(\varepsilon,T)\right]\left[1-2k(\varepsilon,T)\right]\rho(\varepsilon,T)}} \qquad （3-34）$$

1）布里渊频移与应变的关系

在恒温条件下，当光纤的应变发生改变时，光纤内部原子间的相互作用势发生改变，导致其弹性模量和泊松比发生变化，使得折射率发生改变，从而影响布里渊频移量的变化。

若参考温度为T_0，则式（3-34）可写成：

$$v_B(\varepsilon,T_0) = \frac{2n(\varepsilon,T_0)}{\lambda_0}\sqrt{\frac{\left[1-k(\varepsilon,T_0)\right]E(\varepsilon,T_0)}{\left[1+k(\varepsilon,T_0)\right]\left[1-2k(\varepsilon,T_0)\right]\rho(\varepsilon,T_0)}} \qquad （3-35）$$

由于光纤的组成成分主要是脆性材料SiO_2，所以其拉伸应变较小。在微应变情况下，将式（3-35）在$\varepsilon=0$处作泰勒展开，并忽略一阶以上的高阶项，可得

$$v_B(\varepsilon,T_0) \approx v_B(0,T_0)\left[1+\Delta\varepsilon\frac{\partial v_B(\varepsilon,T_0)}{\partial\varepsilon}\Bigg|_{\varepsilon=0}\right]$$
$$= v_B(0,T_0)\left[1+\Delta\varepsilon\left(\Delta n_\varepsilon + \Delta k_\varepsilon + \Delta E_\varepsilon + \Delta\rho_\varepsilon\right)\right] \qquad （3-36）$$

室温下，若取各参数的典型值为$\lambda=1550nm$、$\Delta n=-0.22$、$\Delta k=1.49$、$\Delta E=2.88$、$\Delta\rho=0.33$，则布里渊频移随应力的变化可表示为

$$v_B(T_0,\varepsilon) \approx v_B(T_0,0)(1+4.48\Delta\varepsilon) \qquad （3-37）$$

式（3-37）表明布里渊频移与光纤应变成正比。恒温条件下，当波长为1550nm的入射光入射普通单模石英光纤时，应变每改变100με，对应的布里渊频移约为4.5MHz。

2）布里渊频移与温度的关系

光纤在松弛状态下，即应变$\varepsilon=0$时，由式（3-35）可得

$$v_B(0,T) = \frac{2n(0,T)}{\lambda_0}\sqrt{\frac{\left[1-k(0,T)\right]E(0,T)}{\left[1+k(0,T)\right]\left[1-2k(0,T)\right]\rho(0,T)}} \qquad （3-38）$$

当光纤温度变化时，其热膨胀效应和热光效应分别引起光纤密度和折射率的变化，同时光纤的自由能随温度变化使得光纤的弹性模量和泊松比等物理量也随温度发生改变。当温度在小范围内变化时，假设温度变化量为ΔT，对式（3-38）进行泰勒展开，并忽略一阶以上的高阶级数项，可得

$$v_B(0,T) \approx v_B(0,T_0)\left[1+\Delta T\frac{\partial v_B(0,T)}{\partial\varepsilon}\Bigg|_{T=T_0}\right]$$
$$= v_B(0,T_0)\left[1+\Delta T\left(\Delta n_T + \Delta k_T + \Delta E_T + \Delta\rho_T\right)\right] \qquad （3-39）$$

在室温（$T=20℃$）条件下，对普通单模光纤，入射光波长为 1550nm 时，布里渊频移随温度变化的对应关系为

$$v_{\mathrm{B}}(T,0) \approx v_{\mathrm{B}}(T_0,0)\left(1+1.18\times10^{-4}\Delta T\right) \tag{3-40}$$

由式（3-40）可知，处于松弛状态的普通单模光纤，在室温 $T=20℃$ 条件下，入射光波长为 1550nm 时，温度每升高 1℃布里渊频移增大 1.2MHz。

综合上述分析，布里渊频移变化量 Δv_{B} 随光纤温度和应变的变化量近似呈线性变化，一般可表示为

$$\Delta v_{\mathrm{B}} = C_{v,T}\Delta T + C_{v,\varepsilon}\Delta\varepsilon \tag{3-41}$$

式中，$C_{v,T}$ 和 $C_{v,\varepsilon}$ 分别为布里渊频移变化的温度系数和应变系数。当入射光波长为 1553.8nm 时，$C_{v,T}=1.1\mathrm{MHz}/℃$，$C_{v,\varepsilon}=0.0483\mathrm{MHz}/\mu\varepsilon$。

3）布里渊散射功率与温度和应变的对应关系

环境温度和应变的变化不仅会改变光纤中的布里渊频移量，而且会改变布里渊散射光的功率。Parker 等[10]的研究表明，光纤中的布里渊散射光功率与光纤所受应变和温度存在以下对应关系：

$$\frac{100\Delta P_{\mathrm{B}}}{P_{\mathrm{B}}(\varepsilon,T)} = C_{P,\varepsilon}\Delta\varepsilon + C_{P,T}\Delta T \tag{3-42}$$

式中，ΔP_{B} 为布里渊功率的变化量；$C_{P,\varepsilon}$ 和 $C_{P,T}$ 分别为布里渊散射光功率变化的温度系数和应变系数。根据试验统计，当波长为 1550nm 的入射光入射普通单模光纤时，与应变和温度相关的两个系数值分别为 $C_{P,\varepsilon}=-(7.7\pm1.4)\times10^{-5}\%/\mu\varepsilon$ 和 $C_{P,T}=(0.36\pm0.06)\%/℃$。

自发布里渊散射光信号微弱，光纤中还可能存在插入损耗、熔接损耗、端面反射等，这些都会引起散射光功率的变化，从而造成对布里渊信号功率测量的不准确。因此，实际应用中常采用朗道·普拉切克比（Landau-Placzek ratio, LPR），即瑞利散射功率与自发布里渊散射功率的比值来进行传感[11,12]。这种引入瑞利散射光功率的方法可以对光损耗引起的误差进行补偿，使得测量结果更准确。

设 LPR 的变化量为 $\Delta P_{\mathrm{B}}^{\mathrm{LPR}}$，则其与温度和应变变化量的关系为

$$\Delta P_{\mathrm{B}}^{\mathrm{LPR}} = C_{P,T}\Delta T + C_{P,\varepsilon}\Delta\varepsilon \tag{3-43}$$

依据式（3-41）和式（3-43）可得式（3-38）的矩阵方程：

$$\begin{bmatrix} \Delta P_{\mathrm{B}}^{\mathrm{LPR}} \\ \Delta v_{\mathrm{B}} \end{bmatrix} = \begin{bmatrix} C_{P,T} & C_{P,\varepsilon} \\ C_{v,T} & C_{v,\varepsilon} \end{bmatrix} \begin{bmatrix} \Delta T \\ \Delta\varepsilon \end{bmatrix} \tag{3-44}$$

当 $C_{v,\varepsilon}C_{P,T} \neq C_{v,T}C_{P,\varepsilon}$ 时，根据布里渊频移的变化量和 LPR 的变化量则可以同时确定温度和应变：

$$\begin{bmatrix} \Delta T \\ \Delta\varepsilon \end{bmatrix} = \frac{1}{\left(C_{P,T}C_{v,\varepsilon}-C_{P,\varepsilon}C_{v,T}\right)} \begin{bmatrix} C_{v,\varepsilon} & -C_{P,\varepsilon} \\ -C_{v,T} & C_{P,T} \end{bmatrix} \begin{bmatrix} \Delta P_{\mathrm{B}}^{\mathrm{LPR}} \\ \Delta v_{\mathrm{B}} \end{bmatrix} \tag{3-45}$$

由此估计温度和应变的测量误差为

$$\delta T = \frac{\left|C_{P,\varepsilon}\right|\delta v_{\mathrm{B}} + \left|C_{v,\varepsilon}\right|\delta P_{\mathrm{B}}}{\left|C_{v,T}C_{P,\varepsilon} - C_{v,\varepsilon}C_{P,T}\right|} \tag{3-46}$$

$$\delta\varepsilon = \frac{\left|C_{P,T}\right|\delta v_{\mathrm{B}} + \left|C_{v,T}\right|\delta P_{\mathrm{B}}}{\left|C_{v,T}C_{P,\varepsilon} - C_{v,\varepsilon}C_{P,T}\right|} \tag{3-47}$$

式中，δT、$\delta\varepsilon$、δv_{B}、δP_{B} 分别是温度、应变、布里渊频移和 LPR 的均方根误差。

3.2.4 光栅温度-应变交叉灵敏度的理论分析

由式（2-18）可知，任何使 n_{eff} 和 $\varLambda$ 改变的物理量都会引起 FBG 反射波长的漂移。对于温度-应变的传感测量，反射波长是二者的函数。对式（2-18）进行泰勒展开，可得

$$
\begin{aligned}
\lambda_{\mathrm{B}} = {} & n(\varepsilon_0, T_0)\varLambda(\varepsilon_0, T_0) \\
& + \left[\varLambda\frac{\partial n}{\partial\varepsilon} + n\frac{\partial\varLambda}{\partial\varepsilon}\right]_{T=T_0,\varepsilon=\varepsilon_0}\Delta\varepsilon + \left[\varLambda\frac{\partial n}{\partial T} + n\frac{\partial\varLambda}{\partial T}\right]_{T=T_0,\varepsilon=\varepsilon_0}\Delta T \\
& + \left[\varLambda\frac{\partial^2 n}{\partial\varepsilon\partial T} + n\frac{\partial^2\varLambda}{\partial\varepsilon\partial T} + \frac{\partial\varLambda}{\partial T}\frac{\partial n}{\partial\varepsilon} + \frac{\partial\varLambda}{\partial\varepsilon}\frac{\partial n}{\partial T}\right]_{T=T_0,\varepsilon=\varepsilon_0}\Delta\varepsilon\Delta T \\
& + \left[\varLambda\frac{\partial^2 n}{\partial\varepsilon^2} + n\frac{\partial^2\varLambda}{\partial\varepsilon^2}\right]_{T=T_0,\varepsilon=\varepsilon_0}(\Delta\varepsilon)^2 + \left[\varLambda\frac{\partial^2 n}{\partial T^2} + n\frac{\partial^2\varLambda}{\partial T^2}\right]_{T=T_0,\varepsilon=\varepsilon_0}(\Delta T)^2 + \cdots
\end{aligned}
\tag{3-48}
$$

由式（3-48）可知，$\Delta\varepsilon$、ΔT 以及它们的交叉项和高阶项都会引起波长的漂移。高阶项对波长改变的贡献随 $\Delta\varepsilon$、ΔT 的增大而增大。当 $\Delta\varepsilon$、ΔT 很大时，波长随 $\Delta\varepsilon$、ΔT 的变化是非线性的；当 $\Delta\varepsilon$、ΔT 的变化范围不是很大时，则式（3-48）可简化为

$$\Delta\lambda_{\mathrm{B}}(\varepsilon, T) = k_{\varepsilon}\Delta\varepsilon + k_T\Delta T + k_{\varepsilon,T}\Delta T\Delta\varepsilon \tag{3-49}$$

式中，k_{ε} 为应变灵敏度；k_T 为温度灵敏度；$k_{\varepsilon,T}$ 为交叉灵敏度。$k_{\varepsilon,T}$ 是与温度、应变都有关的量，它实际反映了在不同的应变或温度时，应变灵敏度或温度灵敏度不是常数，而是随着应变或温度的变化而变化，其大小描述了应变灵敏度或温度灵敏度偏离常数的程度。其中灵敏度与灵敏度系数的关系为

$$
\begin{aligned}
k_T &= K_T \times \lambda_{\mathrm{B}} \\
k_{\varepsilon} &= K_{\varepsilon} \times \lambda_{\mathrm{B}} \\
k_{\varepsilon,T} &= K_{\varepsilon,T} \times \lambda_{\mathrm{B}}
\end{aligned}
\tag{3-50}
$$

根据式（2-25），温度-应变交叉灵敏度系数也不是常数，而是与温度有关的函数。该研究结果表明

$$K_{\varepsilon,T} = -3.05 \times 10^{-4} e^{-T/124.3} \tag{3-51}$$

综上所述，如果温度和应变发生变化，都会造成 FBG 的中心波长的漂移。当波长变化时，我们无法区分到底是温度还是应变导致 FBG 波长的改变。因此，必须要对 FBG 进行温度补偿，剔除由温度改变所造成的那部分布拉格波长的漂移量，这正是本章要解决的主要难题之一。

3.3　基于 FBG 的全分布式精确定位方法

本节介绍利用 FBG 反射原理，将 FBG 作为定位指示器，建立基于 FBG 的布里渊传感精确定位方法，解决分布式传感器空间位置精确定位的难题。

基于布里渊传感的全分布式光纤传感测试方法具有全尺度连续性及长距离测量的突出优势。由于光纤对温度与应变的双重敏感性，光纤长度会随着温度、应变或外界其他参数的改变而改变，通过布里渊传感时域方法获得的空间变化位置也会发生变化，致使结构同一位置在不同的温度环境下，测试光纤空间位置数有误差，造成结构突变事件无法精确定位。通用光纤定位方法有两种：第一种方法是设置不随环境温度、应变等外界信息变化的一段光纤，通过对比布里渊频谱获得该段光纤在变化前后的位置，来确定结构突变位置。然而，该方法在工程应用中，由于对环境要求苛刻，无法确定长度变化、布里渊频谱对比查找复杂困难，光纤布设范围大、需要布设大量的对比光纤段，因此该方法对实际工程应用是很大的挑战。第二种方法是在结构关键位置使用电阻加热，该方法的缺陷在于：现场需要电源，对于长大、隐蔽结构加热点布设困难。目前，尚无可以实现布里渊全分布式光纤传感测试技术精确定位的方法，严重影响了全分布式光纤传感方法在实际工程中的应用。因此，本节介绍一种能够精确定位的全分布式光纤传感方法，通过 FBG 反射谱定位思想，解决定位难题，并比较了该方法在受激布里渊散射光功率谱、自发布里渊光功率谱和瑞利散射光功率谱中的定位效果。

3.3.1　基于 FBG 的时域定位方法原理

在全分布式光纤传感中，利用基于布里渊散射的光时域分析技术可以实现 FBG 的定位，通过结构信息突变事件与 FBG 的相对位置变化便可以得知结构信息突变发生的空间位置。即利用 FBG 与结构信息突变事件发生前后相对位置不变的原理，通过测试受激布里渊散射功率谱分别确定结构受外界干扰前后 FBG 的空间位置，便可知结构发生信息突变的位置。

试验研究表明：入射光沿着光纤传播的过程中，每经过一个 FBG 都会产生一个明显的反射峰。这个现象让我们意识到恰恰可以利用 FBG 作为结构关键受力节点的位置指示器。为了比较 FBG 定位功能的可行性与准确性，同时研究布里渊光学时域分析（Brillouin optical time domain analysis, BOTDA）、布里渊光时域反射计（Brillouin optical time domain reflectometer, BOTDR）和相干光时域反射计（coherent optical time domain reflectometer, COTDR）三种全分布式光纤传感技术对 FBG 定位的影响，试验装置如图 3-6 所示。

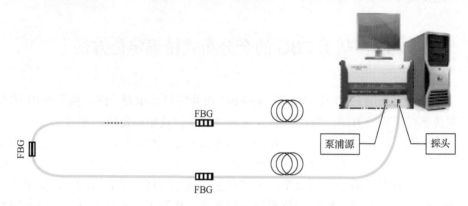

图 3-6　试验装置示意图

研究结果发现 FBG 反射峰的出现是因为在传感光纤中 FBG 起到了反射器的作用，FBG 反射光与光纤中受激布里渊散射光、自发布里渊散射光、瑞利散射光反射回来通过探测器接收，与光纤上的其他位置相比，FBG 位置处的光强度要大得多。这种现象可以解决严重影响全分布式光纤传感技术在工程应用中空间位置精确定位的问题。但是，在 BOTDA、BOTDR 和 COTDR 三种全分布式光纤传感技术中，FBG 的反射谱也表现出了不同的特性，在布里渊散射传感方法中 FBG 具有最尖锐的反射谱（2cm 空间分辨率）。因此，基于上述分析，本书作者认为受激布里渊散射光功率谱是最适合定位的方法。但是该方法中存在测量盲区，这是在工程应用中需要注意的问题，可以通过交换泵浦-探测（pump-probe）光纤接头将 FBG 后测量盲区的位置转化成反射峰的起始位置来解决测量盲区问题。

因此，FBG 可作为布里渊全分布式光纤传感精确定位的指示器。利用 FBG 后向反射光与布里渊后向散射光方向相同，而 FBG 后向反射功率明显高于后向布里渊信号的原理，可以实现温度与应变事件的定位。通过测试布里渊散射光功率谱实现对 FBG 位置的确定，通过结构信息突变事件与 FBG 位置的相对位置精确确定结构信息突变事件的空间位置。

例如，在结构的关键位置串联 FBG，如图 3-7 所示，在一根光纤上串联了两个 FBG，分别为 FBG_1 和 FBG_2。当外界环境（例如温度、应变等）发生变化时，FBG_1 的布里渊测试的空间位置由 L_1 变化到了 L_2，FBG_2 的布里渊测试的空间位置由 L_3 变化到了 L_4，这时候如果结构出现信息突变事件，通过布里渊时域测试的空

间位置为 L_6，如果外界环境不发生变化，原来的位置应该为 L_5。利用 FBG 和结构信息突变位置前后距离不变性原理，$L_2 \sim L_6$ 或 $L_4 \sim L_6$ 就是 FBG 与突变事件的相对位置，通过 FBG 在环境变化前后的位置数据，精确度量结构突变事件的空间相对位置，从而确定结构突变事件的精确位置，实现结构的损伤定位。

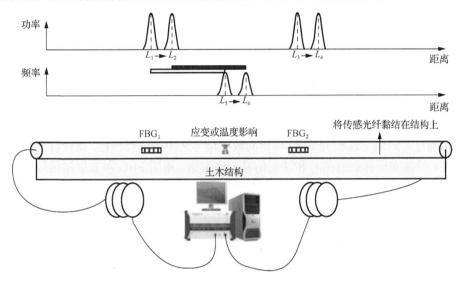

图 3-7　全分布式光纤传感定位方法示意图

3.3.2　FBG 与布里渊信号耦合特性

为了比较 FBG 定位方法的可行性与准确性，同时研究 BOTDA、BOTDR 和 COTDR 三种全分布式光纤传感技术对 FBG 定位的影响。

1. 试验验证

用三个样品进行对比试验，三个样品均在康宁 28E 传感光纤上布设了 FBG，FBG 的性能参数见表 3-1。1#样品与 2#样品写入不同波长的 FBG，1#样品与 2#样品尾纤长度相差 10cm；3#样品按照大约 8m 间距布设了 3 个不同波长的 FBG。本章采用的测试仪器为 Neubrex 公司的 NBX-7020 光纤应力分析仪，使用仪器分别测试了三个样品的 BOTDA、BOTDR 和 COTDR 散射光功率谱，试验装置如图 3-6 所示。NBX-7020 的 BOTDA 与 BOTDR 功能测量波长范围为 (1550±2)nm，COTDR 功能测量波长范围为 1530～1560nm；NBX-7020 的 BOTDA 功能测量空间分辨率分别为 2cm（脉冲宽度为 0.2ns）、5cm（脉冲宽度为 0.5ns）、10cm（脉冲宽度为 1ns）、20cm（脉冲宽度为 2ns）、50cm（脉冲宽度为 5ns）和 100cm（脉冲宽度为 10ns），BOTDR 功能测量空间分辨率为 20cm（脉冲宽度为 2ns），COTDR 功能测量空间分辨率为 2cm（脉冲宽度为 0.2ns）；上述三种全分布式光纤传感技术采样率为 1cm，光纤折射率参数设置为 1.46，测量温度为室温，重复测量 5 次，3#样品的 PPP-POTDA 重复测量 2 次。三种全分布式光纤传感技术均基于光时域反射技术进行空间定位。

表 3-1　FBG 的性能参数

样品号	波长/nm	反射率/%	带宽/nm	FBG 间隔/m	尾纤长度/m
1	1459.82	92.055	0.20	—	7.90
2	1499.95	88.548	0.22	—	8.00
3	1514.80,1519.79,1524.80	90.98,90.68,89.50	0.22,0.23,0.22	8.02, 8.01	—

2. 结果分析

通过光时域方法研究 FBG 与背向散射信号之间的耦合特性，比较自发布里渊散射、受激布里渊散射信号和瑞利信号的功率谱，阐明 FBG 对布里渊信号的影响机制，试验结果表明利用 FBG 在布里渊散射功率谱和瑞利散射功率上获得了想要的反射峰，FBG 的布里渊散射功率谱是所有散射信号功率中最尖锐的，并且随空间分辨率的降低逐渐展宽。

在 BOTDA、BOTDR 和 COTDR 三种全分布式光纤传感技术中，FBG 的反射谱也表现出了不同的特性。从图 3-8 中可以看到，在受激布里渊散射光功率谱中 FBG 具有最尖锐的反射谱（2cm 空间分辨率）；BOTDR 次之，这是因为 BOTDR 的测量空间分辨率为 20cm，对应的泵浦脉冲光为 2ns，大于 BOTDA 的泵浦脉冲光宽度（0.2ns），因此 BOTDR 的 FBG 反射谱要比 BOTDA 的反射谱宽，而且随着泵浦脉冲光的展宽，受激布里渊散射光功率谱也逐渐展宽。在瑞利散射传感方法中 FBG 具有最宽的反射谱，如图 3-9 所示。基于上述分析，受激布里渊散射光功率谱是最适合定位的方法。

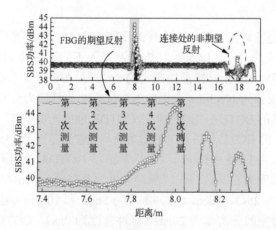

图 3-8　1#样品受激布里渊散射光功率谱（空间分辨率 2cm）

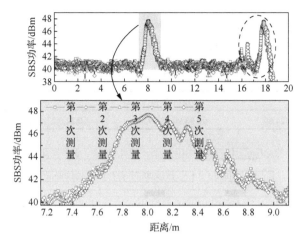

图 3-9　1#样品瑞利散射信号功率谱

通过比较 BOTDA、BOTDR、COTDR 三种全分布式光纤传感技术，得出如下结论：三种全分布式光纤传感技术中，2cm 空间分辨下受激布里渊散射光功率谱是最尖锐功率谱，适合作为 FBG 定位方法；同时，受激布里渊散射光功率谱存在测量盲区，但是该问题可以通过交换 pump-probe 光纤接头，将盲区的测量位置转化成反射峰的起始位置解决测量盲区问题。试验结果表明，FBG 的定位空间位置与实际空间位置基本吻合，所以用 FBG 实现分布式传感技术的定位是可行的。

3.3.3　环境温度及空间分辨率对定位精度的影响

基于时域的全分布式光纤传感方法主要利用光在光纤中的传播速度和光纤折射率的变化来实现结构突变事件的定位。温度的改变会引起折射率的改变，进而影响突变事件空间定位的漂移。温度引起的光纤折射率的变化约为 $\xi = 10^{-5} \mathrm{K}^{-1}$ [13]。虽然这种变化非常小，但是在长距离的光纤传感应用中，这种小的变化将会显著地影响全分布式光纤传感技术的纵向定位精度。因此，本节将分析上节所描述的利用 FBG 来实现空间定位时，环境温度及空间分辨率对突变事件的定位精度有何影响。

1.　试验验证

为了验证利用 FBG 作为定位指示器的精度，试验采用了 3 个 FBG，其参数如表 3-2 所示，3 个 FBG 的位置及布设方式如图 3-10 所示，其试验装置如图 3-11 所示。通过加热烘箱模拟环境温度变化，从而改变光纤的长度。其中，烘箱内的温度通过热电偶来调节，温度取值范围从 5.1℃至 45.8℃呈阶梯状递增排列。利用 NBX-BOTDA 来测试布里渊信号，通过位移加载装置逐级施加应变。试验过程中分别采用 2cm、5cm、10cm、20cm、50cm、100cm 的空间分辨率,取样间隔和取样次数分别设置为 1cm 和 2×10^{15},折射率为 1.46。

表 3-2　定位用的 FBG 的性能参数

波长/nm	反射率/%	带宽/nm	FBG 间隔/m
1514.80,1519.79,1524.89	90.98,90.68,89.50	0.22,0.23,0.22	8.015,8.010

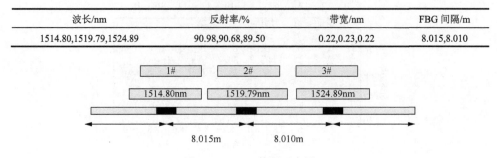

图 3-10　FBG 装置示意图

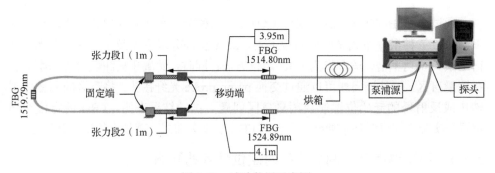

图 3-11　试验装置示意图

2. 结果分析

图 3-12 为不同温度、应变下的布里渊功率谱和布里渊频谱。从图中的布里渊频谱可以明显看到有两个应变事件,而且随着温度的变化,应变事件定位的空间位置发生改变,从放大图中可以看到随着温度的升高,定位的空间位置逐渐增大。图 3-13 为空间分辨率在 100cm 的情况下的布里渊频谱,可以看到随着施加应变的增大,布里渊频率在逐渐增大。图 3-14 为不同空间分辨率下的定位误差分析,从误差数据来看,无论是 20 个定位数据样本,还是 12 个定位数据的样本,均表明在 2cm、5cm、10cm、20cm、50cm 和 100cm 的空间分辨率下,该方法定位精度均约为±10cm。图 3-15、图 3-16 和图 3-17 分别是空间分辨率为 20cm、50cm 和 100cm 下不同温度的定位效果,可以看到,定位误差大约在±10cm,而且在不同的温度下定位数据误差无太大变化。图 3-18 为不同空间分辨率下 1#FBG 与 3#FBG 应变事件定位误差比较。从图 3-18 中也可以看到,定位误差大约在±10cm。因此,定位误差与环境温度无关。

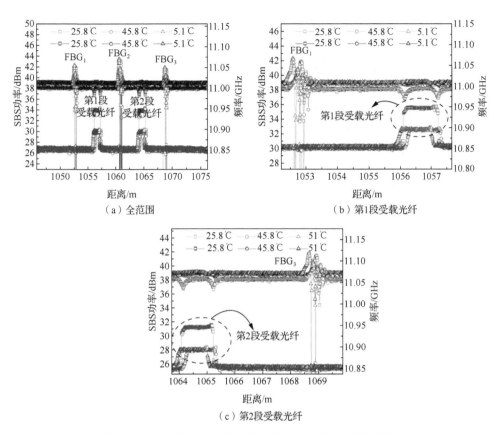

（a）全范围　　　　　　　　　　　　　（b）第1段受载光纤

（c）第2段受载光纤

图 3-12　不同温度、应变下的布里渊功率谱和布里渊频谱

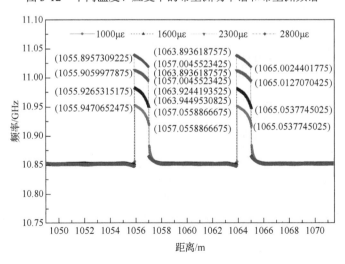

图 3-13　不同应变下的布里渊频谱（空间分辨率 100cm，5.1℃）

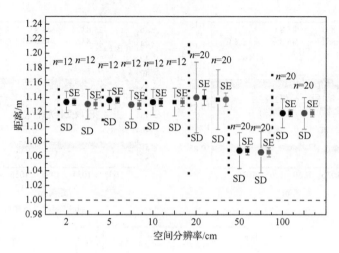

图 3-14　不同空间分辨率下的定位误差分析（空间分辨率 100cm，5.1℃）

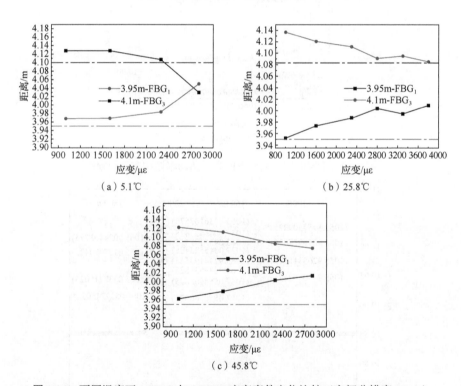

（a）5.1℃

（b）25.8℃

（c）45.8℃

图 3-15　不同温度下 1#FBG 与 3#FBG 应变事件定位比较（空间分辨率 20cm）

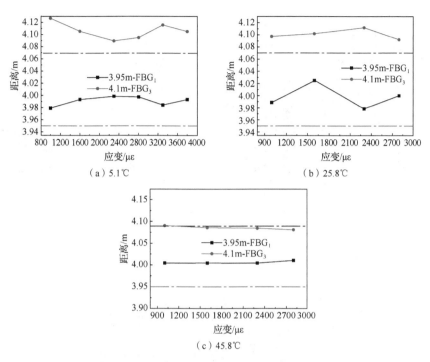

图 3-16　不同温度下 1#FBG 与 3#FBG 应变事件定位比较（空间分辨率 50cm）

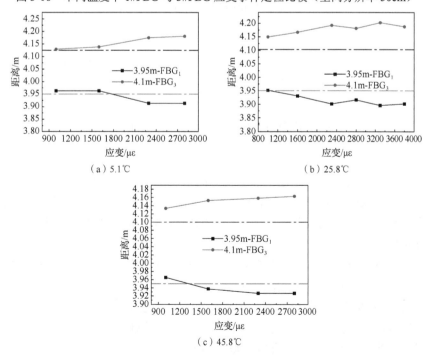

图 3-17　不同温度下 1#FBG 与 3#FBG 应变事件定位比较（空间分辨率 100cm）

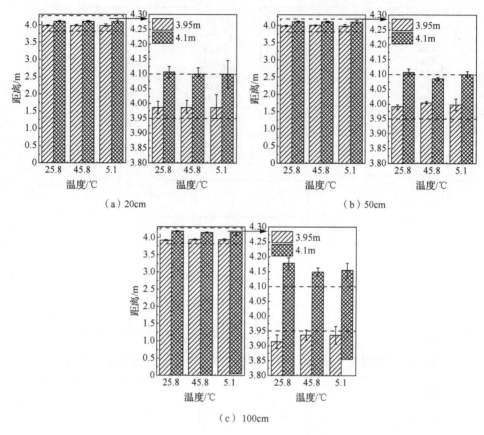

（a）20cm　　　　　　　　　　　　　（b）50cm

（c）100cm

图 3-18　不同空间分辨率下 1#FBG 与 3#FBG 应变事件定位误差比较

3.4　基于 FBG 的布里渊分布式位移传感器

位移测量是反映滑坡体地下深部变形的重要手段，已经在大坝、岩体、边坡稳定性预测预报中得到大量应用。但是目前的测试技术及手段还不能满足量程大、精度高且稳定性好的测试要求，实时、准确地监测坝体、边坡变形等稳定问题显得十分重要。

位移传感器有电感式位移传感器、电容式位移传感器、光电式位移传感器、超声波式位移传感器和霍尔式位移传感器等。为适应边坡、大坝工程监测的需求，FBG 位移传感器[14-18]与全分布式的位移传感器[19-24]近年来备受关注。FBG 位移传感器通过内部敏感元件 FBG 反射的波长移动量来检测位移。但是其结构设计非常复杂[15,16,25,26]、量程小、无法直接获得位移数据，在深部岩土实际工程应用困难。而 FBG 准分布式位移传感器[21,27]与布里渊分布式位移传感器[19,20,22-24,28,29]是通过结构分布式应变积分获得结构位移[21,24]，误差大。因此，本章介绍一种量程大、位移数据无须积分、结构简单、易于在深部岩土工程结构中应用的全分布式位移传感器。针对预应力筋伸长量、深部岩体、边坡滑移等大量程位移难于测量的问题，基于 FBG 的全分布式位移传感原理，介绍一种大量程的基于 FBG 的布里渊全分布式光纤位移传感器。研究结果表明，基于 FBG 的布里渊全分布式位移传感原理可行，能实现大位移测量，位移灵敏度系数高达 5.21，并且可通过结构灵活设计。

3.4.1　基于 FBG 的布里渊分布式位移传感原理

依据 FBG 后向反射光与后向布里渊散射光方向相同、光功率差异大的特性，在分布式传感光纤上串接两个 FBG 作为位置指示器，其中一个 FBG 的位置固定不动为 P_1，当两个 FBG 之间的位移发生变化时，FBG_1 的空间位置不变仍为 P_1，FBG_2 的空间位置从 P_2 变化到 P_3，因此，结构发生的位移即可通过 FBG 谱之间的位置改变反映出来，位移传感器的位移即为 $P_3 - P_2$，如图 3-19 所示。

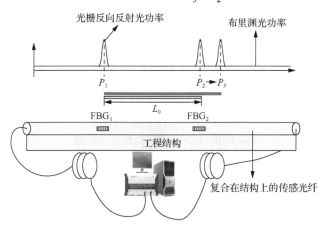

图 3-19　基于 FBG 的分布式位移传感原理图

光纤最大应变量约为 10000με，按照应变位移理论，位移传感器的量程与传感器的初始长度相关，即为

$$D = P_3 - P_2 = \varepsilon_{max} L_0 \tag{3-52}$$

式中，D 为位移传感器的量程；L_0 为位移传感器的初始长度。

由式（3-52）可知，位移传感器的输出直接为长度或位移，无须通过转换或积分求解。位移传感器的量程也可根据实际工程需要进行设计，如果需要大量程，那么位移传感器的初始长度要增大。

位移传感器的位移灵敏度系数即为

$$K_D = \frac{P_3 - P_2}{\Delta L_0} \tag{3-53}$$

式中，K_D 为位移传感器的应变灵敏度系数；ΔL_0 为结构位移。位移传感器的灵敏度系数可根据实际工程需要进行设计，如果需要高精度的位移传感器，就应提高传感器的位移灵敏度系数，比如可以采用增大受载光纤段数的策略。

　　为了验证基于 FBG 的布里渊位移传感原理，搭建位移加载试验装置（图 3-20 和图 3-21），试验中 FBG 的性能参数如表 3-3 所示。1#位移传感器与 2#位移传感器写入不同波长的 FBG。位移加载试验中，1#位移传感器布设了 4 段 3.96m 的受载光纤，通过位移滑台施加位移，加载位移为 1cm、2cm、3cm（对应应变为 2525.3με、5050.5με、7575.8με）；为了增大位移量，减小施加的应变（1000με、2000με、3000με、4000με、5000με），制作了 2#位移传感器，并布设了 5 段 5.0m 的受载光纤，通过位移滑台施加位移，加载位移为 0.5cm、1cm、1.5cm、2cm、2.5cm。试验采用 Neubrex 公司的 NBX-7020 光纤应力分析仪，测量空间分辨率为 2cm（脉冲宽度 0.2ns），采样间隔为 1cm，整个试验过程中室温为 23.4℃。

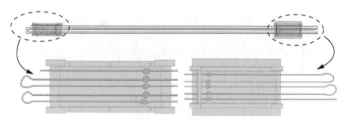

图 3-20　位移加载试验装置示意图

图 3-21　位移加载试验照片

表 3-3　试验中 FBG 的性能参数

位移传感器号	波长 λ/nm	反射率 R/%	带宽 W/nm	间距 L/m
1	1509.930	90.98	0.23	
	1514.92	90.68	0.20	12
	1519.90	89.50	0.20	12
2	1525.60	88.63	0.21	35
	1535.80	90.27	0.22	

3.4.2　1#位移传感器的传感特性

图 3-22 为 1#位移传感器的 FBG 定位功率谱图。从图 3-22（d）中可以清晰地看到有三个 FBG 反射峰，与 1#位移传感器中预设的三个 FBG 相吻合。从图 3-22（a）中可以看到加载位移为 1cm、2cm、3cm，FBG_1 的位置基本保持不变，与参考空间位置基本保持一致，定位数据的重复性较好，有 1cm 的误差[16]。从图 3-22（b）中可以看到加载位移为 1cm 时，FBG_1 的位置为 2.236m，与参考空间位置（20.215m）相比，带宽 W 增加了 2cm，说明位移量的增加导致 FBG_2 空间位置发生改变，位移 2cm 与理论值 3.2cm 有差异的原因是仪器本身的参数设置最小采样点间隔为 1cm，加载位移为 2cm、3cm 时，与加载位移 1cm 的 FBG_2 的空间位置基本相同，没有因为位移量加载导致 FBG_2 的空间位置变大，原因有可能是：①第 1 段受载光纤已松弛，尽管第 2、3 段受载光纤应变增大（图 3-23），总位移已基本保持不变；②最小采样点间隔为 1cm，是仪器本身的参数。从图 3-22（c）中可以看到加载位移为 1cm 时，FBG_3 的位置为 32.32m，与参考空间位置（32.289m）相比，增加了 3.1cm，与理论计算值 6.431cm 有差距，仍说明位移量的增加导致 FBG_2 的空间位置发生改变；与理论计算相比，实测误差源于施加的应变太大，导致两端黏结区光纤已经脱胶，产生了光纤松弛现象。从图 3-23 和表 3-4 中可以看到，加载位移为 1cm、2cm、3cm，第 1 段受载光纤的应变从 9015.478με 下降到 6358.872με，甚至 5105.708με；第 2、4 段受载光纤加载到 2cm 时两端黏结良好，但加载到 3cm 时光纤已经脱胶，无法再加载上应变；第 3 段受载光纤加载到 1cm 时两端黏结良好，加载到 2cm、3cm 时光纤已经脱胶，无法再加载上应变。由于光纤的松弛，采样点间隔的限制，全分布式光纤位移传感器位移与理论计算之间的吻合度为 0.57（图 3-24）。

综上所述，受到仪器参数最小采样点间隔的限制，如果要提高位移传感器的灵敏度可以通过加大光纤受载段数来实现。

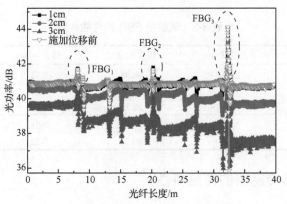

（a）1#位移传感器FBG定位的全域功率谱

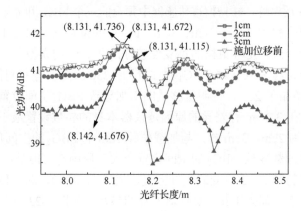

（b）FBG₁的定位功率谱

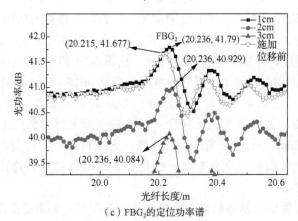

（c）FBG₂的定位功率谱

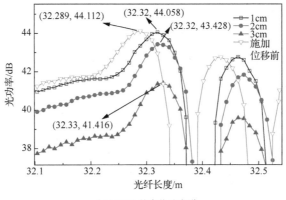

（d）FBG$_3$的定位功率谱

图 3-22　1#位移传感器的 FBG 定位功率谱

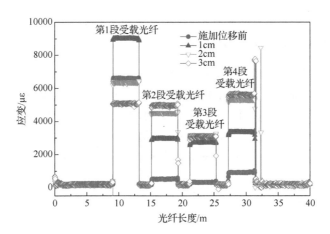

图 3-23　1#位移传感器的应变谱

表 3-4　1#位移传感器应变测试数据

光纤段	0cm	1cm	2cm	3cm
第 1 段	6613.312	9015.478	6358.872	5105.708
第 2 段	520.996	2934.686	4510.664	5032.992
第 3 段	314.669	2714.147	3083.99	3083.99
第 4 段	937.439	3348.755	5295.45	5639.475
总位移/m	0	0.06431	0.044023	0.047454

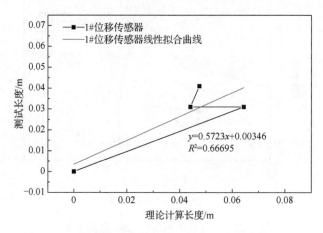

图 3-24　1#位移传感器的理论计算与位移传感数据比较

3.4.3　2#位移传感器的传感特性

为了增大位移量，减小施加的应变，防止黏结区光纤脱胶现象发生，增加了光纤受拉段数与加载距离（5m），图 3-25 为 2#位移传感器的定位功率谱图。从图 3-25（c）中可以清晰地看到有 2 个 FBG 反射峰，与 2#位移传感器中预设的 2 个 FBG 相吻合。从图 3-25（a）中可以看到加载位移为 0.5cm、1cm、1.5cm、2cm、2.5cm 时，FBG_1 的位置基本保持不变，与参考空间位置基本保持一致，测试误差为 1cm；根据测试误差，精度为 0.4cm。从图 3-25（b）中可以看到随着加载位移增大时，FBG_2 的位置（40.041m）逐渐变大到 40.174m，增加了 13.3cm，与理论计算（12.7cm）基本吻合。从图 3-26 和图 3-27 中可以看到，加载位移为 0.5cm、1cm、1.5cm、2cm、2.5cm 时，5 段受载光纤的应变均匀，加载应变与实际相符，由此分析 2#位移传感器两端黏结区未见到光纤脱黏现象发生。尽管受采样点间隔的限制，但光纤未脱黏，位移传感器位移数据与理论计算之间的吻合度为 1.078，吻合非常好（图 3-27）。全分布式位移传感器的位移灵敏度系数为 5.21（图 3-28），线性度良好，根据公式（3-53）得灵敏度系数为 5.32，与 5 段受载光纤的实际情况吻合，因此，如果要提高位移传感器的灵敏度可以通过加大受载光纤的段数来实现。该传感器的最大基本误差为 2cm，测试精度约为 15%。如果提高位移传感器的测试精度可通过增大受载光纤的长度来实现。

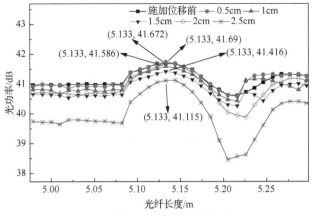

（a）FBG₁的定位功率谱

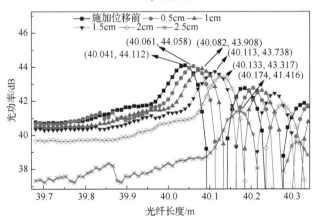

（b）FBG₂的定位功率谱

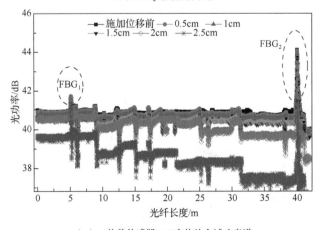

（c）1#位移传感器FBG定位的全域功率谱

图 3-25　2#位移传感器的 FBG 定位功率谱

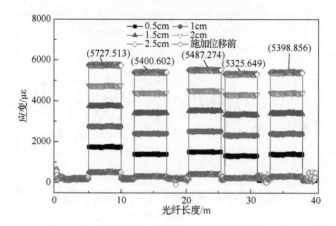

图 3-26　2#位移传感器的应变谱

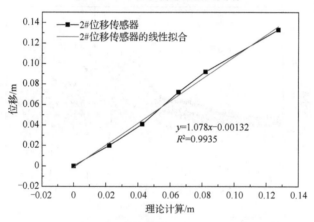

图 3-27　2#位移传感器的理论计算与位移传感数据比较

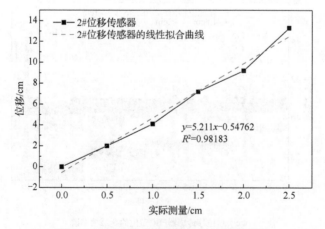

图 3-28　2#位移传感器的位移灵敏度曲线

参 考 文 献

[1] Agrawal G P. Nonlinear Fiber Optics[M]. The Salt City: Academic Press, 2007.

[2] Ashcroft N W, Mermin N D. Solid State Physics[M]. Philadelphia: CENGAGE Learning, 1976.

[3] Bao X, Chen L. Recent progress in distributed fiber optic sensors[J]. Sensors, 2012(12): 8601-8639.

[4] 张明生. 激光光散射谱学[M]. 北京: 科学出版社, 2008.

[5] Boyd R W. Nonlinear Optics[M]. The Salt City: Academic Press, 2003.

[6] Dong Y K, Bao X Y, Li W H. Differential Brillouin gain for improving the temperature accuracy and spatial resolution in a long-distance distributed fiber sensor[J]. Applied Optics, 2009, 48(22): 4297-4301.

[7] Smith R G. Optical power handling capacity of low loss optical fibers as determined by stimulated Raman and Brillouin scattering[J]. Applied Optics, 1972, 11(11): 2489-2494.

[8] 王如刚. 光纤中布里渊散射的机理及其应用研究[D]. 南京: 南京大学, 2012.

[9] Floch S L, Cambon P. Theoretical evaluation of the Brillouin threshold and the steady-state Brillouin equations in standard single-mode optical fibers[J]. Journal of the Optical Society of America, 2003, 20(6): 1132-1137.

[10] Parker T, Farhadiroushan M, Handerek V, et al. Temperature and strain dependence of the power level and frequency of spontaneous Brillouin scattering in optical fibers[J]. Optics Letters, 1997, 22(11): 787-789.

[11] Kobayashi T, Enami Y, Iwashima H. Highly accurate fiber strain sensor based on low reflective fiber Bragg gratings and fiber fabry-perot cavities[J]. Optical Fiber Sensors, 2006, TuE12: 23-27.

[12] Li H N, Li D S, Song G B. Recent applications of fiber optic sensors to health monitoring in civil engineering[J]. Engineering Structures, 2004, 26(11): 1647-1657.

[13] Denisov A. Brillouin dynamic gratings in optical fibres for distributed sensing and advanced optical signal processing[D]. Switzerland: Ecole Polytechnique Fédérale de Lausanne, 2015.

[14] 张艳晓. FBG 变形环位移传感技术及在高速铁路上的应用研究[D]. 武汉: 武汉理工大学, 2013.

[15] Zhang Y N, Zhao Y, Wang Q. Improved design of slow light interferometer and its application in FBG displacement sensor[J]. Sensors and Actuators A: Physical, 2014, 214: 168-174.

[16] Zhao Z G, Zhang Y J, Li C, et al. Monitoring of coal mine roadway roof separation based on fiber Bragg grating displacement sensors[J]. International Journal of Rock Mechanics and Mining Sciences, 2015, 74: 128-132.

[17] 张立佳. 光纤光栅位移传感器及其在边坡防护安全监测系统中的应用[D]. 武汉: 武汉理工大学, 2012.

[18] 孙健. 光纤光栅位移传感器在边坡监测中的应用研究[J]. 工矿自动化, 2014, 40 (2): 95-98.

[19] Ding Y, Wang P, Yu S Z. A new method for deformation monitoring on H-pile in SMW based on BOTDA[J]. Measurement, 2015, 70: 156-168.

[20] Wylie M T, Colpitts B G, Brown A W. Fiber optic distributed differential displacement sensor[J]. Journal of Lightwave Technology, 2011, 29 (18): 2847-2852.

[21] 李术才, 王凯, 李利平, 等. 海底隧道新型可拓展突水模型试验系统的研制及应用[J]. 岩石力学与工程学报, 2014, 33 (12): 2409-2418.

[22] 童恒金, 施斌, 魏广庆, 等. 基于 BOTDA 的 PHC 桩挠度分布式检测研究[J]. 防灾减灾工程学报, 2014, 36 (6): 693-699.

[23] 刘杰, 施斌, 张丹, 等. 基于 BOTDR 的基坑变形分布式监测试验研究[J]. 岩土力学, 2006, 27 (7): 1224-1228.

[24] Nishio M, Mizutani T, Takeda N. Structural shape reconstruction with consideration of the reliability of distributed strain data from a Brillouin-scattering-based optical fiber sensor[J]. Smart Materials and Structures, 2010, 19 (3): 035011.

[25] Hiroyuki S, Yutaka S, Yoshio K. Development of a multi-interval displacement sensor using fiber Bragg grating technology[J]. International Journal of Rock Mechanics and Mining Sciences, 2012, 54: 27-36.

[26] 何俊, 董惠娟, 周智, 等. 一种适合工程应用的新型光纤光栅位移传感器[J]. 哈尔滨理工大学学报, 2010, 15(5): 61-64.

[27] 段抗，张强勇，朱鸿鹄，等. 光纤位移传感器在盐岩地下储气库群模型试验中的应用[J]. 岩土力学，2013，34(S2): 471-476, 485.

[28] Ricardo M, Javier S, Felipe B J. Estimating tunnel wall displacements using a simple sensor based on a Brillouin optical time domain reflectometer apparatus[J]. International Journal of Rock Mechanics and Mining Sciences, 2015, 75: 233-243.

[29] Behrad M, Benoit V, Dusseault M B, et al. Experimental evaluation of a distributed Brillouin sensing system for measuring extensional and shear deformation in rock[J]. Measurement, 2016, 77: 54-66.

第4章 基于光纤传感的智能材料结构设计理论

4.1 概　　述

将 FBG 传感器植入材料结构后,在一定程度上会损坏基体结构材料的完整性与连续性,形成界面。智能纤维复合材料结构的传感性能依赖于 FBG 传感器与基体材料之间的界面力学特性。智能纤维复合材料服役期间,会因运动、变形、响应等产生一系列界面力学问题[1-3],尤其长期处于振动状态的智能材料结构,会引发界面动应力集中,甚至传感功能失效。因此,FBG 传感器与复合材料的界面动力学性能研究在智能材料结构和光纤传感领域中占有极其重要的地位,是智能材料结构和光纤传感领域的基础研究课题,具有重要的科学意义和工程实用价值。本章首先介绍光纤传感的智能材料结构特点及发展现状,并阐述光纤植入复合材料结构的基本原理;其次对光纤与复合材料的界面性能进行研究;再次从智能拉索丝和预应力筋的总体设计出发,对作为斜拉索、预应力筋的纤维增强复合材料的力学性能进行分析,提出复合材料的设计目标;最后阐述智能拉索(预应力筋)对传感器元件的要求,并从数值分析的角度设计并确定传感器的设计尺寸,建立光纤与纤维复合材料界面分析的力学模型与数值分析模型,设计并讨论智能材料结构中传感系统的要求与结构,研究不同参数对传感器界面剪切应力的影响规律,确立复合材料力学性能的设计目标以及传感器的设计尺寸。

4.2　基于光纤传感的智能材料结构特点及发展现状

智能纤维复合材料与结构是在复合材料基础上发展起来的一项高新技术,它把传感器、驱动器和微处理器等埋在复合材料结构中,形成既能承载又具有某些特定功能的多功能性结构材料。

20 世纪 80 年代美国最先提出智能材料结构的研究,光纤智能材料结构研究取得的成就及对各个领域的影响和渗透一直引人关注。光纤智能纤维复合材料的应用从军用领域开始向民用领域扩展,尤其是在高速列车、大跨斜拉桥、水利大坝等这些大型承载构件上的应用越来越多。光纤智能纤维复合材料结构的发展与光纤传感技术的发展密切相关,具有良好静、动态传感特性的 FBG 与全尺度测量的全分布式光纤传感器与复合材料兼容性好，已成为智能纤维复合材料结构中自诊断功能的首选元件。光纤传感智能纤维复合材料与结构既能发挥复合材料的优异性能，又可探测结构振动信息、疲劳和损伤，因此备受国内外学术界和工程界所关注。

目前智能材料结构主要分为智能纤维复合材料结构和智能混凝土结构，二者均是本征智能材料，具有良好的物理力学性能和智能特性，与传统混凝土、复合材料具有天然的相容性，可广泛应用于水利工程、海岸结构、长输管线大跨桥梁结构、核电站建筑、高速及高等级公路和机场跑道等大型土木工程与重要基础设施建设中，也可单独与普通混凝土一起构筑智能结构系统[1,2]。

基于光纤传感的复合材料工艺过程在线监测系统是智能材料与结构的主要应用之一[3]。该系统要求光纤传感器必须在固化前埋入聚合物，埋入的光纤必须能够经受固化过程的剧烈温度变化和应力变化而保持结构完整，埋入光纤的复合材料试件固化后，必须保证其力学性能不会有大的退化。基于光纤的智能材料结构具有如下特点。

（1）实时监测聚合物固化过程，并相应调整固化条件以保证产品的质量，降低废品率。

（2）形成了承载和感知的双重功能的智能结构。

（3）结构与传感材料一体化成型，不仅解决了光纤传感器安装的难题，还攻克了两相或者多相的复合材料界面难于匹配融合的难题。

（4）实现了材料设计与结构设计的有机统一。

4.3　光纤植入复合结构材料的基本原理

依据原位复合的思想，在复合材料的成型过程中将传感器在线埋入其中，制作完成后，二者复合为一个有机整体，传感器测量结构信息以实现对结构构件健康监测。因此，传感器的选择必须满足以下要求。

（1）满足强度相容要求。强度相容包含两方面的含义：一是埋入传感器后不应使原材料强度下降，二是传感器的测量动态范围（如应变、扭转、挠曲等）应与基体材料的工作强度和外加荷载相匹配。

（2）满足界面相容要求。埋入传感器的表面应与基体材料具有良好的亲和能力，以便基体材料的应力有效耦合给传感器，不因松动、缓冲等原因降低偶联性而影响测量精度。另外，二者还应有近似的热膨胀系数，不因温度变化使传感介质与基体之间造成较大的剪切应力。

（3）满足工艺相容要求。传感器的埋入不应给基体材料的生产工艺带来困难，而传感器本身也能经受基体材料的制作工艺中的压力、温度、电场、真空条件等条件的考验。

（4）满足场分布相容要求。传感器埋入基体材料后，不应影响基体材料内各种物理场（如应力场、电磁场、振动模式等）的分布。

（5）满足尺寸相容要求。埋入的传感器应有足够小的体积，不能对基体材料的组分和物理性能的连续性产生影响。

对智能材料结构而言，光纤与基体材料的相容性最重要。光纤与基体材料的相容性包括固化后埋光纤对材料力学性能的影响、光纤传感的可能性（包括光纤传感器材料耐用性和基体对信号的衰减）和实际安装过程的可操作性，界定了光纤、包层和基体材料的可能的组合，并为最优组合的选择提供了理论、试验基础。

4.4 光纤与纤维增强复合材料界面性能

植入光纤对纤维增强塑料（fiber reinforced plastic, FRP）力学性能有影响是因为：光纤的直径比 FRP 中的纤维直径大很多，加上包层，直径可达 $250\mu m$，如果 FBG 传感器需要封装的话，直径还要更大，光纤植入会在一定程度上损坏复合材料结构的完整性和连续性。因此需要深入研究植入光纤对 FRP 力学性能的影响，建立光纤与 FRP 相互作用的力学模型。

目前，针对模型应用应变传递理论进行研究时需要采用基本的假设，它们的相同之处包括：①材料均为线弹性，基体材料沿光纤轴线方向承受均匀拉伸应变，通过涂覆层（或黏结层）使光纤产生形变，光纤不直接承受外力；②光纤纤芯和包层的机械特性相同，这个假设是近似的；③光纤与涂覆层（胶结层）、涂覆层（胶结层）与基体的交界面结合紧密，没有相对滑移。不同之处在于光纤、涂覆层（胶结层）和基体之间的变形假设。国内外学者关于光纤复合材料的界面研究大致可以分为 3 类：①假定光纤黏结长度中心的应变与基体应变相同[4-7]；②假定涂覆层为弹性状态时，光纤和基体材料应变为常数，当涂覆层为弹-塑性状态时，假定光纤与基体的应变完全相等[8-10]；③假定光纤与中间层（涂覆层或胶结层）一起变形，二者应变变化率相近[11-13]。目前，光纤传感器与复合材料界面的应力传递分析基本是以剪滞分析模型为基础的静态的力学特性分析，还需要对 FBG 与复合材料界面的动态力学特性进行深入的研究，以适应 FBG 动态传感器实际应用的需求。

因此，光纤传感器与 FRP 界面的应力是智能纤维复合材料的根基[14,15]。本节采用理论分析、数值模拟与试验研究相结合的方法，探索了 FBG 传感器与纤维复合材料界面黏结强度的关系。

4.4.1 剪滞分析模型

有关研究表明剪切筒模型是考虑界面微观特性与材料宏观表征的一种比较理

想的模型，一直被研究者用来研究界面的力学特性。尽管实际纤维增强复合材料存在复杂的微观构成和破坏形式，但剪切筒模型较好地描述了材料的受力状态，并有利于理论分析，所以在复合材料界面特性研究方面占有重要地位。在实际工程中，纤维和基体的受力状态可以同时受拉、同时受压或一拉一压。在单纤维拉拔试验时，为便于操作，常选取图 4-1 所示模型。在该模型中，直径为 $2a$ 的纤维沿轴向嵌入外径为 $2b$、总长为 L 的基体中，基体底端固定于试验台上，在纤维下

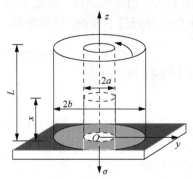

端施加拉伸荷载 σ。外加荷载由纤维通过界面传递到基体，对于不同的界面黏结强度，纤维与基体间可能发生界面脱黏、整体相对滑移，进而纤维最终被完全拔出。在此过程中，纤维受到拉伸作用，而基体则受到压缩作用。在大多数实际工程应用中，荷载通常是作用在基体上，然后通过界面把部分荷载再传递给纤维，使纤维成为主要承载体。不难看出，无论对于哪种传递方式，界面在荷载的传递过程中均起决定性的作用。因此，纤维和基体的物理特性皆可用线弹性本构关系来描述。

图 4-1　剪切筒模型

　　假设各物质均为线弹性，根据力学平衡和变形协调，推导出 FBG 埋入树脂基复合材料后，复合材料上应变线性分布时，光纤与涂层之间界面剪切应力公式为

$$\tau_g(x)=\frac{kr_g\sigma_m}{2}\frac{\cosh(kx)}{\sinh(kL')} \qquad (4\text{-}1)$$

式中，r_g 和 L' 分别为光纤半径和埋入长度；σ_m 为基体材料上承受的拉伸应力；k 为与材料相关的常数。

　　因此，埋入复合材料后，光纤与涂层之间界面平均剪切应力 τ 与基体材料上承受的拉伸应力 σ_m 之间应满足：

$$\tau=\frac{\int_{-L'}^{L'}\tau g(x)\mathrm{d}x}{2L'}=\frac{r_g\sigma_m}{2L'} \qquad (4\text{-}2)$$

　　由式（4-2）可见，光纤埋入复合材料中，基体上的拉伸应力不能过大，否则 σ_m 过大，可能会导致光纤与涂层界面间的平均剪切应力超过平均剪切强度 τ_0，从而可能会出现光纤涂敷层和内部的剪切破坏。

4.4.2　黏结区应力分量的求解

　　取微元体 $\mathrm{d}z$ 为研究对象（图 4-2），可以建立纤维增强复合材料各组分单元体的平衡微分方程。设光纤在受到施加的拉伸荷载时有沿 z 轴发生位移的趋势，则

此时在界面上，光纤将受到基体的摩擦阻力，由此不难得到光纤与基体沿 z 轴方向的平衡微分方程为

光纤：

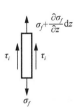

$$\frac{\mathrm{d}\sigma_z^{\mathrm{f}}}{\mathrm{d}z} = -\frac{2}{a}\tau_i \qquad (4\text{-}3)$$

基体：

$$\frac{\mathrm{d}\sigma_z^{\mathrm{m}}}{\mathrm{d}z} = \frac{2\lambda}{a}\tau_i \qquad (4\text{-}4)$$

图 4-2 光纤微元体平衡图

式中，τ_i 为纤维与基体界面上的剪切应力；λ 为光纤与基体体积百分含量的比值。

在黏结区，根据弹性力学空间轴对称问题的平衡微分方程，有

$$\frac{\partial\sigma_z^{\mathrm{m}}}{\partial z} + \frac{\partial\tau_{rz}^{\mathrm{m}}}{\partial r} + \frac{\tau_{rz}^{\mathrm{m}}}{r} = 0 \qquad (4\text{-}5)$$

把式（4-4）代入式（4-5）中得到关于基体剪切应力的微分方程：

$$\frac{\partial\tau_{rz}^{\mathrm{m}}}{\partial r} = -\frac{\tau_{rz}^{\mathrm{m}}}{r} - \frac{2\lambda}{a}\tau_i \qquad (4\text{-}6)$$

由于 τ_i 是一个与半径无关的量，它的大小只沿 z 轴变化，所以对式（4-6）求解得

$$\tau_{rz}^{\mathrm{m}} = \frac{b^2 - r^2}{ar}\lambda\tau_i \qquad (4\text{-}7)$$

式（4-7）表明，基体剪切应力是一个既沿半径方向变化，又沿 z 轴方向变化的量。根据已有文献可知，基体径向位移沿轴向的变化远小于基体轴向位移沿半径方向的变化，即

$$\frac{\partial u_r^{\mathrm{m}}}{\partial z} \ll \frac{\partial u_z^{\mathrm{m}}}{\partial r} \qquad (4\text{-}8)$$

所以基体内的剪应变为

$$\gamma_{zr}^{\mathrm{m}} = \frac{\partial u_r^{\mathrm{m}}}{\partial z} + \frac{\partial u_z^{\mathrm{m}}}{\partial r} \approx \frac{\partial u_z^{\mathrm{m}}}{\partial r} = \frac{2}{E_{\mathrm{m}}}\tau_{rz}^{\mathrm{m}} \qquad (4\text{-}9)$$

把式（4-7）代入式（4-9）中，有

$$\frac{\partial u_z^{\mathrm{m}}}{\partial r} = \frac{2}{E_{\mathrm{m}}}\frac{b^2 - r^2}{ar}\lambda\tau_i \qquad (4\text{-}10)$$

由此得式（4-10）的通解为

$$u_z^{\mathrm{m}} = \frac{2}{aE_{\mathrm{m}}}\lambda\tau_i\left(b^2\ln r - \frac{r^2}{2}\right) + c(z) \qquad (4\text{-}11)$$

式中，$c(z)$ 是仅与 z 有关而与 r 无关的量。

当 $r = a$ 和 $r = b$ 时，有

$$\begin{cases} u_z^{\mathrm{m}}(a) = \dfrac{2}{aE_{\mathrm{m}}}\lambda\tau_i\left(b^2\ln a - \dfrac{a^2}{2}\right) + c(z) \\[3mm] u_z^{\mathrm{m}}(b) = \dfrac{2}{aE_{\mathrm{m}}}\lambda\tau_i\left(b^2\ln b - \dfrac{b^2}{2}\right) + c(z) \end{cases} \tag{4-12}$$

将式（4-12）对 z 求导，并根据 $u_z^{\mathrm{m}}(a) = u_z^{\mathrm{f}}(a)$，得到界面剪切应力的微分方程：

$$\frac{\mathrm{d}\tau_i}{\mathrm{d}z} = \frac{aE_{\mathrm{m}}[\varepsilon_z^{\mathrm{m}}(b) - \varepsilon_z^{\mathrm{f}}(a)]}{2\lambda b^2\ln(b/a) - a^2} \tag{4-13}$$

由式（4-13）得到黏结区关于纤维轴向应力的微分方程：

$$\frac{\mathrm{d}^2\sigma_z^{\mathrm{f}}}{\mathrm{d}z^2} - A\sigma_z^{\mathrm{f}} = 0 \tag{4-14}$$

式中，$A = \dfrac{2(E_{\mathrm{m}}/E_{\mathrm{f}} + \lambda)}{2\lambda b^2\ln(b/a) - a^2} > 0$。求解式（4-14），得到纤维的轴向应力为

$$\sigma_z^{\mathrm{f}} = c_1\sinh\sqrt{A}z + c_2\cosh\sqrt{A}z \tag{4-15}$$

根据边界条件（$\sigma_z^{\mathrm{f}}|_{z=L} = 0$，$\sigma_z^{\mathrm{fb}}|_{z=l} = \sigma_z^{\mathrm{fd}}|_{z=l}$，b、d 分别代表黏结区与脱黏区）可确定系数 c_1、c_2，于是外荷载达到最大值和最小值时的纤维轴向应力为

$$\begin{cases} (\sigma_z^{\mathrm{f}})_{\max} = \dfrac{\sinh[\sqrt{A}(L-z)]}{\sinh[\sqrt{A}(L-l)]}(\sigma_0)_{\max}, & \sigma(t) = \sigma_{\max} \\[3mm] (\sigma_z^{\mathrm{f}})_{\min} = \dfrac{\sinh[\sqrt{A}(L-z)]}{\sinh[\sqrt{A}(L-l)]}(\sigma_0)_{\min}, & \sigma(t) = \sigma_{\min} \end{cases} \tag{4-16}$$

式中，

$$\begin{cases} (\sigma_0)_{\max} = \dfrac{\sigma_{\max}}{C_{\mathrm{f}}} - \dfrac{2q_0}{a}\left[\mu_0 l - (\mu_0 - \mu_{\mathrm{f}})\dfrac{l}{n+1}\left(\dfrac{N+1}{N+\overline{N}} - \dfrac{1}{\overline{N}}\right)\right] \\[4mm] (\sigma_0)_{\min} = \dfrac{\sigma_{\min}}{C_{\mathrm{f}}} + \dfrac{2q_0}{a}\left[\mu_0 l - (\mu_0 - \mu_{\mathrm{f}})\dfrac{l}{n+1}\left(\dfrac{N+1}{N+\overline{N}} - \dfrac{1}{\overline{N}}\right)\right] \end{cases} \tag{4-17}$$

进一步得到黏结区基体轴向应力及剪切应力为

$$\begin{cases} \sigma_z^{\mathrm{m}} = -\lambda\dfrac{\sinh[\sqrt{A}(L-z)]}{\sinh[\sqrt{A}(L-l)]}(\sigma_0)_{\max} \\[4mm] \tau_{rz}^{\mathrm{m}} = \dfrac{b^2 - r^2}{2r}\lambda\sqrt{A}\dfrac{\cosh[\sqrt{A}(L-z)]}{\sinh[\sqrt{A}(L-l)]}(\sigma_0)_{\max} \end{cases}, \quad \sigma(t) = \sigma_{\max} \tag{4-18}$$

$$\begin{cases} \sigma_z^{\mathrm{m}} = -\lambda\dfrac{\sinh[\sqrt{A}(L-z)]}{\sinh[\sqrt{A}(L-l)]}(\sigma_0)_{\min} \\[4mm] \tau_{rz}^{\mathrm{m}} = \dfrac{b^2 - r^2}{2r}\lambda\sqrt{A}\dfrac{\cosh[\sqrt{A}(L-z)]}{\sinh[\sqrt{A}(L-l)]}(\sigma_0)_{\min} \end{cases}, \quad \sigma(t) = \sigma_{\min} \tag{4-19}$$

4.4.3 裸纤界面数值分析

1. 有限元模型

对工程问题进行有限元分析,首先必须建立有限元分析模型。模型包括节点、单元、实常数、材料属性和边界条件,以及其他用来表现这个物理系统的特征。材料 1 和材料 2 的单元均采用 Solid185,分别定义材料的密度、弹性模量及泊松比。其中材料 1 为 FRP,材料 2 为裸纤。在建模时,取 30°的圆柱体进行建模,其模型如图 4-3 所示。

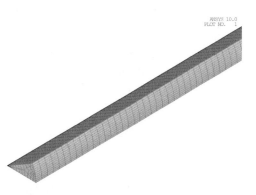

图 4-3 裸纤-FRP 有限元模型

2. 数值结果分析

图 4-4 为 77GPa 裸纤与 FRP 的界面应力分布云图。图 4-5、图 4-6 和图 4-7 为 FRP 材料弹性模量为 77GPa、光纤弹性模量为 72GPa、拉伸应力为 1500MPa 的情况下,周向、径向、轴向的剪切应力分布图,可以看到界面最大剪切应力约为 18.6MPa。图 4-8~图 4-11 为 FRP 材料弹性模量为 150GPa 的情况下的剪应力分布图,界面剪切应力峰值远大于 FRP 材料弹性模量为 77GPa 时的界面剪切应力。因此,进行 FRP 材料设计的时候,要使 FRP 弹性模量尽量接近光纤弹性模量。

应力/MPa
−27.394 −15.284 −3.173 8.937 21.048
  −21.339 −9.228 2.882 14.993 27.103

图 4-4 77GPa 裸纤与 FRP 的界面应力分布云图

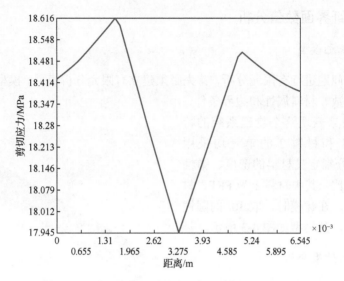

图 4-5　传感器黏结区沿路径 L_1 界面剪切应力分布图

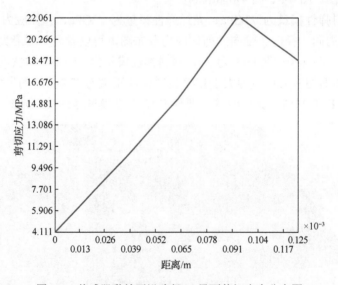

图 4-6　传感器黏结区沿路径 L_2 界面剪切应力分布图

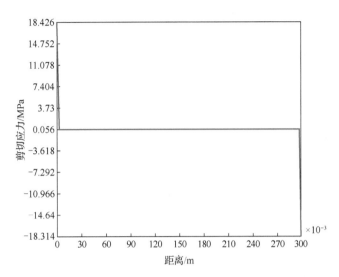

图 4-7　传感器黏结区沿路径 L_3 界面剪切应力分布图

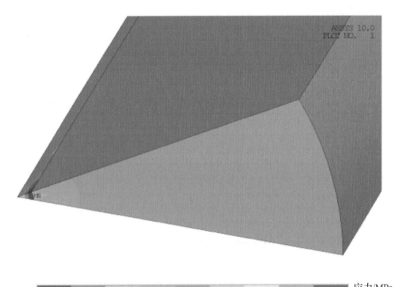

图 4-8　FRP 弹性模量为 150GPa 裸纤-FRP 应力分布云图

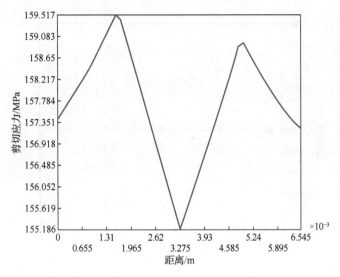

图 4-9 传感器黏结区沿路径 L_1 界面剪切应力分布图（E_{FRP} =150GPa）

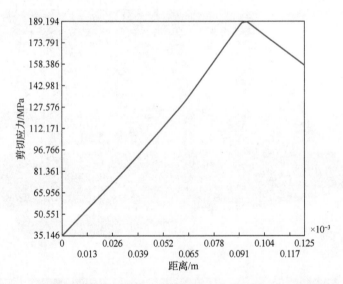

图 4-10 传感器黏结区沿路径 L_2 界面剪切应力分布图（E_{FRP} =150GPa）

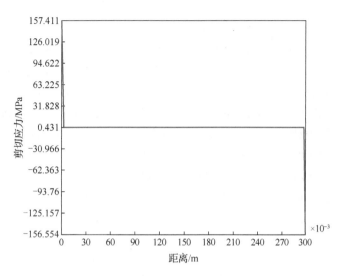

图 4-11　传感器黏结区沿路径 L_3 界面剪切应力分布图（E_{FRP} =150GPa）

4.5　智能结构中传感系统的要求与设计

依据原位复合的思想，在复合材料的成型过程中将传感器在线埋入其中，待制作完成后，二者复合为一有机整体。利用传感器测量拉索材料的应变来实现对拉索的健康监测。因此，对传感器的选择必须满足以下要求：①强度相容要求；②界面相容要求；③工艺相容要求；④尺寸相容要求。

因此，在智能钢索中传感器要以"尺寸尽可能小、传感器的植入基本不改变或稍微改变原来的生产工艺、不引起原来材料性能的下降"为设计目标。

4.5.1　复合材料与光栅传感器复合模型及分析

FBG 在钢索传感测试中具有独特优势，但是 FBG 的温度-应变缠绕效应会影响测量结果的精度。通常，为消除温度-应变耦合效应，需要通过结构设计对 FBG 传感器进行封装。然而，封装后的尺寸可能会影响结构的整体性能。因此，针对上节对传感系统提出的要求，有必要对复合材料与 FBG 传感器的集成问题进行深入的理论分析。

首先，从力学角度分析在复合材料中埋入 FBG 传感器是否对材料的力学性能构成影响。根据相关文献，只要加入纤维前与加入纤维后二者的弹性模量和泊松比相同或相近，就可认为纤维的加入不会对基体材料的力学性能产生影响。掺入纤维后的弹性模量的计算公式如下[16,17]：

$$E_c = E_f V_f + E_m \left(1 - V_f\right) \qquad\qquad (4\text{-}20)$$

式中，E_c 表示纤维本身的弹性模量；E_m 表示基体材料的弹性模量；V_f 表示纤维体积分数。因此，要求制作的纤维增强复合材料的弹性模量尽量与传感器封装材料的弹性模量相近或相同，这样微型传感器的埋入并不会对纤维增强复合材料的力学性能造成较大的影响。此外，FBG 传感器的应变测量的动态范围为 10000με 左右，而斜拉索的极限设计拉力约为 640MPa，对应的应变变化范围约为 3200με，因此，FBG 传感器的测量应变的动态范围应与缆索材料的工作强度和外加荷载相匹配。

其次，从工艺角度分析 FBG 传感器与纤维增强复合材料复合工艺相容性要求和尺寸相容性要求。纤维增强复合材料采用拉挤成型工艺，成型温度大约在 160℃，封装传感器用胶应满足该温度要求。模具为内径 11mm 的圆形模腔。因此，缆索丝横截面面积为 94.985mm^2，传感器横截面面积不应超过环氧树脂的 35%，所以从工艺角度分析传感器最大半径不应超过 3.25mm。

为了提高复合材料的弹性模量，达到复合材料弹性模量的设计要求，拟采用型号为 M40J 的碳纤维，抗拉弹性模量为 377GPa，纤维的泊松比 ν_f 约为 0.28。取拉索正常工作张拉力为 500MPa，纤维增强复合材料中增强纤维的体积分数为 65%，这样复合材料的理论弹性模量为 245MPa。

为了通过数值分析评估传感器与基体材料界面的黏结质量，确保复合材料所受应力能够有效传递至传感器，研究可采用简化的同心圆柱体模型，如图 4-12 所示。该模型以不锈钢管模拟短纤维，以纤维增强复合材料作为基体材料，并假设最大界面剪切应力出现在短纤维的两端。

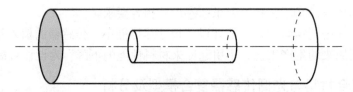

图 4-12　同心圆柱模型

4.5.2　传感器结构界面数值分析

1. 界面脱黏有限元模型的建立

对工程问题进行有限元分析时，必须建立该问题的有限元分析模型。模型包括节点、单元、实常数、材料属性和边界条件，以及其他用来表现这个物理系统的特征。

材料 1 和材料 2 的单元均采用 Solid185，分别定义材料的密度、弹性模量及泊松比。其中材料 1 为复合材料，材料 2 为不锈钢。

传感器的封装一般采用管式结构，在建模时，取圆柱体的 1/10 进行建模。采用 4 个扇形圆柱体,其模型如图 4-13 所示。

选择网络划分方法是建模过程中非常重要的一个环节,直接影响到计算结果的准确性和计算进度,甚至会因为网格划分不合理而导致计算不收敛。在画出扇形体的实体模型后,采用扫掠网格划分法对其进行网格划分,特别对于管道模型,扫掠网格非常有用。

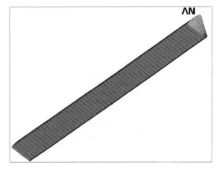

图 4-13　智能拉索丝有限元模型

2. 弹性模量对界面剪切强度的影响

图 4-14 显示了在复合材料弹性模量 E_{COM} 为 245MPa 的情况下传感器模型的黏结区界面剪切应力的分布,其值在传感器端部达到最大值 6.98MPa,在远离端部方向上迅速衰减,小于环氧树脂的黏结强度 20MPa。因此,FBG 传感器与纤维增强复合材料界面在拉索工作范围内不会剥离。图 4-15 为沿路径 L_1 的界面剪切应力分布图,从图中可以看到传感器端部黏结区域沿路径 L_1 的剪切应力在 5.93 $\sim$ 6.98MPa 范围内变化。图 4-16 为沿路径 L_2 的界面剪切应力分布图,从图中可以看到从传感器的黏结区到传感器的内部,界面剪切应力逐渐减小,从 6.98MPa 降低到 0.9MPa。图 4-17 为沿路径 L_3 的界面剪切应力分布图,从图中可以看到最大界面剪切应力位于传感器的两端,与采用的同心圆柱模型的理论分析吻合。

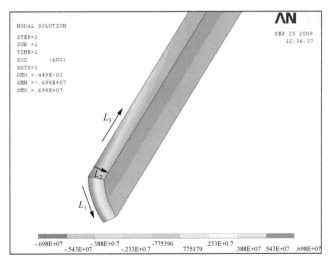

图 4-14　传感器模型的界面剪切应力分布云图(E_{COM} =245MPa,D=2mm,d=1.6mm,t=0.2mm)

D 为直径,d 为钢管的外径(即传感器的最大直径)

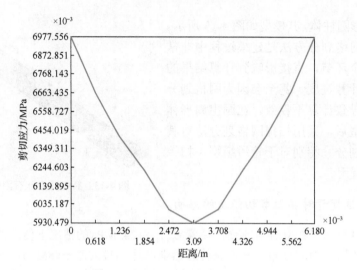

图 4-15　沿路径 L_1 的界面剪切应力分布图（ E_{COM} =245MPa）

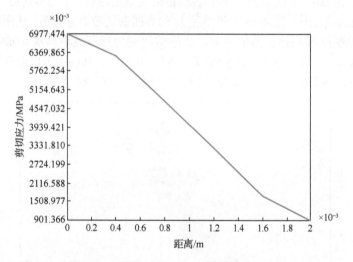

图 4-16　沿路径 L_2 的界面剪切应力分布图（ E_{COM} =245MPa）

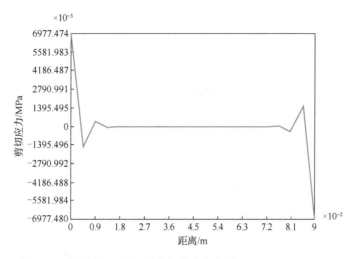

图 4-17　沿路径 L_3 的界面剪切应力分布图（ E_{COM} =245MPa）

图 4-18、图 4-19 和图 4-20 分别是将传感器埋入不同弹性模量的复合材料中传感器黏结区沿路径 L_1、L_2 和 L_3 的界面剪切应力分布图。从三个图中可以看到，随着复合材料弹性模量的不断增大，沿路径 L_1、L_2 和 L_3 的界面剪切应力不断增大，当传感器封装材料的弹性模量与复合材料的弹性模量相同时，界面剪切应力几乎为 0。因此，可认为此时纤维的加入不会对基体材料的力学性能产生影响。

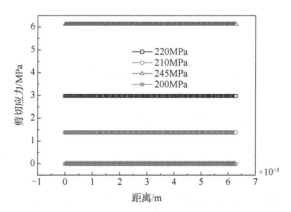

图 4-18　不同弹性模量的复合材料传感器黏结区沿路径 L_1 界面剪切应力分布图

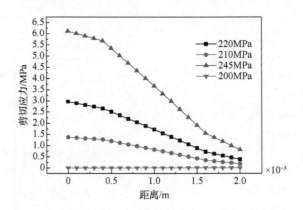

图 4-19　不同弹性模量的复合材料传感器黏结区沿路径 L_2 界面剪切应力分布图

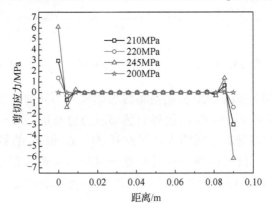

图 4-20　不同弹性模量的复合材料传感器黏结区沿路径 L_3 界面剪切应力分布图

3. 传感器半径大小对界面剪切强度的影响

从弹性模量对传感器界面剪切应力的影响来看，随着纤维增强复合材料弹性模量的增大，界面剪切应力逐渐变大。因此，本节分析传感器半径大小对界面黏结强度的影响时，按 E_{COM} =245MPa 来考虑，以保证智能拉索丝传感功能的最大安全度。

图 4-14、图 4-21 和图 4-22 分别为传感器封装钢管的厚度相同且基体弹性模量相同（t=0.2mm，E_{COM} =245MPa）时，不同直径的传感器界面剪切应力分布云图。从三个图中可以看到，随着传感器直径的增大，从 2mm 到 4mm 再到 6mm，传感器的界面剪切应力从 6.98MPa 到 7.2MPa 再到 7.27MPa，变化不大。因此，可得出结论：在传感器厚度不变的情况下，传感器直径大小对界面剪切应力影响不大。

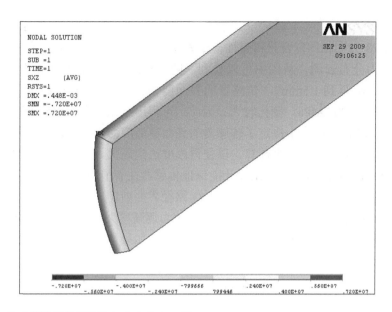

图 4-21　传感器模型的界面剪切应力分布云图（E_{COM} =245MPa，D=4mm，d=3.6mm，t=0.2mm）

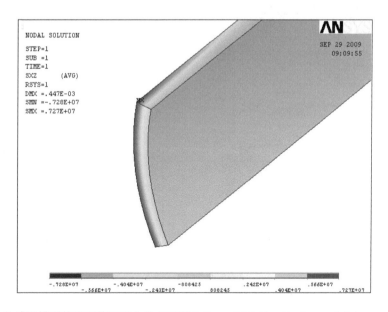

图 4-22　传感器模型的界面剪切应力分布云图（E_{COM} =245MPa，D=6mm，d=5.6mm，t=0.2mm）

4. 传感器厚度对界面剪切强度的影响

根据上述结论可知，界面剪切应力随着纤维增强复合材料弹性模量增大，按 E_{COM} =245MPa 分析传感器厚度对界面黏结强度的影响，保证智能拉索丝传感功能的最大安全度。

图 4-23 为在相同复合材料弹性模量 E_{COM} =245MPa 时，不同厚度的传感器界面剪切应力分布云图。从图中可以看到，随着传感器厚度的增加（从 0.2mm 到 0.5mm、1mm 再到 1.5mm），传感器的界面剪切应力从 7.13MPa 到 13.6MPa、18.2MPa 再到 20.7MPa，变化较大。因此，可得出结论：在传感器外直径不变的情况下，传感器厚度大小决定了传感器的界面剪切应力。因此，进行传感器尺寸设计时应该按实心圆柱体来计算，以使得厚度达到最大，计算出来的剪切应力最大，这样按最危险的应力数值来设计能保证传感器在智能斜拉索丝的最大安全度。图 4-24 为不同厚度的传感器黏结区沿 L_2 路径界面剪切应力分布图，从图中可明显看到，随着厚度的增加沿 L_2 路径的剪切应力逐渐增大，同时也表明从传感器的黏结界面到传感器的内表面剪切应力逐渐降低，如果传感器内部使用黏胶的黏结强度大于内表面的剪切应力，传感器就是安全的。

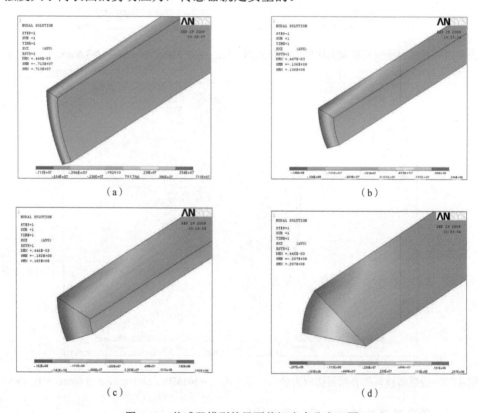

图 4-23　传感器模型的界面剪切应力分布云图

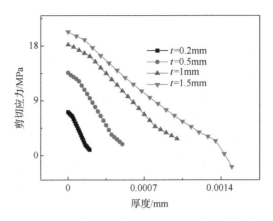

图 4-24　不同厚度的传感器黏结区沿路径 L_2 界面剪切应力分布图

4.5.3　传感器的尺寸设计

1. 界面分析有限元模型的建立

依据 4.5.2 节的研究结果：传感器厚度大小决定了传感器的界面剪切应力，因此按照最大安全度的设计原则，在同样外尺寸直径的前提下，将传感器考虑成实心体结构，来保证传感器结构的安全。

建立三个圆柱体，一个扇形圆柱体，其模型如图 4-25 所示，仍然取圆柱体的 1/10 模型建模。材料 1 和材料 2 的单元均采用 Solid185，分别定义材料的密度、弹性模量及泊松比。其中材料 1 为复合材料，材料 2 为不锈钢。

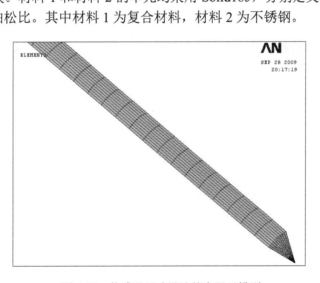

图 4-25　传感器尺寸设计的有限元模型

2. 数值结果分析

图 4-26 显示了在复合材料弹性模量为 245MPa 的情况下传感器黏结区界面剪切应力的分布，其值在传感器端部达到最大值 16.6MPa，小于环氧树脂的黏结强度 20MPa，能够实现外部应力的有效传递，FBG 传感器与纤维增强复合材料界面在拉索工作范围内不会剥离。同时，在远离传感器端部方向上剪切应力迅速衰减。图 4-27 为直径为 2mm 的传感器沿路径 L_1 的界面剪切应力分布图，从图中可以看到传感器沿路径 L_1 分布与端部黏结区剪切应力分布基本相同，没有明显变化，保持在 16.6MPa 左右。图 4-28 为沿路径 L_2 的界面剪切应力分布图，从图中可以看到从传感器的黏结区到传感器的内部，界面剪切应力逐渐减小，从 16.6MPa 降低到 –0.15MPa。图 4-29 为沿路径 L_3 的界面剪切应力分布图，从图中可以看到界面剪切应力的最大处位于传感器的两端，与采用的同心圆柱模型的理论分析结果吻合。

图 4-30、图 4-31 和图 4-32 分别比较了将不同直径的传感器埋入到复合材料中传感器黏结区沿路径 L_1、L_2 和 L_3 的界面剪切应力曲线图，从三个图中可以看到随着传感器直径的不断增大，黏结区沿路径 L_1、L_2 和 L_3 的界面剪切应力不断增大，由 10MPa 增加 16.6MPa 再到 20.7MPa；越往传感器的内部剪切应力愈小，直径为 2mm 的传感器模型，传感器内表面剪切应力大约在 1.85MPa，数值较小，不会对传感器内部的封装造成较大的问题。因此，可认为纤维的加入不会对基体材料的力学性能产生影响。按最大安全度的原则，传感器的直径不能超过 2mm。

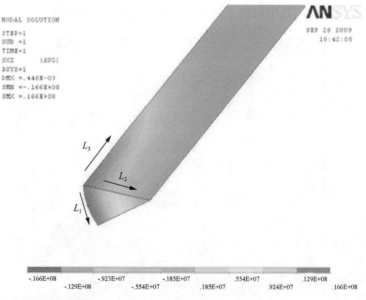

图 4-26　传感器模型的界面剪切应力分布云图（D=2mm，E_{COM}=245MPa）

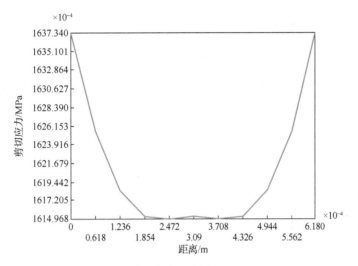

图 4-27　沿路径 L_1 的界面剪切应力分布图（E_{COM} =245MPa，D=2mm）

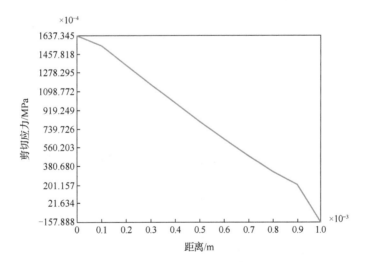

图 4-28　沿路径 L_2 的界面剪切应力分布图（E_{COM} =245MPa，D=2mm）

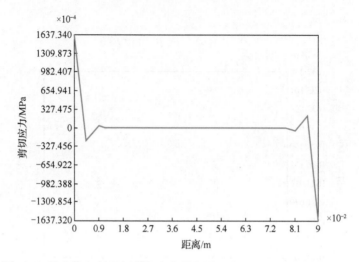

图 4-29　沿路径 L_3 的界面剪切应力分布图（ E_{COM} =245MPa， D =2mm）

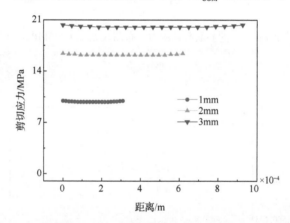

图 4-30　传感器直径对黏结区沿路径 L_1 界面剪切应力的影响

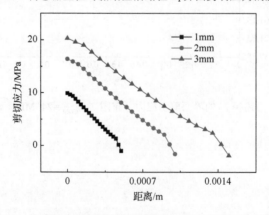

图 4-31　传感器直径对黏结区沿路径 L_2 界面剪切应力的影响

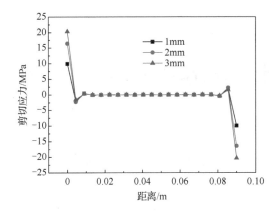

图 4-32　传感器直径对黏结区沿路径 L_3 界面剪切应力的影响

参 考 文 献

[1] Frieden J, Cugnoni J, Botsis J, et al. High-speed internal strain measurements in composite structures under dynamic load using embedded FBG sensors[J]. Composite Structures, 2010, 92(8): 1905-1912.

[2] Frieden J, Cugnoni J, Botsis J, et al. Low energy impact damage monitoring of composites using dynamic strain signals from FBG sensors - Part II: Damage identification[J]. Composite Structures, 2012, 94(2): 593-600.

[3] Frieden J, Cugnoni J, Botsis J, et al. Low energy impact damage monitoring of composites using dynamic strain signals from FBG sensors - Part I: Impact detection and localization[J]. Composite Structures, 2012, 94(2): 438-445.

[4] Farhad A, Yuan L B. Mechanics of bond and interface shear transfer in optical fiber sensors[J]. Journal of Engineering Mechanics, 1998, 124(4): 385-394.

[5] 鲍吉龙, 陈莹, 赵洪霞. 嵌入式光纤光栅传感器应力传递规律研究[J]. 传感技术学报, 2006, 18(4): 871-875.

[6] 赵洪霞, 鲍吉龙, 陈莹. 利用剪滞法对包覆光纤布拉格光栅应力传递规律的研究[J]. 中国激光, 2006, 33(5): 636-640.

[7] Lau K T, Yuan L B, Zhou L M, et al. Strain monitoring in FRP laminates and concrete beams using FBG sensors[J]. Composite Structures, 2001, 51(1): 9-20.

[8] Li Q B, Li G, Wang G L. Effect of the plastic coating on strain measurement of concrete by fiber optic sensor[J]. Measurement, 2003, 34 (3): 215-227.

[9] Li Q B, Li G, Wang G L, et al. Elasto-plastic bonding of embedded optical fiber sensors in concrete[J]. Journal of Engineering Mechanics, 2002, 128(4): 471-478.

[10] 李广, 李庆斌. 光纤传感器应变量测的标定系数修正[J]. 清华大学学报: 自然科学版, 2001, 41 (11): 102-105.

[11] Graham D, Michel L. Arbitrary strain transfer from a host to an embedded fiber-optic sensor[J]. Smart Materials and Structures, 2000, 9(4): 492-497.

[12] 李东升, 李宏男. 埋入式封装的光纤光栅传感器应变传递分析[J]. 力学学报, 2005, 37(4): 435-441.

[13] 李宏男, 周广东, 任亮. 非轴向力下埋入式光纤传感器应变传递分析[J]. 光学学报, 2007, 27(5): 787-793.

[14] Kang S K, Lee D B, Choi N S. Fiber/epoxy interfacial shear strength measured by the microdroplet test[J]. Composites Science and Technology, 2009, 69(2): 245-251.

[15] Katz S, Zaretsky E, Grossman E, et al. Dynamic tensile strength of organic fiber-reinforced epoxy micro-composites[J]. Composites Science and Technology, 2009, 69(7-8): 1250-1255.

[16] 张佐光, 宋焕成. 混杂化是改善 CFRP 韧性的有效途径[J]. 北京航空航天大学学报, 1990, 4: 71-77.

[17] 哈里斯. 工程复合材料: 第 2 版[M]. 陈祥宝, 张宝艳, 译. 北京: 化学工业出版社, 2004.

第5章 基于光纤智能材料结构的智能拉索监测方法

5.1 概　　述

斜拉索的受力状态与斜拉桥主体的动态响应密切相关，索的受力状态和动态特性是衡量斜拉索是否处于健康状态的重要参量。因此，索健康状态的监测参数一般是索力和动态参数。将光纤光栅植入纤维复合材料拉索中，不仅能很好地解决传感器安装难题，还可实现索力的测量。为了解决 FBG 传感器在长拉索构件上安装的技术难题，作者课题组采用原位复合的思想，将 FBG 传感器在纤维增强复合材料的成型制作过程中进行在线复合（在纤维增强复合材料成型过程中在线埋入，简称在线复合）。本章将对 FBG 埋入纤维增强复合材料中的一系列的关键问题进行论述，首先从试验的角度分析传感器埋入复合材料工艺的可行性、总体设计方案的可行性，同时针对拉索易振动的特性对纤维增强复合材料的阻尼性能进行研究，为斜拉索减振与抑振研究提供数据基础。

5.2　智能拉索的结构及功能设计

5.2.1　钢索（筋）结构

钢索（筋）是由若干根单丝采用不同的形式集合而成的。钢绞线分预应力钢绞线、无黏结钢绞线、镀锌钢绞线等，不同的钢绞线有不同的性能特点。最常用的钢绞线为镀锌钢绞线和预应力钢绞线，常用预应力钢绞线直径在 9.53～17.8mm，有少量更粗直径的钢绞线，每根预应力钢绞线中的钢丝一般为 7 根，也有 2 根、3 根及 19 根，钢丝上可以有金属或非金属的防腐层。目前主要的结构形式有高强度平行粗钢筋索、平行钢筋丝与平行钢绞线索等，如图 5-1 所示，其直径一般为 10～20cm，单丝直径一般在 5～15.24mm。

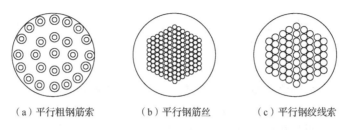

（a）平行粗钢筋索　　　　（b）平行钢筋丝　　　　（c）平行钢绞线索

图 5-1　钢索（筋）的结构形式

　　为了使纤维增强复合材料钢索具有智能传感功能，作者课题组制作出基于 FBG 的智能纤维增强复合材料斜拉索丝，采用原位复合的思想，将 FBG 传感器在纤维增强复合材料的成型制作过程中进行在线复合，在钢索内部形成分布式的传感测试网络，进而可以获得沿整根拉索分布的应力、应变信息，结构如图 5-2 所示。这样，就能形成集传感测试功能与承力功能于一体的智能钢索，为预应力筋、斜拉索从张拉到服役期间的健康监测打下坚实的基础，同时通过采集拉索结构信息为完善复合材料斜拉索设计理论提供服务。

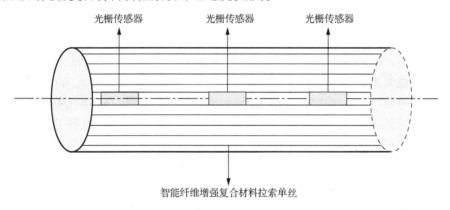

光栅传感器　　　　　光栅传感器　　　　　光栅传感器

智能纤维增强复合材料拉索单丝

图 5-2　智能斜拉索单丝结构示意图

5.2.2　斜拉索的功能设计

　　对于结构材料，要求强度和刚度的统一。一种材料即使它的强度很高，但它的模量不高，那么在承受较大的应力时，应变一定很大。对于刚度起控制作用的结构件，如果材料的模量不高，即使强度很高，那么强度高的优点也不能发挥或难以发挥作用。因此，对于一般的碳纤维增强复合材料，其强度比钢丝的强度高，一般在 2000MPa 以上，但是其弹性模量低于钢丝的弹性模量，一般在 150MPa 左右，出现了强度与刚度不统一的情况，因此需要通过选用合适的纤维来提高复合材料的弹性模量，至少应该达到钢索的弹性模量。另外，如果材料的模量很高，而它的断裂应变太小，那么这种材料就很容易发生疲劳强度和冲击强度不足等问题。例如碳纤维增强复合材料虽然强度高，但性脆、韧性差，其应用在很大程度上受到了限制。若将玻璃纤维或凯芙拉（Kevlar）纤维代替部分碳纤维，即混杂纤维增强复合材料（hybrid fiber reinforced polymer, HFRP），在不太损失其他能量的前提下可大大提高碳纤维增强塑料（carbon fiber reinforced plastics, CFRP）的冲击韧性，混杂化是改善 CFRP 韧性的一个切实可行的途径[1]。

因此，针对斜拉索的特点，本章提出拉索材料的设计目标：

（1）拉伸强度至少大于目前拉索材料的强度——高强钢丝即 1860MPa；

（2）弹性模量大于 200GPa；

（3）降低拉索的成本；

（4）提高拉索的冲击韧性。

5.3　复合材料的成型工艺

拉挤成型工艺将纱架上的无捻纤维粗纱和其他连续增强材料、聚酯表面毡等进行树脂浸渍，然后通过保持一定截面形状的成型模具，并使其在模内固化成型后连续出模，形成拉挤制品，是一种连续生产复合材料型材的方法。

拉挤成型工艺技术[2]专利于 1951 年在美国注册。直到 20 世纪 60 年代，其应用也十分有限，主要制作实心的钓鱼竿和电器绝缘材料等。60 年代中期，由于化学工业对轻质高强、耐腐蚀和低成本材料的迫切需要，促进了拉挤工业的发展，特别是连续纤维毡的问世，解决了拉挤型材横向强度问题。70 年代起，拉挤制品开始步入结构材料领域，并以每年 20%左右的速度增长，成为美国复合材料工业十分重要的一种成型技术。从此，拉挤成型工艺进入了高速发展和广泛应用的阶段。与此同时，国内也开始关注拉挤成型工艺这一新型技术。

随着拉挤产品应用领域的不断拓展，人们对拉挤成型工艺有了全新的认识，从 20 世纪 80 年代起，西安绝缘材料厂、哈尔滨玻璃钢研究院、北京玻璃钢研究设计院、武汉工业大学先后从英国 PUITREX 公司、美国 PTI 公司引进拉挤成型工艺设备。此外，河北中意玻璃钢有限公司从意大利 TOP Glass 公司引进 5 条拉挤生产线，其中有一条是我国首家引进的光缆增强芯拉挤设备，其拉挤速度可达 15~35m/min。

在国外先进技术的基础上，业内人员不断研究新工艺、开发新产品，从而有力地推动了国内拉挤成型工业的发展，目前这一技术正在向高速度、大直径、高厚度、复杂截面及复合成型的工艺方向发展。

拉挤成型工艺最适于生产各种断面形状的型材，如棒、管、实体型材（工字形、槽形、方形型材）和空腹型材（门窗型材、叶片等）等。拉挤成型优点是：

①生产过程完全实现自动化控制、工艺简单高效，可同时生产多件产品。②拉挤能最好地发挥纤维的增强作用。在拉挤中，纤维不仅连续而且充分展直，比其他复合材料制造工艺中纤维的不连续、弯曲、交叠等更能发挥纤维强度。③制品质量稳定，重复性好，长度可任意切断。④生产过程中无边角废料，产品不需后加工，故较其他工艺省工、省原料、省能耗。缺点是产品形状单调，只能生产线型型材，而且横向强度不高。

1. 拉挤成型工艺原材料

（1）树脂基体。在拉挤成型工艺中，应用最多的是不饱和聚酯树脂，占本工艺树脂用量的 90% 以上，另外还有环氧树脂、乙烯基树脂、热固性甲基丙烯酸树脂、改性酚醛树脂[3]、阻燃性树脂等。

（2）增强材料。拉挤成型工艺用的增强材料，主要是纤维及其制品，如无捻粗纱、连续纤维毡等。为了满足制品的特殊性能要求，可以选用玻璃纤维、芳纶纤维、碳纤维及金属纤维等。

（3）辅助材料。拉挤成型工艺的辅助材料主要有脱模剂和填料。

2. 拉挤成型工艺

拉挤成型典型工艺流程为：玻璃纤维粗纱排布—浸胶—预成型—挤压模塑及固化—牵引—切割—制品。无捻粗纱从纱架引出后，经过排纱器进入浸胶槽浸透树脂胶液，然后进入预成型模，将多余树脂和气泡排出，再进入成型模凝胶、固化。固化后的制品由牵引机连续不断地从模具拔出，最后由切断机定长切断。在成型过程中，每道工序都可以有不同方法：如送纱工序，可以增加连续纤维毡、环向缠绕纱或用三向织物以提高制品横向强度，牵引工序可以使用履带式牵引或夹持式牵引，固化方式可以是模内固化或用加热炉固化，加热方式有电加热、红外加热、高频加热、微波加热或组合式加热等。有时为了提高筋材表面的黏结性，可以对筋材进行表面处理，如喷砂、缠绕纤维束等。

5.4　增强复合材料智能拉索丝的制备

5.4.1　试验设计

1. 方案设计

对于结构材料，要求强度和刚度的统一以及改善复合材料的冲击韧性。在设计使用复合材料时，对模量、强度等方面必须兼顾，才是全面、合理的。因此，应充分把握各种组成材料的性质，取长补短，采用不同的配比和加入方式，进行最佳优化设计。

2. 组分材料的选择

选材是结构设计的基础，影响到结构设计的全过程，关系到结构的效率和成本。所制得的以碳纤维为主要增强纤维的混杂纤维增强复合材料拟用于替换斜拉桥上的钢索，斜拉索作为斜拉桥的主要承力构件，应最先考虑设计选材对力学性能的影响。碳纤维具有自润滑性，其摩擦系数小、耐磨性能好、耐冲击性强、耐腐蚀性高于玻璃纤维。碳纤维增强复合材料的耐磨性高，抗冲击性和耐疲劳性好，质量轻。一般的碳纤维增强复合材料拉伸强度为 2000MPa，弹性模量为 150GPa 左右，钢索的抗拉强度一般为 1860MPa，弹性模量在 200GPa 左右。选用日本东丽公司生产的 M40J 碳纤维为主要增强材料，它是高强度、高模量纤维，单丝拉伸强度为 4400MPa，弹性模量为 377GPa，为生产高模量高强度复合材料提供了有力的保证。但碳纤维增强复合材料极限应变小，价格昂贵，所以考虑加入适量延伸率大、价格便宜的玻璃纤维。据文献[4]报道，加入玻璃纤维，纤维含量和放置顺序得当，可以提高材料的阻尼，为增强拉索的减振功能奠定基础。但上述两种纤维表现为脆性，韧性差，故需加入适量的芳纶纤维，以提高复合材料的抗冲击性能，对易振动的拉索而言，这点非常重要。本节选用 Kevlar-29 芳纶纤维[5]，它是一种高阻尼纤维，对提高材料的阻尼发挥积极作用，增强了拉索的减振功能。各种纤维的具体性能参数见表 5-1。

表 5-1　纤维性能参数

纤维名称	生产国家	拉伸强度/MPa	拉伸模量/GPa	延伸率/%	密度/(g/cm³)	直径/μm
碳纤维（M40J）	日本	4400	377	1.2	1.77	6
Kevlar-29	美国	2800	63	3.6	1.45	12
玻璃纤维	中国	4018	83.3	5.7	2.54	10

在复合材料中，基体起支撑增强材料的作用，并以切应力将外荷载传递给增强材料。此外，基体还对增强材料起保护作用，免受外部环境的侵蚀。再者，复合材料的损伤容限、使用温度也主要取决于基体。因此，树脂的选择十分重要，本节选用岳阳石油化工总厂生产的 E 型 618 环氧树脂，该树脂固化方便、黏结力强、固化收缩率低，且固化后具有良好的力学性能、化学稳定性、尺寸稳定性、耐久性、抗碱性、耐酸性、耐溶性等特性，其性能参数见表 5-2。

表 5-2　基体的性能参数

拉伸强度/MPa	拉伸屈服应变/%	拉伸模量/GPa	密度/(g/cm³)	剪切模量/MPa
78	2.97	2.5	1.24	1211

　　所制得的混杂纤维增强复合材料为一维杆件连续纤维增强复合材料，力学设计依照单向连续纤维增强复合材料的设计要求，满足式（5-1）和式（5-2）。

　　单向复合材料纵向弹性模量（拉伸强度、压缩强度）：

$$E = \sum E_i \psi_i + E_m \psi_m \tag{5-1}$$

　　单向复合材料力学性能混合率通式：

$$X^n = \sum X_i^n \psi_i + X_m^n \psi_m \tag{5-2}$$

式中，E_i 为纤维弹性模量；E_m 为基体的弹性模量；ψ_i 为纤维体积分数；ψ_m 为基体体积分数；X 为某向力学性能，下标 i、m 分别表示纤维和基体组分；n 为指数幂，并联模型中 $n=1$，串联模型中 $n=-1$。

　　掺杂的所有纤维的总体积分数为 65%，其中碳纤维体积分数为 55%、玻璃纤维体积分数为 5%、芳纶纤维体积分数为 5%；树脂基体体积分数为 35%。经计算混杂纤维增强复合材料的力学理论值如表 5-3 所示。

表 5-3　混杂纤维增强复合材料的力学性能计算值

名称	拉伸强度/MPa	拉伸弹性模量/GPa	密度/(g/cm³)
HFRP	2788.2	215.5	1.61

5.4.2　FBG 的复合工艺研究

1. 试验原料及仪器设备

试验所用原料及仪器设备见表 5-4 和表 5-5。

表 5-4　试验原料

原料	生产厂家
碳纤维	日本东丽公司
玻璃纤维	南京玻璃纤维研究设计院
芳纶纤维	美国杜邦公司
环氧树脂	岳阳石油化工总厂环氧树脂厂
甲基四氢苯酐	大连泰华化工有限公司
DMP-30	上海聚豪精细化工有限公司
XTEND 802	美国科拉斯公司

表 5-5　试验仪器设备

仪器设备	生产厂家
日立 S-570 型扫描电子显微镜	日本日立公司
日立 S-4800 I 型冷场发射高分辨率扫描电镜	日本日立公司
AQ6317C 光纤光谱分析仪	日本安藤光通信仪表会社
MTS 液压伺服材料试验机	美国 MTS 公司
VA400 黏弹仪	美特斯工业系统（中国）有限公司
拉挤成型设备	北京玻钢院复合材料有限公司

2. 原料配比

以碳纤维、玻璃纤维、芳纶纤维为增强材料，环氧树脂为基体材料。碳纤维、玻璃纤维、芳纶纤维体积分数分别为 55%、5%、5%，环氧树脂体积分数为 35%，可以满足拉索使用要求。由于单纯的环氧树脂未固化前是线型结构，不能直接应用，必须向树脂中加入固化剂，在一定温度下发生交联固化反应，才能生成可供使用的高聚物。所加入固化剂为甲基四氢苯酐，同时为了适应成型工艺需要，加速固化，加入促进剂 DMP-30，胶液的主要配比为环氧树脂 100 份、甲基四氢苯酐 90 份、DMP-30 3 份。其中，配比为质量百分数。

纤维增强塑料是采用多股连续纤维作为增强材料，热固性树脂作为基体材料，将增强纤维和基体树脂胶合，通过固定截面形状的模具挤压、拉拔快速固化成型的复合材料。它包括碳纤维增强复合材料、芳纶纤维增强复合材料、玻璃纤维增强复合材料以及混杂纤维增强复合材料。本节采用两种磨具，分别为内径 11mm 的圆形模腔和 2mm×5mm 的长方形模腔，制作不同形状的复合材料，并将其分别用于材料力学性能的测试和在线埋入传感器后拉索丝传感性能的测试。斜拉索丝为一维构件，适合采用拉挤成型工艺。它具有材料消耗低、生产成本低、适合大规模生产等特点，其制品具有轻质高强、绝缘性好、耐腐蚀、尺寸稳定等优势。

拉挤成型工艺的基本原理[6]是连续增强纤维在外力牵引下经过树脂浸渍，在成型模具内固化成型，拉出模具，连续生产出线型制品。它区别于其他成型工艺的地方在于外力拉拔和挤压模塑，如图 5-3 所示。

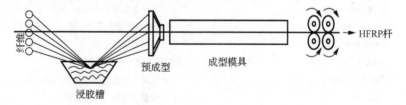

图 5-3　复合材料成型工艺示意图

FRP 拉索单丝拉挤成型工艺流程见图 5-4。

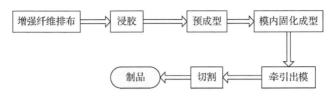

图 5-4　FRP 拉索单丝拉挤成型工艺流程图

拉挤成型工艺中的六个关键因素：①纤维排布系统，如纱架、毡架、导纱板等；②树脂浸胶槽；③预成型系统（图 5-5）和成型模具；④温度、速度、牵引力等工艺参数的控制；⑤牵引系统；⑥切割系统。

图 5-5　FRP 拉索单丝拉挤预成型系统照片

由于选用环氧树脂黏性较大，而且纤维含量大，给整个工艺制作带来了很大的困难，前期试验经常出现堵模、牵引纱拉断、光纤拉断、FBG 传感器成活率低等情况。经过多次试验，最后确定的工艺参数如下：牵引速度为 0.1m/min，成型压力为 0.4～0.5MPa，成型温度为 160～170℃。模具分别为内径 11mm 的圆形模腔和 2mm× 5mm 的长方形模腔。采用该工艺参数和上述配比制备的复合材料棒材和板材未出现堵模，并且表面较为光滑，板材用于力学性能和阻尼性能的测试，棒材用于扫描电子显微镜分析和传感特性试验。图 5-6 为 FRP 拉索单丝拉挤试验现场图片，图 5-7 为加工完成后的混杂纤维增强复合材料智能拉索单丝制品照片。

图 5-6　FRP 拉索单丝拉挤试验现场

图 5-7　智能拉索单丝制品

5.5　混杂纤维增强复合材料的力学性能

5.5.1　力学性能样品制备及分析

本节制备的复合材料拉索丝主要用于替代传统钢斜拉桥中的拉索，为斜拉桥的主要受力构件，对拉伸强度、模量和抗冲击性能要求较高。因此，本节对混杂纤维增强复合材料的拉伸强度、弯曲强度和冲击韧性进行了测试。

1. 样品制备及试验

依据单向连续纤维增强复合材料的测试标准进行力学性能的测试。样品形状如图 5-8（a）所示。拉伸试样是将采用上述工艺参数制备的 2mm×5mm 片材，经过定长切割，端部打磨，端部铝片粘贴制作而成。加强片位置如图 5-8（b）所示，材料选择喷砂硬铝合金片，制作过程是将 1mm 铝片经过一侧表面喷砂处理，形成粗糙表面以利于界面粘贴。

冲击韧性是材料在瞬间动荷载作用下抵抗破坏的能力。受振动或高速荷载作用的结构材料，应特别注意选用冲击韧性好的材料。因此针对拉索极易振动的特性，冲击韧性测试方法借鉴了《纤维增强塑料简支梁式冲击韧性试验方法》（GB/T 1451—2005），测试设备为非金属材料摆锤式冲击试验机，图 5-9 为冲击韧性试样。

弯曲强度测试方法采用《纤维增强塑料弯曲性能试验方法》（GB/T 1449—2005），采用无约束支撑，通过三点弯曲，以恒定的加载速率使试样破坏。图 5-10 为弯曲性能试样。三种测试试样的具体尺寸见表 5-6。

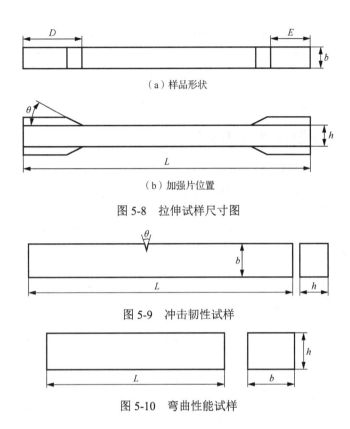

（a）样品形状

（b）加强片位置

图 5-8　拉伸试样尺寸图

图 5-9　冲击韧性试样

图 5-10　弯曲性能试样

表 5-6　测试试样尺寸

样品类别	L/mm	b/mm	h/mm	D/mm	E/mm	θ/(°)
拉伸样品	230	15	2	50	1.5	90
冲击样品	120	10	7	—	—	—
弯曲样品	80	15	4	—	—	—

2．结果分析

依照上述制样方法，用 MTS 液压伺服材料试验机进行连续加载，加载速度为 2mm/min，测试样品数量为五个。

所测试样品为同批次拉挤成型制品，离散性不大，取五个样品的平均值并进行计算，测试结果如表 5-7。测试结果为拉伸强度 2600MPa 左右，拉伸模量为 200GPa，都略低于理论值，这与成型工艺、纤维和树脂本身的配比都有关系。但是，该值高于传统钢绞线的拉伸强度 1860MPa，拉伸模量为 200GPa，满足拉索拉伸力学要求。其中冲击韧性也大于普通碳纤维增强复合材料的冲击韧性。

表 5-7　混杂纤维增强复合材料力学性能比较

类别	拉伸强度/MPa	拉伸弹性模量/GPa	弯曲强度/GPa	弯曲模量/GPa	冲击韧性/(kJ/m²)	密度/(g/cm³)
理论值	2788.2	215.66	—	—		1.61
测试值	2600	200	1.14	159	145	—

5.5.2　SEM 扫描样品制备及分析

纤维增强复合材料,特别是由高模量的增强体与低模量、低强度的基体复合材料,具有优良的力学性能、耐热、耐化学腐蚀等综合性能。作为结构材料,最重要的是力学性能。把复合材料置于力场中,外力场只有通过界面才能使填充剂和基体两相起到协同作用。力的传递必须通过界面才能进行,因而界面就成为直接影响复合材料整个性能的关键之一。针对纤维增强复合材料的界面黏结情况进行研究分析,具体如下。

1. SEM 扫描样品制备

常用的界面表征方法为扫描电子显微镜(scanning electron microscope, SEM)分析。它可以很直观地通过断面表征情况反映界面结合强弱,进而反映材料的宏观力学性能。本节通过力学分析和界面表征来判别树脂与纤维的黏结情况。

弯曲和纵向剪切断面最能表征材料界面结合的强弱。依照《拉挤玻璃纤维增强塑料杆力学性能试验方法》(GB/T 13096—2008),在材料力学万能试验机上进行加载试验。扫描电子显微镜分析:采用日立 S-570 型扫描电子显微镜进行微观形貌观察。该显微镜为 20～20000 倍连续可调,在 20kV 下分辨率为 10nm。

选取弯曲和剪切断面,用不锈钢锯条截取厚度约为 5mm、长度和宽度均在 1cm之内的断面,这便于电镜聚焦。然后用砂纸多次打磨破坏断面的相反面,直至非常光滑,可以放置平整。由于纤维增强复合材料不导电,因此在清洗之后应立即进行表面喷金处理,表面喷金厚度约为 0.5mm。

2. 结果分析

混杂纤维增强复合材料弯曲断面微观形貌见图 5-11,其中图(a)和图(b)分别是整个同一智能拉索丝两个断面的整体形貌,只是放大倍数略有差异。由图 5-11 可以看出,整个断面碳纤维断裂比较整齐,玻璃纤维和芳纶纤维分别呈现出不同程度的拔出与撕裂。这说明碳纤维与树脂之间的界面结合较好,能够很好地传递应力,是纤维与树脂一起承担外部荷载,故断面比较整齐,并且由于碳纤维的极限拉应变小,所以先受力断裂。而芳纶纤维和玻璃纤维的极限拉应变要比碳纤维大,所以断裂伸长较为明显。FBG 呈现拔断状态,而不是从树脂和涂敷层黏结处断裂，说明 FBG 与树脂的结合情况也较为理想。

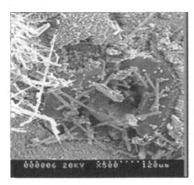

（a）放大图　　　　　　　　　（b）全貌图

图 5-11　混杂纤维增强复合材料弯曲断面微观形貌

　　碳纤维增强复合材料弯曲断面微观形貌见图 5-12。通过图 5-12（a）可见，碳纤维弯曲断面比较整齐，且没有从树脂之中拉出的迹象，结合较为紧密，整个界面结合情况很好。通过图 5-12（b）可见，碳纤维表面有大量沿着纵向的沟壑，表面粗糙，直径在 6μm 左右，这有利于碳纤维和环氧的界面结合。

（a）弯曲断面　　　　　　　　　（b）碳纤维表面

图 5-12　碳纤维增强复合材料弯曲断面微观形貌

　　玻璃纤维增强复合材料弯曲断面微观形貌见图 5-13。通过图 5-13（a）可见，玻璃纤维从树脂中拔出，拔出长度很大，并且表面只是零星黏结少量树脂；整个断面也是参差不齐，没有很好地共同承担外部荷载。通过图 5-13（b）可见，玻璃纤维直径在 10μm 左右，表面比较光滑。光滑表面非常不利于玻璃纤维和环氧树脂的结合，并且即使呈现结合，强度也比较弱。这表明在该工艺条件下，玻璃纤维与环氧树脂的结合强度较弱，界面处首先发生破坏，无法使纤维与树脂形成一个连续的整体以有效传递应力。

　　　　（a）弯曲断面　　　　　　　　　　（b）玻璃纤维表面

图 5-13　玻璃纤维增强复合材料弯曲断面微观形貌

　　芳纶纤维增强复合材料弯曲断面微观形貌见图 5-14。从图 5-14（a）可以看出，芳纶纤维被撕裂成更细的丝，表面上可以看到黏结了一层树脂，这可能是芳纶纤维和树脂之间的界面结合较好，当受到外部荷载时，界面能够很好地把外力传递到增强纤维。因此，芳纶纤维因外部力作用呈现撕裂。

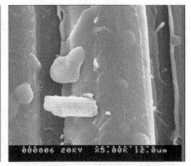

　　　　（a）弯曲断面　　　　　　　　　　（b）芳纶纤维表面

图 5-14　芳纶纤维增强复合材料弯曲断面微观形貌

　　剪切断面同弯曲断面一样可以很好地反映界面结合情况。本节采用材料万能试验机进行了复合材料拉索丝的剪切破坏，然后进行了 SEM 分析。

　　混杂纤维增强复合材料剪切断面微观形貌如图 5-15 所示，图（a）、（b）、（c）分别是玻璃纤维、碳纤维及芳纶纤维同环氧树脂的剪切断面情况。从图中可见，三种纤维同树脂基体的剪切断面有明显的不同，玻璃纤维的断面为一排清晰可见的纤维，纤维表面较为光滑，黏结的树脂较少，这说明材料的破坏主要是发生在纤维与基体的界面连接处，界面结合较弱。碳纤维的剪切断面纤维和树脂紧密地联结在一起，还有少许纤维破坏，这说明碳纤维与树脂的界面黏结良好。芳纶纤维表面均匀黏结了较多的树脂，这说明材料破坏不仅发生在界面之间，还发生在树脂基体之间，界面黏结较好。

（a）玻璃纤维

（b）碳纤维　　　　　　　　　　　（c）芳纶纤维

图 5-15　混杂纤维增强复合材料剪切断面微观形貌

　　综上所述，无论是剪切断面微观形貌分析还是弯曲断面微观形貌分析都说明了玻璃纤维同环氧树脂的界面黏结最差，芳纶纤维次之，碳纤维最好。因此，在制作混杂纤维增强复合材料时，玻璃纤维的比例不能太大，否则会影响材料的力学性能。与此同时，为了增强材料力学性能并降低成本，则需要合理配比从而优化材料。

5.5.3　光栅传感器与复合材料的界面黏结分析

　　只有当界面黏结良好时，埋入的 FBG 传感器才能通过界面有效地传递并反映外部环境的变化，从而实现智能纤维增强复合材料拉索的实时监测。本章制作了两种智能纤维增强复合材料斜拉索丝，一种是在线复合裸 FBG 的智能拉索丝，另外一种是复合微型 FBG 传感器的智能拉索丝。本节进行了两种拉索丝的界面黏结分析。

　　光纤由纤芯、包层、涂覆层构成，其中纤芯和包层是光纤的主体，包层最大外径约为 125μm；经涂覆以后，裸纤的直径是 250μm，其结构示意图如图 5-16所示。

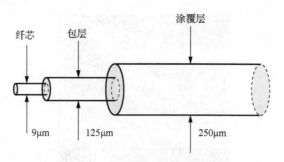

图 5-16　光纤结构示意图

　　界面黏结好坏直接影响 FBG 的传感特性，图 5-17 为裸纤-复合材料弯曲断面微观形貌图。通过图 5-17（a）可以看出，光纤的拔断直径是 120μm 左右，远远小于裸纤的直径 250μm，这说明光纤断裂是从包层和涂覆层的界面之间拔出的，而弯曲破坏后复合材料本身和光纤涂覆层仍然黏结较好。从图 5-17（b）中也可以看到，光纤涂覆层和复合材料的界面黏结良好，弯曲破坏裂纹甚至发生在碳纤维和树脂之间，这可能是光纤的涂覆层在高温下熔化和树脂基体反应结合为一体，致使光纤和复合材料界面黏结非常好。良好的界面结合可以使外部荷载很好传递到传感元件上，FBG 就能够如实反映外部的力学环境，进而为实现混杂纤维增强复合材料拉索的智能功能提供可靠的保证。

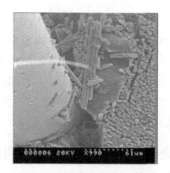

（a）光纤在整个断面中的整体结构微观图　　　（b）高放大倍数下光纤与环氧树脂及纤维的微观图

图 5-17　裸纤-复合材料弯曲断面微观形貌图

　　图 5-18 为智能拉索丝断面照片，从图中可以看到微型传感器位于智能拉索丝中间，微型传感器与复合材料本身黏结良好。图 5-19 为智能拉索丝断面微观形貌图。图 5-20 为智能拉索丝断面光纤微观形貌图，从图中可以看到光纤的直径约为 132μm，与光纤的理论直径 125μm 基本吻合；封装钢管的内径约为 301μm，与实际植入的微型传感器外径尺寸（0.31mm）吻合较好。图 5-21 为较高放大倍数下埋入微型传感器的智能拉索丝界面黏结形貌图，从图中可以看到光纤传感器和

复合材料的界面黏结良好。

图 5-18　智能拉索丝断面照片

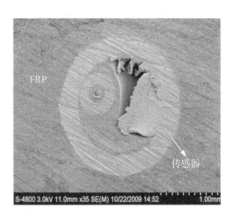

图 5-19　智能拉索丝断面微观形貌图

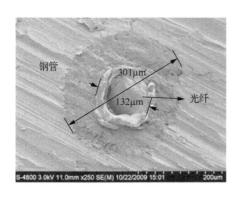

图 5-20　智能拉索丝断面光纤微观形貌图

图 5-21　微型传感器-复合材料界面微观形貌图

5.6　智能拉索丝的传感特性

5.6.1　试验系统

拉伸采用 MTS 液压伺服材料试验机，荷载精度为 0.0001kg。FBG 波长由光纤光谱分析仪进行测试，测试精度为 0.01nm。FBG 解调结构图如图 5-22 所示。

试验中埋入了四根裸 FBG，制作了三根 FRP-OFBG 智能拉索丝，其中一根杆件埋有两个 FBG，另外两根分别埋入一个 FBG。此外还埋入了两个微型化温度自补偿 FBG 传感器，制作了两根 FRP-OFBG 智能拉索丝。

每根拉索丝测试方法均相同，即宽带光源 BBS（1525～1575nm）发出的光经3dB 耦合器入射到 FBG 上，在持续加载的作用下，布拉格中心波长产生移位，负载光被 FBG 反射，再经耦合器导入光谱分析仪 OSA，在光谱分析仪中可监测出布拉格波长移动量。测试装置及试验现场如图 5-23 所示。本试验通过验证 FBG 波长与应变之间的关系，摸索出传感器的应变敏感特性，为后期的监测提供有力保证。

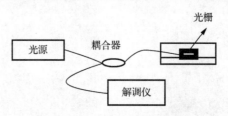

图 5-22　FBG 解调结构图

图 5-23　智能拉索丝的传感特性试验现场

5.6.2　传感特性分析

1. FBG 传感器成活情况

光纤由纤芯、包层、涂覆层构成，其中纤芯和包层是光纤的主体，约为 125μm。经涂覆以后，裸纤的直径是 250μm。同其他纤维和整个杆件的面积相比，光纤所占面积较小，不会对力学方面造成多大影响，但是由于光纤含量少，且比较脆弱，所以应注意其在其他纤维作用下的成活情况。光纤的正常使用及保存的外界条件为常压、温度为 0～80℃。而本试验 FBG 是在拉挤成型时在线复合，成型条件压力为 0.4～0.5MPa，温度为 160～170℃。在成型过程之中纤维挤压以及树脂固化变形都对裸露的 FBG 产生影响，甚至可以使其断裂，所以查看光纤是否有光路通过即成活情况十分必要。挤拉成型之后，采用光纤光谱仪检查制作的三根埋有 FBG 的混杂纤维增强复合材料智能拉索丝均有光信号通过，具体波长如图 5-24 所示。

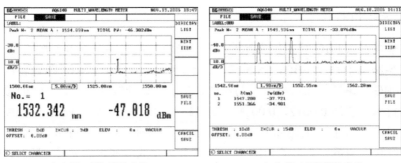

（a）第一根智能拉索丝　　　　　　　（b）第二根智能拉索丝

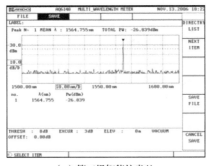

（c）第三根智能拉索丝

图 5-24　复合裸 FBG 的三根智能拉索丝的 FBG 光谱图

在埋入裸 FBG 的智能拉索丝中，其中第一根智能拉索丝中的光纤复用两个 FBG，而另外两根分别复用一个 FBG，从图 5-24 中可以看到其中一图出现两个波长峰值，另两图中分别出现单一峰值。制作的三根智能拉索丝埋入的四个传感器均有光信号。在埋入微型化 FBG 传感器中，每根中各有一个 FBG。从图 5-25 中可以看到，两根智能拉索丝中均有信号通过。因此，通过以上分析得知，在该工艺条件下 FBG 传感器的成活率较高。

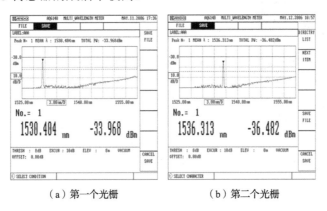

（a）第一个光栅　　　　　　　　　（b）第二个光栅

图 5-25　复合微型化传感器的智能拉索丝光谱图

2. 光纤 FBG 传感关系曲线

三根埋入裸 FBG 智能拉索丝的应变传感特性曲线如图 5-26～图 5-28 所示，其中图 5-26 含有两个 FBG，图 5-27、图 5-28 均含有一个 FBG。从试验结果可以看出，FBG 传感器的布拉格波长与应变均呈现良好的线性关系，曲线的拟合度很高，其斜率分别为 0.0012、0.0011、0.0011、0.00109。因此，FBG 应变灵敏度为 1.2pm/με、1.1pm/με、1.1pm/με、1.09pm/με，这与理论值 1.2pm/με 吻合得很好。这种良好线性关系，说明了 FBG 是一种十分理想的应变传感元件；同时，也说明该混杂纤维杆件中 FBG 可以精确地反映外部受力情况。

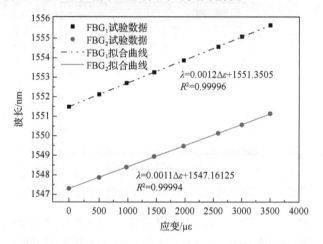

图 5-26　埋入裸 FBG 的第一根智能拉索丝的应变传感特性

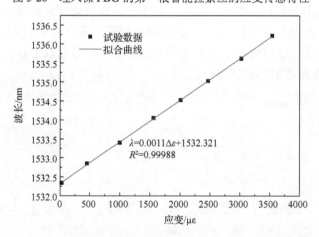

图 5-27　埋入裸 FBG 的第二根智能拉索丝的应变传感特性

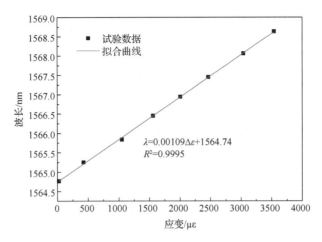

图 5-28　埋入裸 FBG 的第三根智能拉索丝的应变传感特性

　　两根埋入微型化温度自补偿应变传感器的智能拉索丝的应变传感特性曲线如图 5-29、图 5-30 所示。从试验结果可以看出，FBG 传感器的布拉格波长与应变均呈现良好的线性关系，曲线的拟合度很高，其斜率分别为 0.00135、0.0014。FBG 应变灵敏度为 1.35pm/με、1.4pm/με，与裸 FBG 的应变灵敏度相比有所提高，因此这种智能拉索丝具有一定的应变增敏作用。同时，这种良好线性关系，说明该混杂纤维杆件中 FBG 可以精确地反映外部受力情况。

　　试验结果证明，此种成型工艺适合研制具有自监测功能的混杂纤维增强复合材料拉索，该方法是可行的、有效的，且 FBG 传感器应变测量精度较高，适合斜拉索的应变监测。

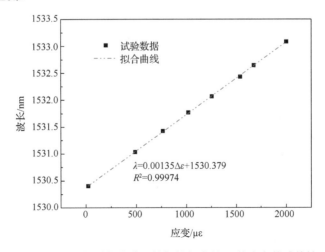

图 5-29　埋入微型化传感器的智能拉索丝 1#的应变传感特性

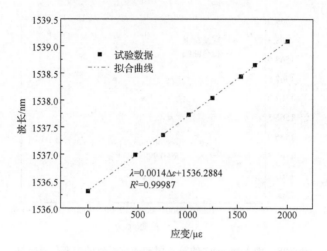

图 5-30　埋入微型化传感器的智能拉索丝 2#的应变传感特性

参 考 文 献

[1] 张佐光, 宋焕成. 混杂化是改善 CFRP 韧性的有效途径[J]. 北京航空航天大学学报, 1990, 4: 71-77.

[2] 王秋玲, 何州文, 张卓. 新型导线用碳纤维复合材料的拉挤成型工艺技术研究[J]. 工程塑料应用, 2010, 38(2): 33-35.

[3] 田谋锋, 谈娟娟, 王雷, 等. 新型拉挤酚醛树脂及其复合材料的性能研究[J]. 玻璃钢/复合材料, 2015(9): 77-82.

[4] 杨霜, 孙康, 吴人洁. 混杂纤维复合材料阻尼性能的研究[J]. 纤维复合材料, 2002, 19(1): 6-10.

[5] Bencomo-Cisneros J A, Tejeda-Ochoa A, García-Estrada J A, et al. Characterization of Kevlar-29 fibers by tensile tests and nanoindentation[J]. Journal of Alloys and Compounds, 2012, 536(S1): S456-S459.

[6] 何亚飞, 矫维成, 杨帆, 等. 树脂基复合材料成型工艺的发展[J]. 纤维复合材料, 2011, 28(2): 7-13.

第6章 基于智能支座的桥梁结构健康监测方法

6.1 概　　述

桥梁支座作为结构中重要的节点，常常发生支座受力不均或脱空病害，导致主梁内力、横梁内力、支座反力发生变化，改变了桥梁结构受力模式，损坏主梁、桥面和墩台。同时支座本身又是桥梁结构中易损伤却不宜修补的构件，损坏后通常需要重新更换，更换施工会影响或中断交通，造成经济损失和不良社会影响。因此，近年来桥梁支座由传统支座向具有感知功能与控制功能的智能支座方向发展，已逐渐成为国内外学术界和工程界的研究热点[1,2]。目前，依据支座结构主要分为具有感知功能的板式支座[3,4]、球形支座[5,6]和盆式橡胶支座[7-15]等；依据传感测试类型分为基于压电传感器的智能支座[7]、基于电阻应变片的智能支座[5,11,16,17]、基于纳米橡胶传感器的智能支座[5,11,17,18]和基于光纤传感器的智能支座[12,19,20]；依据传感器的放置位置可分为传感器内置式智能支座与外置式智能支座；依据测试物理参数可分为测力支座、测位移支座。针对力及位移（线位移、角位移）等测量参数，国内外学者提出了诸多思路。测力支座主要分为三种：第一种是均布式整体测力支座，它通过各种原理获得桥梁支座的整体应力；第二种是非均布式整体测力支座，它通过设立分立型传感器获得支座的整体受力；第三种是桥梁支座脱空测试方法。然而，现有的支座监测方法还无法反映支座的分布受力，也不能实现敏感元件与支座的有效融合。

此外，支座属于饼形结构，工作空间狭小，转角小（大概为 10^{-5}rad），应变小（约为几十个微应变），必须实现传感元件与支座的有效复合，提高支座转角和应变的测量精度。因此，针对桥梁球形支座监测中遇到的瓶颈问题，分析球形支座结构受力特性,阐述环向分布式光纤与球形支座复合工艺,同时基于分布式FBG传感测试技术，利用球形支座底座的环向应变实现球形支座的分布式竖向力和支座转角的测量，解决现有的支座监测方法存在的"瓶颈"问题。测力支座不仅能随时发现桥梁支座的问题，还能及时获知桥梁的信息，评估桥梁施工与使用的安全性，也可为桥梁支座更换与维护提供依据，减少经济损失和不良社会影响。

6.2　智能支座应变放大原理与结构设计

　　针对现有支座监测精度低、无法反映支座的分布受力和不能实现敏感元件与支座的有效融合等问题，本章提出一种将竖向应变转化为环向应变来进行测量的智能支座，使用变截面放大器来放大支座处的环向应变，支座产生的应变和支座直径大小有关，同时实现传感元件与支座的有效融合。

　　在变截面环向布设 FBG 传感器，传感器按变截面周长平均布设。波长分别为 $\lambda_1, \lambda_2, \cdots, \lambda_n$。以 1#FBG,2#FBG,$\cdots$,$n$#FBG 命名，在变截面处沿沟槽环绕变截面布设一圈 FBG 传感器，例如 n=4 时，如图 6-1 所示。

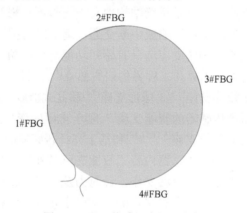

图 6-1　FBG 传感器布设示意图

注：这里 n=4，即环向布设 4 个 FBG 传感器

6.2.1　支座结构力学分析

　　球形支座的受力过程一般为：当支座承受竖向荷载时，支座受到垂向力的作用，力从上支座板传递到平面聚四氟乙烯板、球冠衬板和球面聚四氟乙烯板，最后到达下支座板，然后通过下支座板传递到底部的混凝土面；当支座承受水平荷载时，支座受到水平力的作用，力从支座的上支座板传递到支座的上部构件，最后由支座的下支座板传递到底部的混凝土面。

　　根据图 6-2 所示的球形支座的基本结构，可将应变传感器布设在上支座板或下支座板的环向位置上。

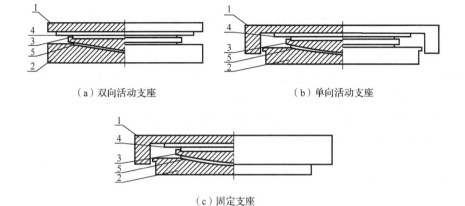

（a）双向活动支座　　　　　　　　（b）单向活动支座

（c）固定支座

图 6-2　球形支座基本结构示意图

注：1—上支座板；2—下支座板；3—球冠衬板；4—平面聚四氟乙烯板；5—球面聚四氟乙烯板

支座受到的压应力为

$$\sigma = \frac{4F}{\pi D^2} \tag{6-1}$$

支座产生的竖向应变为

$$\varepsilon = \frac{\sigma}{E} \tag{6-2}$$

由式（6-1）和式（6-2）可得

$$F = \frac{\pi D^2 E}{4}\varepsilon \tag{6-3}$$

式中，F 为支座受到的竖向力（N）；σ 为支座受到的压应力（Pa）；ε 为支座产生的竖向应变；E 为材料的弹性模量。又由泊松比公式得

$$\varepsilon' = \upsilon \times \varepsilon \tag{6-4}$$

式中，ε' 为径向应变；υ 为泊松比。又因为：

$$\varepsilon' = \frac{\Delta r}{r} \tag{6-5}$$

$$\varepsilon'' = \frac{2\pi(r+\Delta r) - 2\pi r}{2\pi r} = \frac{\Delta r}{r} = \varepsilon' \tag{6-6}$$

式中，Δr 为支座的径向伸长量（m）；r 为支座半径（m）；ε'' 为环向应变。所以，由式（6-6）得，支座的径向应变与环向应变数值上是相等的。

再将式（6-6）代入式（6-3）得

$$F = \frac{\pi D^2 E}{4\upsilon}\varepsilon'' \tag{6-7}$$

即得到了竖向力与环向应变的关系。

6.2.2　基于变截面的环向应变放大原理

由式（6-3）和式（6-7）对比可知，环向应变远小于竖向应变，因此在实际测量过程中，可采用基于变截面来放大球形支座产生的环向应变。支座产生的应变和支座的直径大小有关，在保证支座安全工作的前提下，适当改变支座某一部位的直径（图6-3），从而达到将应变放大的目的，可解决支座小应变无法测量的难题。球形支座的圆柱体部分变截面放大器简化模型如图6-3所示，其中 D 为截面直径较大部分的直径，d 为截面直径较小部分的直径。变截面的位置可以是上支座板和下支座板。

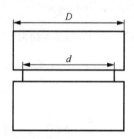

图 6-3　变截面放大器简化模型

球形支座的受力过程是力从上支座板传递到平面聚四氟乙烯板、球冠衬板和球面聚四氟乙烯板，然后到达下支座板，最后通过下支座板传递到底部的混凝土面。因此，当竖向力传递给变截面放大器结构时，由于应力集中效应，变截面结构会产生较大径向收缩效应，从而起到应变放大的效果。

6.2.3　变截面球形支座的结构设计

以型号为 TJQZ-8360-5000-0.2g-DX 小吨位铁路桥梁球形支座为例，如图6-4所示，设计变截面球形支座的基本结构。

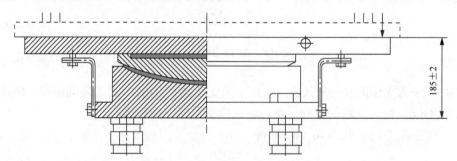

图 6-4　TJQZ-8360-5000-0.2g-DX 球形支座（单位：mm）

根据支座的型号，取竖向荷载为 5000kN 进行分析，根据铁路桥梁球形支座

（TJQZ）安装图规定，当加速度 $0.15g < A_g \leqslant 0.2g$ 时，对应的水平荷载为竖向荷载的 30%，即为 1500kN。

支座的设计转角为 0.02rad，且钢材的弹性模量是聚四氟乙烯板的 200 倍以上，因此可以假定支座是刚性的，球冠部分没有发生变形，可以忽略支座转动带来的影响，将铁路桥梁球形支座简化为图 6-5 来进行计算，即将支座的球冠部分简化。

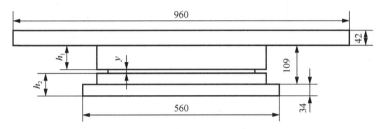

图 6-5　简化后的 TJQZ-8360-5000-0.2g-DX 球形支座（单位：mm）

图中，h_1 为变截面放大器距上支座板顶端的距离（m）；h_2 为变截面放大器距下支座板底部的距离（m）。

由于铁路桥梁球形支座同时受到竖向荷载和水平荷载，因此铁路桥梁球形支座的受力情况为压弯组合变形，从而得到下式：

$$\sigma_{\max} = \frac{4F_N}{\pi d^2} + \frac{F_s H}{W} \leqslant [\sigma] \qquad (6\text{-}8)$$

式中，$\sigma_{\max}$ 为支座受到的最大正应力（Pa）；F_N 为支座受到的竖向荷载（N）；d 为支座的直径（m）；F_s 为支座受到的水平荷载（N）；H 为水平荷载距下支座板的距离（m）；$[\sigma]$ 为 Q345 钢的许用应力；W 为抗弯截面系数。

球形支座的上支座板和下支座板的材料都为 Q345 钢，许用应力 $[\sigma]$=210MPa。将数据代入式（6-8）中，得到

$$\sigma_{\max} = \frac{4 \times 5000000}{\pi d^2} + \frac{1500000 \times 0.151 \times 32}{\pi d^3} \leqslant 210\text{MPa} \qquad (6\text{-}9)$$

从而求得

$$d \geqslant 0.267\text{m} = 267\text{mm}$$

在只考虑支座本身受力情况下，球形支座下支座板的最小直径 $d_{\min}$=267mm。

为确定桥梁球形支座变截面放大器厚度和高度位置，分成以下三种情况进行分析计算。

1. 变截面放大器位于最小弯矩处

当变截面放大器位于铁路桥梁球形支座的最上端时，变截面放大器距离支座上表面水平荷载的距离最小，受到的弯矩最小，如图 6-6 所示。由于变截面放大

器同时受到竖向荷载和水平荷载的作用，因此铁路桥梁球形支座的受力情况为压弯组合变形。

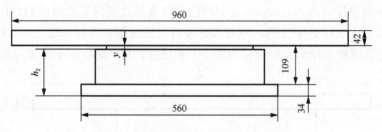

图 6-6 变截面位于最上端（单位：mm）

从而得到下式：

$$\sigma_{\max} = \frac{4F_N}{\pi d_{\min}^2} + \frac{F_s(0.042+y)}{W} \leqslant [\sigma] \tag{6-10}$$

式中，$d_{\min}$ 为支座的最小直径（m）；y 为变截面放大器的厚度（m）。将数据代入式（6-10）中得

$$\sigma_{\max} = \frac{5 \times 4000000}{\pi \times 0.267^2} + \frac{1500000 \times (0.042+y) \times 32}{\pi \times 0.267^3} \leqslant 210\text{MPa} \tag{6-11}$$

从而得到

$$y \leqslant 0.108\text{m} = 108\text{mm}$$

即变截面放大器的厚度不能大于 108mm。

2. 变截面放大器位于最大弯矩处

当变截面放大器位于铁路桥梁球形支座的最下端时，变截面放大器距离支座上表面水平荷载的距离最大，受到的弯矩最大，如图 6-7 所示。

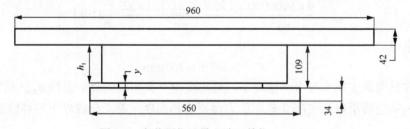

图 6-7 变截面位于最下端（单位：mm）

从而得到下式：

$$\sigma_{\max} = \frac{4F_N}{\pi d_{\min}^2} + \frac{F_s(0.042+0.109-y)}{W} \leqslant [\sigma] \tag{6-12}$$

将数据代入式（6-12）中得

$$\sigma_{\max} = \frac{4 \times 5000000}{\pi \times 0.267^2} + \frac{1500000 \times (0.042 + 0.109 - y) \times 32}{\pi \times 0.267^3} \leqslant 210\text{MPa} \qquad (6\text{-}13)$$

从而得到

$$y \geqslant 0.0006\text{m} = 0.6\text{mm}$$

即变截面放大器的厚度不能小于 0.6mm。

3. 变截面放大器位于球形支座的下部位置

一般情况下，变截面放大器位于铁路桥梁球形支座的下部位置，如图 6-8 所示。

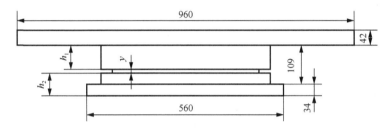

图 6-8 具有变截面放大器的桥梁球形支座（单位：mm）

从而得到下式：

$$\sigma_{\max} = \frac{4F_{\text{N}}}{\pi d_{\min}^2} + \frac{F_{\text{s}}(0.042 + h_1 + y)}{W} \leqslant [\sigma] \qquad (6\text{-}14)$$

将数据代入式（6-14）中得

$$\sigma_{\max} = \frac{4 \times 5000000}{\pi \times 0.267^2} + \frac{1500000 \times (0.042 + h_1 + y) \times 32}{\pi \times 0.267^3} \leqslant 210\text{MPa} \qquad (6\text{-}15)$$

从而得到

$$y + h_1 \leqslant 0.108\text{m} = 108\text{mm}$$

即一般情况下，变截面放大器距离上支座板顶端的距离不能大于 108mm。

6.3 球形支座的仿真分析

6.3.1 变截面放大器结构参数影响分析

利用 ANSYS 有限元软件进行数值模拟，对支座模型施加荷载，研究变截面的结构和材质等参数对光纤应变的影响。

1. 变截面放大器半径对光纤应变的影响

设定材料弹性模量为 2.1×10^5MPa、泊松比为 0.25、变截面距离底部距离为

33mm，在变截面放大器半径逐渐增大的过程中，变截面位置处的应变由压应变逐渐转变为拉应变，压缩效应逐渐减小，数值上压应变逐渐增大。保持变截面厚度不变，改变变截面的半径，得到应变情况如表 6-1 和图 6-9 所示。从图中可知，变截面放大器的应变随半径增大而增大，而且变截面放大器的应变为压缩应变。

表 6-1　变截面放大器半径对光纤应变的影响

变截面放大器半径/mm	厚度 5mm 应变/με	厚度 8mm 应变/με	厚度 10mm 应变/με	厚度 15mm 应变/με
25.00	−118	−63.7	−49.5	−35.2
30.00	−102	−48.1	−36.6	−27.4
35.00	−84.2	−37.5	−27.5	−14.9
40.00	−68.9	−34.5	−20.7	−9.84
45.00	−56	−30	−16.6	−5.85
50.00	−45.1	−25.1	−14.7	−2.67
55.00	−35.9	−20.3	−12.1	−0.007
60.00	−28	−15.8	−9.26	2.1
65.00	−21.4	−11.7	−6.43	3.74
70.00	14.2	−7.87	−3.65	4.58
75.00	13.8	−4.34	−0.955	5.10
80.00	13.3	−1.97	8.52	5.33
85.00	13.4	0.644	9.07	5.33
90.00	20.4	4.29	10.5	8.14
99.00	13.6	13.9	14.1	14.6

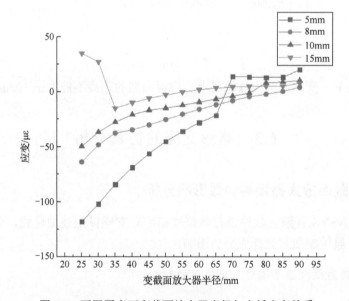

图 6-9　不同厚度下变截面放大器半径与光纤应变关系

2. 变截面放大器高度对光纤应变的影响

设定变截面放大器直径为 100mm、变截面厚度为 30mm,选取 Q345 和铝 7075 两种材质进行对比,通过改变变截面放大器的高度,分析应变的变化规律,得到结果如表 6-2 和图 6-10 所示。由图可知,随着变截面放大器高度的增高,应变先减小,但当变截面放大器高度过高时,应变变大。

表 6-2　变截面放大器高度对光纤应变的影响

变截面放大器高度/mm	Q345/με	铝 7075/με
33	20.2	127
44	15.7	116
55	7.97	95.4
66	12.4	113
77	7.56	57.6

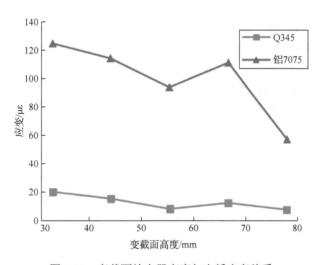

图 6-10　变截面放大器高度与光纤应变关系

3. 变截面厚度对光纤应变的影响

图 6-11 显示的是变截面放大器高度位置不变,不同直径下变截面厚度对应变的影响。由图中可知,随着变截面厚度的增加,压应变呈增加趋势。

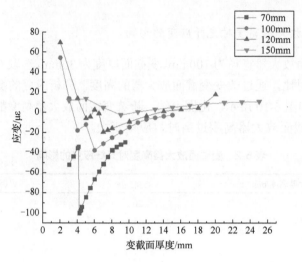

图 6-11　不同直径下变截面厚度对光纤应变的影响

4. 变截面放大器材料性能对光纤应变的影响

取变截面放大器高度为 33mm、变截面厚度为 8mm，模拟 Q345 和铝 7075 两种材质，其泊松比分别为 0.25、0.33，弹性模量分别为 $2.1×10^5$ MPa、$7.2×10^4$ MPa，分析材料性能对变截面放大器光纤应变的影响，如表 6-3 和图 6-12 所示。从图中可知，材料不同，变截面放大器处的光纤应变不同，Q345 大于铝 7075 变截面的"压缩效应"。

表 6-3　变截面放大器材料性能对光纤应变的影响

变截面放大器半径/mm	Q345/με	铝 7075/με
25.00	−63.7	64.8
30.00	−48.1	36.5
35.00	−37.5	22.9
40.00	−34.5	16.6
45.00	−30	7.75
50.00	−25.1	3.08
55.00	−20.3	3.27
60.00	−15.8	6.05
65.00	−11.7	10.2
70.00	−7.87	15
75.00	−4.34	45
80.00	−1.97	42.7
85.00	0.644	44.1
90.00	4.29	47.1

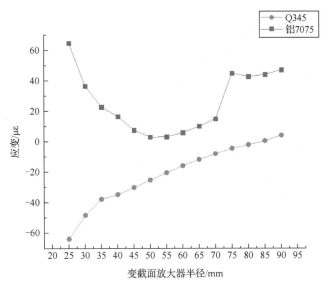

图 6-12　应变随材质变化规律图

综上所述，变截面放大器的环向应变与其半径、高度、厚度密切相关。同时，Q345 比铝 7075 更适合作为变截面材料使用。

6.3.2　竖向荷载下原尺寸球形支座的有限元分析

基于 TJQZ-8350-5000 球形支座，采用 ANSYS 有限元分析其受力情况。球形支座部件的材料组成如表 6-4 所示。

表 6-4　球形支座部件的材料组成

球形支座部件名称	材料名称
上支座板	Q345
平面不锈钢板	316
平面聚四氟乙烯板	聚四氟乙烯
球面钢衬板	Q345
球面不锈钢板	316
球面聚四氟乙烯板	聚四氟乙烯
下支座板	Q345

为了更贴合实际情况，得到的数据更加准确，在支座的上方添加了梁体，下方增加了墩台，梁体与墩台为混凝土 C50 材料。上述相关部件材料的具体数据如表 6-5 所示。

表 6-5 材料具体数据

材料	密度/(kg/m³)	弹性模量/MPa	泊松比
Q345	7850	206000	0.2
316	8030	200000	0.3
聚四氟乙烯	2200	280	0.4
混凝土 C50	2420	34500	0.2

在桥梁的实际运行中，支座会受到来自上部连接的桥梁的竖向力，进而会发生变形，支座最大的竖向力为 5000kN，对支座施加各种竖向力进行分析。

TJQZ-8350-5000 球形支座高度 H 为 185mm，查找相关文献可知，当上部梁体高度为 $3H$ 时，所得的相关数据与实际情况理论分析最为接近，故设计的梁体高度为 555mm，梁体与墩台的模型如图 6-13、图 6-14 所示，加上梁体和墩台的球形支座有限元模型如图 6-15 所示。

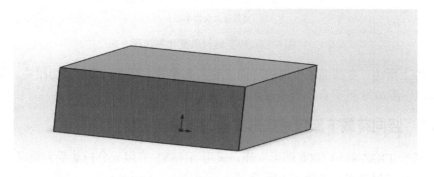

图 6-13　梁体模型

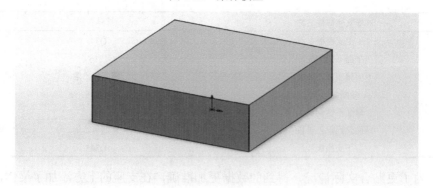

图 6-14　墩台模型

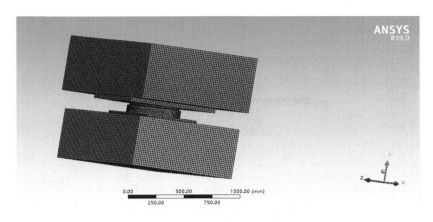

图 6-15　球形支座有限元模型

1. 球形支座整体的应力、应变、位移

当竖向均布荷载为 5000kN 时，从图 6-16 中可以看出，从支座整体来看，应力分布还是比较均匀的，没有出现两极分化严重的现象，图中的标签 Max 表示应力最大的位置在球面钢衬板的上部平面边缘部分，这个部分已经接触到了平面不锈钢板的下表面，最大应力为 78.898MPa。球面钢衬板上部的平面部分圆周内与上方平面不锈钢板之间还有平面聚四氟乙烯板起到了一定缓冲作用，这样内部应力相对来讲会小一些。

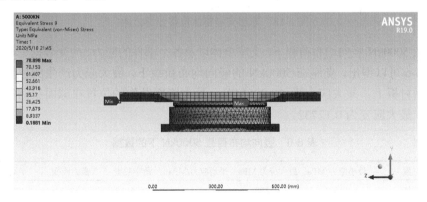

图 6-16　球形支座整体应力分布云图

从球形支座整体应变分布云图（图 6-17）可以得知，图中 Max 的标签在下支座板上部的边缘部分，即下支座板与球面钢衬板接触的位置，此处发生的应变最大，为 0.12732。并且可以看到在紧挨着上支座的下表面位置，应变比较大。由图 6-18 可以看出，整个上支座很明显地变成最大的位移，Max 标签指示的位置即最大位移处——上支座板的下表面，最大位移为 1.558mm。从上至下发生的位移逐渐变小。

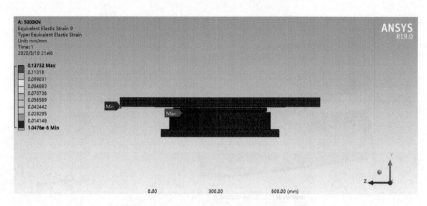

图 6-17　球形支座整体应变分布云图

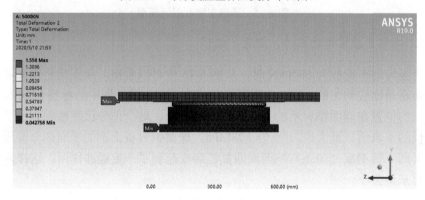

图 6-18　球形支座整体位移分布云图

　　在 5000kN 竖向均布荷载下,支座整体以及各个部件的应力、应变数据见表 6-6。由表 6-6 可以得出,支座在 5000kN 的竖向均布荷载下,最大应力产生的位置是在球面钢衬板上,最大应力为 78.898MPa。最大应变发生的位置在球面聚四氟乙烯板上,最大应变为 0.12732。

表 6-6　竖向均布荷载 5000kN 下的数据

位置	最小应力/MPa	最大应力/MPa	平均应力/MPa	最小应变	最大应变	平均应变
整体	0.1881	78.898	24.131	1.0476×10^{-6}	0.12732	5.4705×10^{-3}
上支座板	0.1881	51.256	19.185	1.0476×10^{-6}	3.5809×10^{-4}	1.0467×10^{-4}
不锈钢板	1.735	58.422	35.26	8.6748×10^{-6}	9.832×10^{-4}	2.3929×10^{-4}
平面聚四氟乙烯板	13.277	24.283	14.703	4.7421×10^{-2}	8.673×10^{-2}	5.402×10^{-2}
球面钢衬板	0.64947	78.898	29.215	1.3603×10^{-5}	4.183×10^{-4}	1.5086×10^{-4}
球面不锈钢板	1.3173	45.851	10.716	2.5217×10^{-5}	2.4608×10^{-4}	1.0742×10^{-4}
球面聚四氟乙烯板	13.159	35.651	15.756	4.7125×10^{-2}	0.12732	5.7783×10^{-2}
下支座板	0.24434	77.9	27.465	3.5461×10^{-6}	4.0396×10^{-4}	1.4015×10^{-4}

2. 球形支座部分部件的应力、应变、位移

上支座板应力、应变如图 6-19、图 6-20 所示。图 6-19 中显示的云图颜色呈环状，对照图中左侧颜色对应的应力来看，最外圈向内应力逐渐变大，达到最大值 51.256MPa，然后再向正中间逐渐变小。由图 6-20 可知，应变变化趋势和应力分布云图基本相似，只是数值变化差距小。同时，图中显示的云图变化颜色呈环状，对照图中左侧颜色对应应变来看，最外圈向内应变逐渐变大，达到最大值 0.00035809，然后再向正中间逐渐变小。

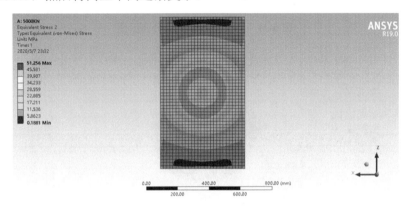

图 6-19　上支座板应力分布云图

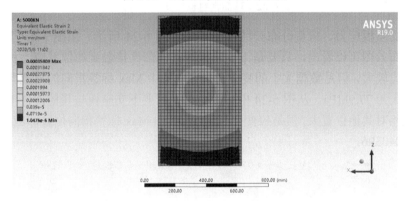

图 6-20　上支座板应变分布云图

球面钢衬板应力、应变分布云图如图 6-21、图 6-22 所示。如图 6-21 所示，应变分布云图颜色是一圈一圈的，对照图中应力来看，最外圈向内应力逐渐变大，达到最大值 78.898MPa，然后再向正中间渐渐又变小。图中应力的最大区域集中在聚四氟乙烯板的一圈边缘与球面钢衬板上部挨着的范围。由图 6-22 可知，应变分布云图颜色是一圈一圈的，对照图中左侧颜色对应的应变来看，最外圈向内应变逐渐变大，达到最大值 0.0004183，然后向正中间渐渐又变小。

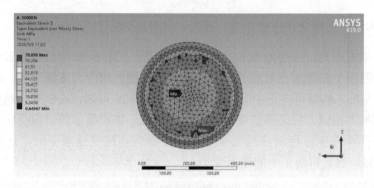

图 6-21　球面钢衬板应力分布云图

图 6-22　球面钢衬板应变分布云图

下支座板应力、应变分布云图如图 6-23、图 6-24 所示。由图 6-23 下支座板应力分布云图可以看出，只要是下支座板与其他部件接触到的位置应力相对其他位置都比较大，但是数据大小的变化比较小。其中 Max 标签指向的位置即应力最大，最大为 77.9MPa。从图 6-24 中可以看到，只要下支座板与其他部件接触的位置应变相对其他位置大，但是应变变化较小。其中 Max 标签指向位置即应变最大，为 0.00040396。

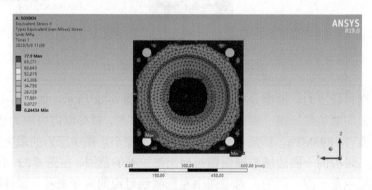

图 6-23　下支座板应力分布云图

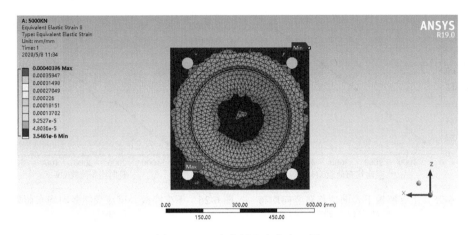

图 6-24　下支座板应变分布云图

3. 加载不同竖向均布荷载支座的变化

在梁体上方分别加载 500～5000kN 竖向均布荷载（分级荷载为 500kN），得到上支座板下表面位移和下支座板外壁应变数据如表 6-7 所示。上支座板下表面位移随竖向均布荷载的变化曲线和下支座板外壁应变随竖向均布荷载的变化曲线如图 6-25、图 6-26 所示。从图中可以看到，上支座板下表面位移随着竖向均布荷载变大，呈线性关系；下支座板外壁应变随着竖向均布荷载增大。

表 6-7　支座板下表面位移、外壁应变数据

竖向均布荷载/kN	上支座板的下表面位移/mm	下支座板的外壁应变
500	0.1557	1.5967×10^{-5}
1000	0.3116	3.1121×10^{-5}
1500	0.4673	5.4139×10^{-5}
2000	0.6231	7.4677×10^{-5}
2500	0.7786	7.5281×10^{-5}
3000	0.9346	1.0449×10^{-4}
3500	1.0902	1.1877×10^{-4}
4000	1.2461	1.3822×10^{-4}
4500	1.4018	1.5334×10^{-4}
5000	1.5575	1.8423×10^{-4}

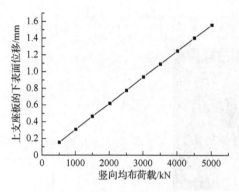

图 6-25　上支座板下表面位移随竖向均布
　　　　荷载的变化曲线

图 6-26　下支座板外壁应变随竖向均布荷载的
　　　　变化曲线

4. 竖向均布荷载下变截面结构球形支座的有限元分析

　　为了使环向应变增大,在球形支座的下支座板外壁开出一圈沟槽,带沟槽的下支座板如图 6-27 所示,梁体施加竖向均布荷载,球形支座有限元模型如图 6-28 所示。

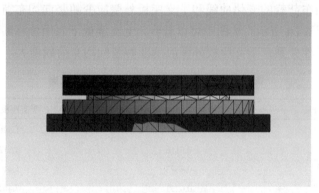

图 6-27　变截面的下支座板

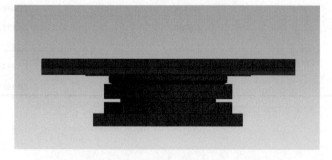

图 6-28　变截面结构的球形支座有限元模型

分别施加 500～5000kN 的竖向均布荷载（以 500kN 为分级荷载），球形支座的上支座板下表面位移和下支座板沟槽处应变如表 6-8 所示。

表 6-8　带沟槽 500～5000kN 竖向均布荷载

竖向均布荷载/kN	上支座板的下表面位移/mm	下支座板的沟槽处应变
500	1.4163	5.2902×10^{-5}
1000	1.7244	1.0439×10^{-4}
1500	1.9107	1.6553×10^{-4}
2000	2.1725	2.1151×10^{-4}
2500	2.3107	2.6675×10^{-4}
3000	2.7888	3.3285×10^{-4}
3500	2.8548	3.5782×10^{-4}
4000	3.0716	4.2931×10^{-4}
4500	3.2027	4.6931×10^{-4}
5000	3.4858	5.5876×10^{-4}

上支座板下表面位移随竖向均布荷载的变化曲线如图 6-29 所示，下支座板沟槽处应变随竖向均布荷载的变化曲线如图 6-30 所示。由图可知，上支座板下表面位移随着竖向均布荷载增大，下支座板的沟槽应变随着竖向均布荷载增大，相比原尺寸球形支座的相同位置的应变增大了。

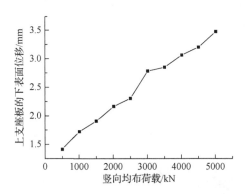

图 6-29　上支座板下表面位移随竖向均布荷载的变化曲线

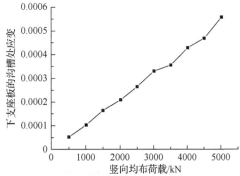

图 6-30　下支座板沟槽处应变随竖向均布荷载的变化曲线

6.3.3　压转荷载下原尺寸球形支座的有限元分析

实际桥梁中支座会发生转角，要求转角不超过 0.02rad，施加梯度荷载，使球形支座产生转角，进行有限元分析。

1. 7~21MPa 梯度荷载下球形支座有限元分析

运用 ANSYS 有限元对带梁体和墩体的 TJQZ-8350-5000 支座施加梯度荷载，如图 6-31 所示，使其产生转角，对其应力和应变的分布进行分析。

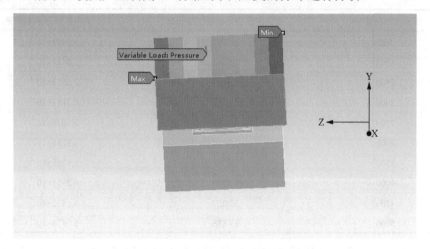

图 6-31 梯度荷载的球形支座模型

在带梁体和墩体的 TJQZ-8350-5000 球形支座的梁体上方施加 7~21MPa 的梯度荷载，支座整体的应力、应变、位移分布云图如图 6-32、图 6-33、图 6-34 所示。上支座板下表面最大位移为 34.717mm，最小位移为 21.732mm，位移差为 12.985mm。经计算得出发生转角为 0.01367rad（图 6-34）。距离底端 77mm 处的外壁左右两端应变分别是 4.502×10^{-4}、2.2181×10^{-4}，平均应变为：（4.502×10^{-4}+ 2.2181×10^{-4}）÷2=3.36×10^{-4}（图 6-35）。

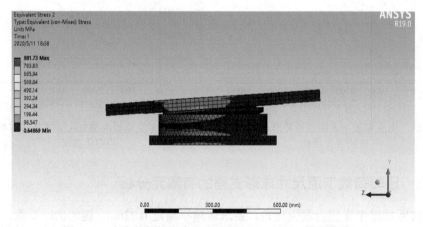

图 6-32 支座整体的应力分布云图（7~21MPa 梯度荷载）

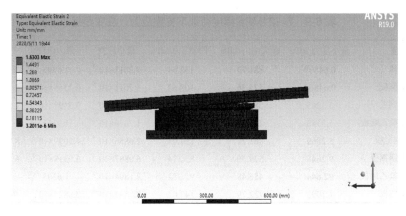

图 6-33　支座整体的应变分布云图（7～21MPa 梯度荷载）

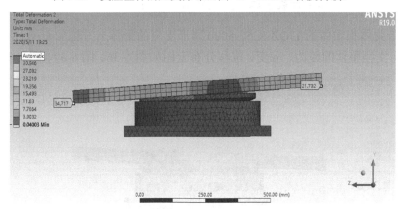

图 6-34　支座整体的位移分布云图（7～21MPa 梯度荷载）

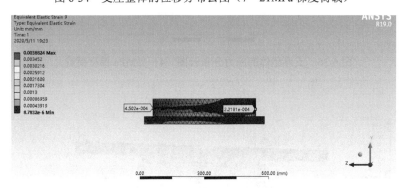

图 6-35　下支座板应变分布云图（7～21MPa 梯度荷载）

在 7～21MPa 梯度荷载下，支座整体以及各个部件应力、应变数据如表 6-9 所示。支座 7～21MPa 的梯度荷载下，最大应力位置在球面钢衬板上，值为 881.73MPa。最大应变位置在球面聚四氟乙烯板上，值为 1.6303。

表6-9　7～21MPa梯度荷载下支座应力、应变数据

位置	最小应力/MPa	最大应力/MPa	平均应力/MPa	最小应变	最大应变	平均应变
整体	0.64869	881.73	132.64	3.2011×10^{-6}	1.6303	2.896×10^{-2}
上支座板	0.64869	575.36	108.67	3.2011×10^{-6}	3.1369×10^{-3}	5.7374×10^{-4}
不锈钢板	3.3365	586.15	189.43	2.0573×10^{-5}	7.3497×10^{-3}	1.3377×10^{-3}
平面聚四氟乙烯板	1.3143	289.79	68.435	1.7879×10^{-2}	1.0351	0.2569
球面钢衬板	5.2869	881.73	157.03	2.6856×10^{-5}	4.5099×10^{-3}	8.2578×10^{-4}
球面不锈钢板	9.2648	578.59	85.314	6.0887×10^{-5}	3.0313×10^{-3}	6.8236×10^{-4}
球面聚四氟乙烯板	22.644	456.48	92.782	8.1894×10^{-2}	1.6303	0.33969
下支座板	1.1993	722.79	147.83	8.7832×10^{-6}	3.8824×10^{-3}	7.543×10^{-4}

2. 4～12MPa梯度荷载下球形支座有限元分析

在带梁体和墩体的TJQZ-8350-5000球形支座的梁体上方施加4～12MPa的梯度荷载，支座整体的应力、应变、位移分布云图如图6-36、图6-37、图6-38所示。

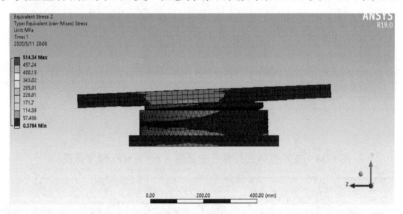

图6-36　支座整体的应力分布云图（4～12MPa梯度荷载）

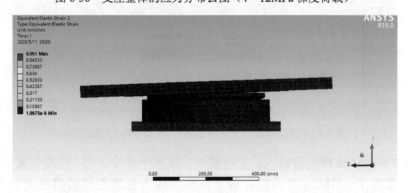

图6-37　支座整体的应变分布云图（4～12MPa梯度荷载）

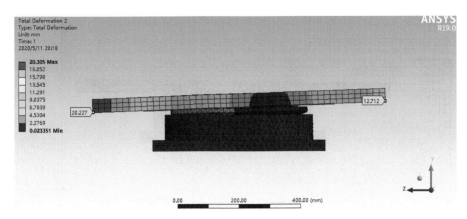

图 6-38　支座整体的位移分布云图（4～12MPa 梯度荷载）

如图 6-38 所示，上支座板下表面最大位移为 20.227mm，最小位移为 12.712mm，位移差为 7.515mm。经计算得出发生转角为 0.0079rad。距离底端 77mm 处的外壁左右两端的应变分别是 2.6794×10^{-4}、7.2382×10^{-5}，平均应变为 1.70161×10^{-4}（图 6-39）。

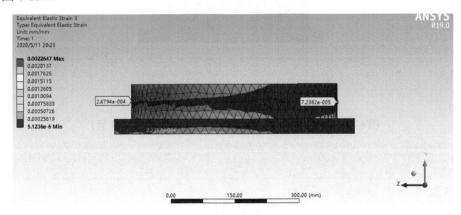

图 6-39　下支座板应变分布云图（4～12MPa 梯度荷载）

3. 2～6MPa 梯度荷载下球形支座有限元分析

在带梁体和墩体的 TJQZ-8350-5000 球形支座的梁体上方施加 2～6MPa 的梯度荷载，支座整体的应力、应变、位移分布云图如图 6-40、图 6-41、图 6-42 所示。上支座板下表面最大位移为 9.7194mm，最小位移为 6.0089mm，位移差为 3.7105mm。经计算得出发生转角为 0.0039rad（图 6-42）。距离底端 77mm 处的外壁左右两端应变分别是 1.1991×10^{-4}、6.0868×10^{-5}，平均应变为 9.0389×10^{-5}（图 6-43）。

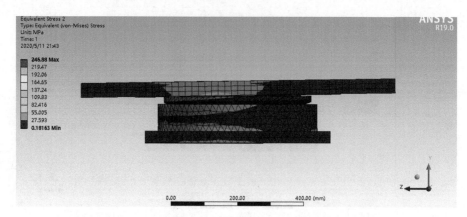

图 6-40　支座整体的应力分布云图（2~6MPa 梯度荷载）

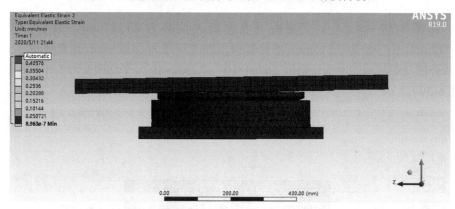

图 6-41　支座整体的应变分布云图（2~6MPa 梯度荷载）

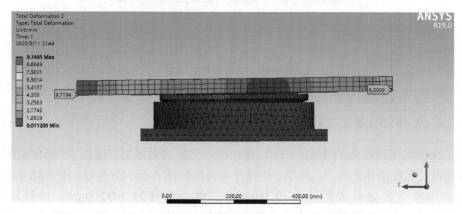

图 6-42　支座整体的位移分布云图（2~6MPa 梯度荷载）

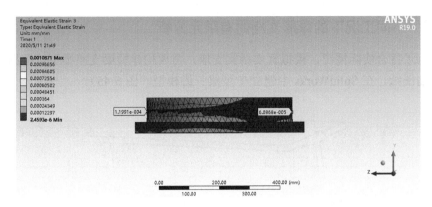

图 6-43　下支座板应变分布云图（2～6MPa 梯度荷载）

　　类似地，分析得到其他不同梯度载荷下的球形支座转角和下支座板两端的平均应变结果并整理，如表 6-10 所示。球形支座发生的转角随下支座板外壁平均应变的变化曲线如图 6-44。球形支座转角随着下支座板外壁两端的平均应变的增大而变大。

表 6-10　球形支座的转角和下支座板两端的平均应变

梯度荷载/MPa	转角/rad	平均应变
2～6	0.0039	9.0389×10^{-5}
3～9	0.0057	1.1242×10^{-4}
4～12	0.0079	1.70161×10^{-4}
5～15	0.0095	1.9866×10^{-4}
6～18	0.01139	2.2656×10^{-4}
7～21	0.01367	3.36×10^{-4}

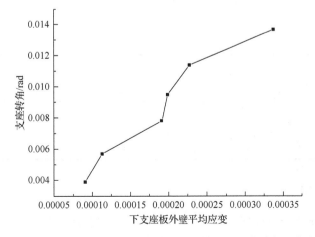

图 6-44　球形支座的转角随下支座板外壁平均应变的变化曲线

6.3.4　不同工况下的球形支座的有限元分析

为了符合实际情况，模拟真实桥梁支座，需要构建桥梁支座模型，根据 T 型梁截面图纸，在 SolidWorks 中建立 T 型梁三维模型（图 6-45）。

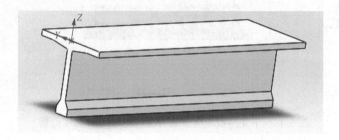

图 6-45　T 型梁三维模型图

图 6-46 为桥梁支座三维模型图，图中左端为固定支座，右端为活动支座。本节下面所有图左边均为固定支座，右边均为活动支座。

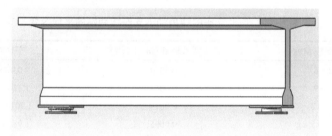

图 6-46　桥梁支座三维模型图

桥梁支座模型分为以下五种工况，见表 6-11。

表 6-11　T 型梁桥梁支座模型五种工况

第一种	第二种	第三种	第四种			第五种		
			工况 1	工况 2	工况 3	工况 1	工况 2	工况 3
固定支座水平力：200kN	活动支座水平力：200kN	横桥向水平力：200kN	固定支座水平力：200kN，梁顶端竖向力：3768kN	活动支座水平力：200kN，梁顶端竖向力：3768kN	横桥向水平力：200kN，梁顶端竖向力：3768kN	固定支座水平力：250kN，梁顶端竖向力：5000kN	活动支座水平力：250kN，梁顶端竖向力：5000kN	横桥向水平力：250kN，梁顶端竖向力：5000kN

1. 第一种工况

将桥梁支座模型的材料设置好，对此时的接触设置如下。

活动支座的平面聚四氟乙烯板和不锈钢板之间、球面不锈钢板和球面聚四氟乙烯板之间为 Frictional（摩擦接触），摩擦系数为 0.03。其他部件之间均为 Bonded（粘接接触）。固定支座部件之间都为 Bonded，两个支座和桥梁之间为 Bonded。

之后，进行自动划分网格，在桥梁固定支座端施加 200kN 的水平力，固定支座和活动支座的下支座板固定，对桥梁及支座所施加的荷载及约束图见图 6-47，得到固定支座和活动支座的应力图、应变图和位移图。

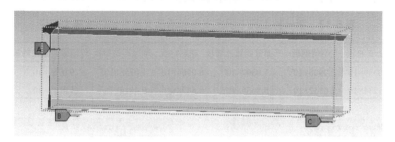

图 6-47　第一种工况约束图

第一种工况下固定支座和活动支座各部件的最大应力见表 6-12。由表可知，固定支座的最大应力产生的部件是不锈钢板，最大应力为 52.803MPa；活动支座的最大应力产生部件也是不锈钢板，最大应力为 4.1643MPa。固定支座和活动支座下支座板的应力分布云图见图 6-48，可知固定支座下支座板应力最大部件在中部靠近受力部位，活动支座下支座板的应力分布比较均匀。

表 6-12　第一种工况下固定支座和活动支座各部件的最大应力　　单位：MPa

	上支座板	不锈钢板	平面聚四氟乙烯板	球冠衬板	球面不锈钢板	球面聚四氟乙烯板	下支座板
固定支座	4.0754	52.803	8.7611	12.462	20.186	7.7104	6.1592
活动支座	2.3066	4.1643	0.49858	1.0667	1.0897	1.1837	0.75137

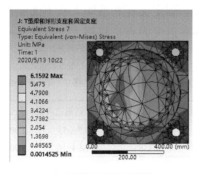

（a）固定支座下支座板

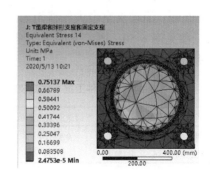

（b）活动支座下支座板

图 6-48　第一种工况下固定支座和活动支座下支座板的应力分布云图

第一种工况下固定支座和活动支座各部件的最大应变见表 6-13。由表可知，固定支座的最大应变出现在平面聚四氟乙烯板上，最大应变为 1.0307×10^{-2}；活动支座最大应变出现在球面聚四氟乙烯板上，最大应变为 1.4049×10^{-3}。固定支座和活动支座下支座板应变分布云图如图 6-49 所示，可以观察到固定支座最大应变分布在中部靠近受力端，应变从中间到四周逐渐变小。

表 6-13　第一种工况下固定支座和活动支座各部件的最大应变

	上支座板	不锈钢板	平面聚四氟乙烯板	球冠衬板	球面不锈钢板	球面聚四氟乙烯板	下支座板
固定支座	2.0359×10^{-5}	2.9908×10^{-4}	1.0307×10^{-2}	6.0566×10^{-5}	1.0756×10^{-4}	9.0759×10^{-3}	3.0021×10^{-5}
活动支座	1.1234×10^{-5}	2.0852×10^{-5}	5.8656×10^{-4}	6.4898×10^{-6}	9.4515×10^{-6}	1.4049×10^{-3}	3.6778×10^{-6}

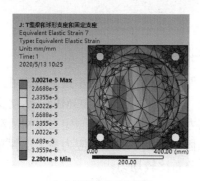

（a）固定支座下支座板　　　　　　　　（b）活动支座下支座板

图 6-49　第一种工况下固定支座和活动支座下支座板的应变分布云图

第一种工况下固定支座和活动支座各部件的最大位移见表 6-14。由表可知，固定支座和活动支座的最大位移都出现在上支座板上，固定支座最大位移为 0.67832mm，活动支座最大位移为 1.3686mm。固定支座和活动支座下支座板位移分布云图见图 6-50，固定支座下支座板中部靠近受力点位移最大，活动支座为中部远离受力端位移最大。

表 6-14　第一种工况下固定支座和活动支座各部件的最大位移　　单位：mm

	上支座板	不锈钢板	平面聚四氟乙烯板	球冠衬板	球面不锈钢板	球面聚四氟乙烯板	下支座板
固定支座	0.67832	0.65326	0.57524	0.32708	0.31539	0.26053	2.0027×10^{-2}
活动支座	1.3686	1.3519	1.009	1.0357	1.0358	4.8994×10^{-2}	5.9008×10^{-4}

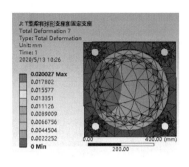 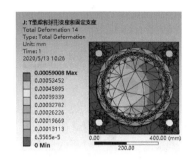

（a）固定支座下支座板　　　　　　　（b）活动支座下支座板

图 6-50　第一种工况下固定支座和活动支座下支座板的位移分布云图

2. 第二种工况

第二种工况采用和第一种工况相同的接触方式，约束方式为：T 型梁受到 200kN 的水平力，方向在活动支座端，固定支座和活动支座的下支座板固定。约束图见图 6-51，计算得到固定支座和活动支座的应力、应变和位移分布云图。

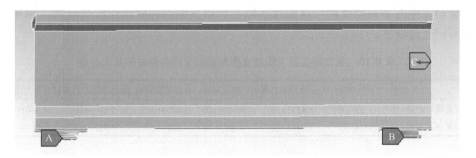

图 6-51　第二种工况约束图

第二种工况下固定支座和活动支座各部件的最大应力见表 6-15。由表可知，固定支座的最大应力产生的部件是不锈钢板，应力为 669.06MPa，活动支座的最大应力产生的部件是球面不锈钢板，最大应力为 4.2322MPa。图 6-52 是固定支座和活动支座的应力分布云图，观察应力分布云图可以看到下支座板和球面聚四氟乙烯板接触边缘部位应力最大，中间逐渐减小，下支座板底板四周应力最小。活动支座的应力普遍小于固定支座，规律与固定支座类似。

表 6-15　第二种工况下固定支座和活动支座各部件的最大应力　　　单位：MPa

	上支座板	不锈钢板	平面聚四氟乙烯板	球冠衬板	球面不锈钢板	球面聚四氟乙烯板	下支座板
固定支座	90.095	669.06	46.079	202.11	114.73	80.803	60.845
活动支座	6.4077×10^{-2}	3.7382×10^{-2}	3.2724×10^{-3}	0.69605	4.2322	0.49596	9.6764×10^{-6}

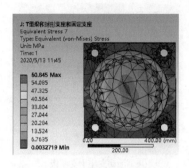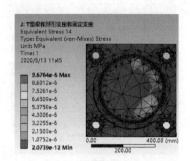

（a）固定支座下支座板　　　　　　（b）活动支座下支座板

图 6-52　第二种工况下固定支座 A 和活动支座 B 的应力分布云图

第二种工况下固定支座和活动支座各部件的最大应变见表 6-16。由表可知，固定支座和活动支座的最大应变都出现在球面聚四氟乙烯板上，固定支座的最大应变为 9.5076×10^{-2}，活动支座最大应变为 5.9221×10^{-4}。固定支座和活动支座下支座板的应变分布云图见图 6-53，可以观察到应变分布和应力分布类似，固定支座和活动支座的下支座板均与球面聚四氟乙烯板接触的边缘部位应变最大，越接近中部应变越减小。

表 6-16　第二种工况下固定支座和活动支座各部件的最大应变

	上支座板	不锈钢板	平面聚四氟乙烯板	球冠衬板	球面不锈钢板	球面聚四氟乙烯板	下支座板
固定支座	4.4589×10^{-4}	3.3725×10^{-3}	5.4215×10^{-2}	9.9636×10^{-4}	8.0754×10^{-4}	9.5076×10^{-2}	3.0401×10^{-4}
活动支座	4.1938×10^{-7}	1.8716×10^{-7}	3.9452×10^{-6}	4.0087×10^{-6}	2.82×10^{-5}	5.9221×10^{-4}	6.1436×10^{-11}

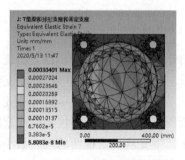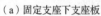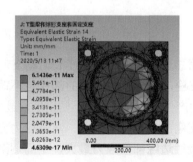

（a）固定支座下支座板　　　　　　（b）活动支座下支座板

图 6-53　第二种工况下固定支座和活动支座下支座板的应变分布云图

第二种工况下固定支座和活动支座的各部件的最大位移见表 6-17。由表可知，固定支座和活动支座最大位移都是出现在上支座板上，固定支座上支座板最大位移为 8.5849mm，活动支座上支座板的最大位移为 12.2468mm。图 6-54 为固定支座和活动支座下支座板位移分布云图，固定支座下支座板位移左右对称，活动支座下支座板和球面聚四氟乙烯板接触靠近受力边缘部位位移最大，到中心逐渐减小。

表 6-17　第二种工况下固定支座和活动支座的各部件的最大位移　　　单位：mm

	上支座板	不锈钢板	平面聚四氟乙烯板	球冠衬板	球面不锈钢板	球面聚四氟乙烯板	下支座板
固定支座	8.5849	3.9232	2.5748	2.3484	2.3117	1.0582	5.4673×10^{-2}
活动支座	12.2468	9.2468	8.6656	9.4597	9.491	1.4974×10^{-2}	2.7977×10^{-9}

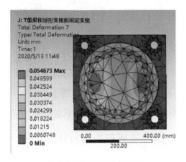 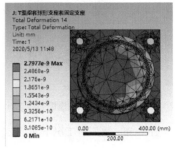

（a）固定支座下支座板　　　　　　（b）活动支座下支座板

图 6-54　第二种工况下固定支座和活动支座下支座板的位移分布云图

3. 第三种工况

第三种工况固定支座和活动支座的接触方式与前两种工况相同，约束条件如图 6-55 所示，固定支座和活动支座的下支座板底部固定，T 型梁横桥向方向受到 200kN 的水平力，方向在固定支座端，计算得到固定支座和活动支座的应力、应变和位移分布云图。

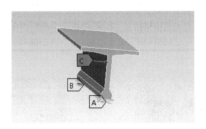

图 6-55　第三种工况约束图

固定支座和活动支座的各部件最大应力见表 6-18。由表可知，固定支座的最大应力出现在不锈钢板上，最大应力为 602.06MPa，活动支座的最大应力出现在球面不锈钢板上，最大应力为 13.235MPa。图 6-56 为固定支座和活动支座下支座板的应力分布云图，可以发现下支座板与球面滑板接触的周围应力大，到中心越来越小。

表 6-18　　第三种工况下固定支座和活动支座的各部件的最大应力　　单位：MPa

	上支座板	不锈钢板	平面聚四氟乙烯板	球冠衬板	球面不锈钢板	球面聚四氟乙烯板	下支座板
固定支座	111.72	602.06	139.71	189.99	474.24	161.44	172.94
活动支座	0.76224	0.59402	1.8344×10^{-2}	2.7573	13.235	0.44453	9.0706×10^{-2}

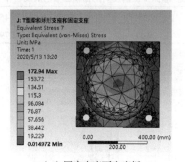 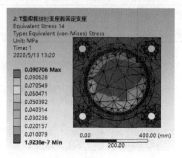

（a）固定支座下支座板　　　　　　　　　（b）活动支座下支座板

图 6-56　第三种工况下固定支座和活动支座下支座板的应力分布云图

　　第三种工况下固定支座和活动支座各部件的最大应变见表 6-19。由表可知，固定支座和活动支座最大应变都出现在球面聚四氟乙烯板上，固定支座为 0.18998，活动支座为 5.3044×10^{-4}。两种支座下支座板的应变分布云图如图 6-57 所示，可以看到固定支座应变分布比较有规律，由中心向外部逐渐变大；活动支座应变分布云图分布大致与固定支座相同，对称性交叉，中间靠上的应变较小，与球面聚四氟乙烯板接触的右下角部位应变较大。

表 6-19　　第三种工况下固定支座和活动支座各部件的最大应变

	上支座板	不锈钢板	平面聚四氟乙烯板	球冠衬板	球面不锈钢板	球面聚四氟乙烯板	下支座板
固定支座	5.5658×10^{-4}	4.5856×10^{-3}	0.16436	9.3072×10^{-4}	2.4997×10^{-3}	0.18998	8.4953×10^{-4}
活动支座	3.7023×10^{-6}	2.978×10^{-6}	2.1581×10^{-5}	1.6548×10^{-5}	8.3306×10^{-5}	5.3044×10^{-4}	4.8665×10^{-7}

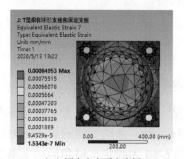 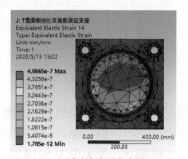

（a）固定支座下支座板　　　　　　　　　（b）活动支座下支座板

图 6-57　第三种工况下固定支座和活动支座下支座板的应变分布云图

第三种工况下固定支座和活动支座各部件的最大位移见表 6-20。由表可知，固定支座和活动支座的最大位移都出现在上支座板上，固定支座上支座板最大位移为 13.487mm，活动支座上支座板最大位移为 15.624mm。图 6-58 是固定支座和活动支座下支座板的位移分布云图，固定支座的位移分布云图规律很明显，从中间到四周位移越来越大。活动支座下支座板的位移规律分布不对称，但规律和固定支座差不多。

表 6-20　第三种工况下固定支座和活动支座各部件的最大位移　　单位：mm

	上支座板	不锈钢板	平面聚四氟乙烯板	球冠衬板	球面不锈钢板	球面聚四氟乙烯板	下支座板
固定支座	13.487	5.6387	4.4163	3.2101	3.1365	2.3332	0.30572
活动支座	15.624	13.78	12.272	12.78	12.816	1.6365×10^{-2}	3.0102×10^{-5}

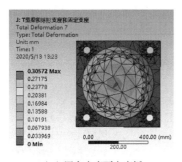
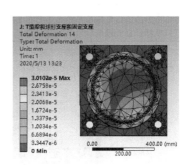

（a）固定支座下支座板　　　　　　　　　　（b）活动支座下支座板

图 6-58　第三种工况下固定支座和活动支座下支座板的位移分布云图

4. 第四种工况

第四种工况分为三种：第一种为 T 型梁固定支座端加 200kN 水平力，上截面加 3768kN 的竖向力；第二种为 T 型梁活动支座端加 200kN 水平力，上截面加 3768kN 的竖向力；第三种是 T 型梁横桥向加 200kN 的水平力，上截面加 3768kN 的竖向力。下面分别对三种工况下的支座各部件进行应力、应变和位移的计算。

1）工况 1

工况 1 的接触方式与前三种工况相同，约束图见图 6-59。固定支座和活动支座各部件的最大应力见表 6-21，两种支座的最大应力都是出现在不锈钢板上，固定支座为 379MPa，活动支座为 169.65MPa。图 6-60 为该工况下两种支座下支座板的应力分布云图。固定支座的应力分布规律为下支座板和球面聚四氟乙烯板接触部分中间部位最小，越靠近接触边缘越大，活动支座规律与固定支座相反。

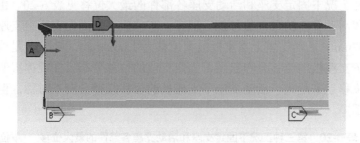

图 6-59　第四种工况 1 约束图

表 6-21　第四种工况 1 下固定支座和活动支座各部件的最大应力　　单位：MPa

	上支座板	不锈钢板	平面聚四氟乙烯板	球冠衬板	球面不锈钢板	球面聚四氟乙烯板	下支座板
固定支座	84.625	379	9.8803	97.818	93.854	21.356	23.411
活动支座	79.891	169.65	23.057	44.285	29.323	17.293	25.651

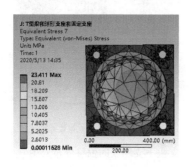
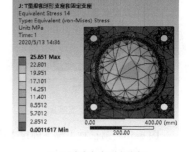

（a）固定支座下支座板　　　　　　（b）活动支座下支座板

图 6-60　第四种工况 1 下固定支座和活动支座下支座板的应力分布云图

　　固定支座和活动支座各部件的最大应变见表 6-22。由表可知，固定支座的最大应变出现在球面聚四氟乙烯板上，为 2.5135×10^{-2}，活动支座的最大应变出现在平面聚四氟乙烯板上，为 2.7127×10^{-2}。图 6-61 是固定支座和活动支座下支座板的应变分布云图，分布和应力类似。

表 6-22　第四种工况 1 下固定支座和活动支座各部件的最大应变

	上支座板	不锈钢板	平面聚四氟乙烯板	球冠衬板	球面不锈钢板	球面聚四氟乙烯板	下支座板
固定支座	4.1241×10^{-4}	1.9095×10^{-3}	1.1624×10^{-2}	4.7496×10^{-4}	5.8102×10^{-4}	2.5135×10^{-2}	1.1539×10^{-4}
活动支座	3.909×10^{-4}	8.4934×10^{-4}	2.7127×10^{-2}	2.2127×10^{-4}	1.6877×10^{-4}	2.0346×10^{-2}	1.2539×10^{-4}

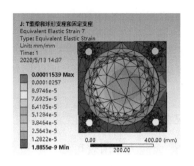 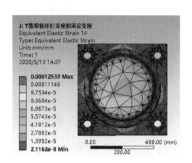

（a）固定支座下支座板　　　　　　　　（b）活动支座下支座板

图 6-61　第四种工况 1 下固定支座和活动支座下支座板的应变分布云图

固定支座和活动支座各部件的最大位移见表 6-23，两种支座最大位移分别为 2.3966mm、2.2496mm，都出现在上支座板上。图 6-62 为固定支座和活动支座下支座板位移分布云图，两种支座位移分布很规律，中间部位最大，四周逐渐减小。

表 6-23　第四种工况 1 下固定支座和活动支座各部件最大位移　　　单位：mm

	上支座板	不锈钢板	平面聚四氟乙烯板	球冠衬板	球面不锈钢板	球面聚四氟乙烯板	下支座板
固定支座	2.3966	1.9941	1.5276	1.2367	1.2325	0.63099	2.6134×10^{-2}
活动支座	2.2496	2.1078	0.82185	0.33671	0.33841	0.73717	2.4129×10^{-2}

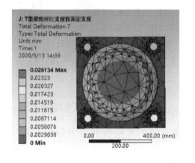 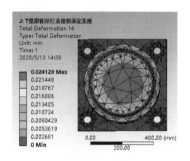

（a）固定支座下支座板　　　　　　　　（b）活动支座下支座板

图 6-62　第四种工况 1 下固定支座和活动支座下支座板的位移分布云图

2）工况 2

工况 2 水平力 200kN（活动端），竖向力 3768kN，接触方式设置与工况 1 相同，计算各部件的应力、应变和位移。工况约束图如图 6-63 所示。

图 6-63　第四种工况 2 约束图

　　表 6-24 为固定支座和活动支座各部件的最大应力。由表可知,两种支座最大应力均出现在不锈钢板上,固定支座最大应力为 421.23MPa,活动支座最大应力为 161.43MPa。图 6-64 为固定支座和活动支座下支座板的应力分布云图,与第四种工况 1 应力分布云图分布规律相似。

表 6-24　第四种工况 2 下固定支座和活动支座各部件最大应力　　　单位:MPa

	上支座板	不锈钢板	平面聚四氟乙烯板	球冠衬板	球面不锈钢板	球面聚四氟乙烯板	下支座板
固定支座	94.992	421.23	11.542	94.872	111.77	25.227	23.719
活动支座	76.274	161.43	21.859	42.138	27.802	16.458	24.502

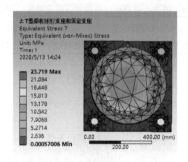

（a）固定支座下支座板

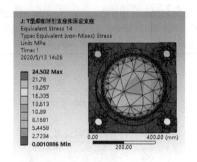

（b）活动支座下支座板

图 6-64　第四种工况 2 下固定支座和活动支座下支座板的应力分布云图

　　固定支座和活动支座各部件最大应变见表 6-25,固定支座最大应变出现在球面聚四氟乙烯板上,为 2.9685×10^{-2},活动支座最大应变出现在平面聚四氟乙烯板上,为 2.5717×10^{-2}。图 6-65 为固定支座和活动支座下支座板的应变分布云图,与第四种工况 1 应变分布云图规律类似。

表 6-25　第四种工况 2 下固定支座和活动支座各部件最大应变

	上支座板	不锈钢板	平面聚四氟乙烯板	球冠衬板	球面不锈钢板	球面聚四氟乙烯板	下支座板
固定支座	4.6305×10^{-4}	2.1216×10^{-3}	1.358×10^{-2}	4.8382×10^{-4}	5.876×10^{-4}	2.9685×10^{-2}	1.1675×10^{-4}
活动支座	3.7316×10^{-4}	8.0815×10^{-4}	2.5717×10^{-2}	2.1056×10^{-4}	1.6057×10^{-4}	1.9363×10^{-2}	1.1977×10^{-4}

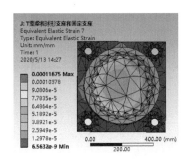　　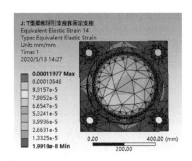

（a）固定支座下支座板　　　　　　　　　（b）活动支座下支座板

图 6-65　第四种工况 2 下固定支座和活动支座下支座板的应变分布云图

　　固定支座和活动支座各部件最大位移见表 6-26，最大位移均出现在上支座板，固定支座上支座板最大位移为 2.3877mm，活动支座上支座板最大位移为 1.9231mm。图 6-66 为固定支座和活动支座下支座板的位移分布云图，与第四种工况 1 位移分布云图规律类似。

表 6-26　第四种工况 2 下固定支座和活动支座各部件最大位移　　单位：mm

	上支座板	不锈钢板	平面聚四氟乙烯板	球冠衬板	球面不锈钢板	球面聚四氟乙烯板	下支座板
固定支座	2.3877	1.9902	1.5072	1.2035	1.2006	0.62055	3.0165×10^{-2}
活动支座	1.9231	1.7632	0.78902	0.32298	0.32451	0.72356	2.3059×10^{-2}

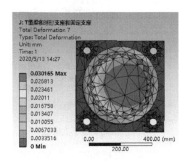　　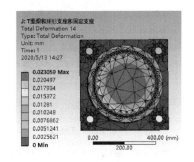

（a）固定支座下支座板　　　　　　　　　（b）活动支座下支座板

图 6-66　第四种工况 2 下固定支座和活动支座下支座板的位移分布云图

　　3）工况 3

　　工况 3 横桥向水平力 200kN，竖向力 3768kN，接触方式设置与工况 1 相同。工况约束图如图 6-67 所示。

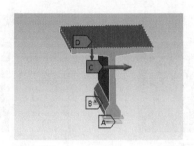

图 6-67　第四种工况 3 约束图

　　从表 6-27 中可以看到，固定支座最大应力出现在不锈钢板上，最大应力为 473.18MPa，活动支座的最大应力也出现在不锈钢板处，最大应力为 204.07MPa。图 6-68 为固定支座和活动支座下支座板的应力分布云图。固定支座和活动支座的整体应力为中间小，向四周逐渐变大，远离受力部位的应力略大。

表 6-27　第四种工况 3 下固定支座和活动支座各部件的最大应力　　　单位：MPa

	上支座板	不锈钢板	平面聚四氟乙烯板	球冠衬板	球面不锈钢板	球面聚四氟乙烯板	下支座板
固定支座	156.14	473.18	66.999	156.21	251.57	87.21	74.089
活动支座	93.142	204.07	49.884	62.271	34.795	29.471	34.795

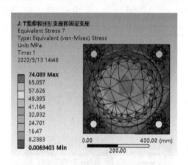
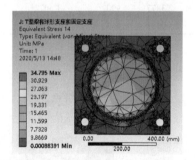

（a）固定支座下支座板　　　　　　　　　（b）活动支座下支座板

图 6-68　第四种工况 3 下固定支座和活动支座下支座板的应力分布云图

　　固定支座最大应变出现在球面聚四氟乙烯板上，最大应变为 0.1026，活动支座的最大应变出现在平面聚四氟乙烯板，最大应变为 5.8701×10^{-2}（表 6-28）。图 6-69 为固定支座和活动支座下支座板的应变分布云图，分布情况和应力类似。

表 6-28　第四种工况 3 下固定支座和活动支座各部件的最大应变

	上支座板	不锈钢板	平面聚四氟乙烯板	球冠衬板	球面不锈钢板	球面聚四氟乙烯板	下支座板
固定支座	7.6855×10^{-4}	2.6431×10^{-3}	7.8882×10^{-2}	7.6062×10^{-4}	1.4453×10^{-3}	0.1026	3.7113×10^{-4}
活动支座	4.5451×10^{-4}	1.024×10^{-3}	5.8701×10^{-2}	3.3395×10^{-4}	2.4636×10^{-4}	3.4671×10^{-2}	1.7085×10^{-4}

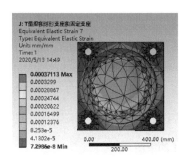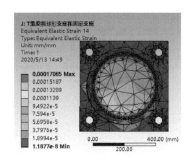

（a）固定支座下支座板　　　　　　　（b）活动支座下支座板

图 6-69　第四种工况 3 下固定支座和活动支座下支座板的应变分布云图

固定支座和活动支座的最大位移都出现在上支座板上，分别为 7.9526mm 和 12.845mm（表 6-29）。图 6-70 为固定支座和活动支座下支座板位移分布云图，固定支座整体是中间小，向四周变大，靠近受力部位位移最大，活动支座与固定支座正好相反。

表 6-29　第四种工况 3 下固定支座和活动支座各个部件的最大位移　　　　单位：mm

	上支座板	不锈钢板	平面聚四氟乙烯板	球冠衬板	球面不锈钢板	球面聚四氟乙烯板	下支座板
固定支座	7.9526	3.8556	2.9256	2.2038	2.1766	1.3761	0.15567
活动支座	12.845	4.2841	3.2098	3.2273	3.2424	0.97715	3.1507×10^{-2}

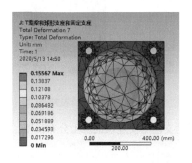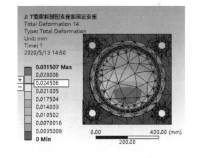

（a）固定支座下支座板　　　　　　　（b）活动支座下支座板

图 6-70　第四种工况 3 下固定支座和活动支座下支座板的位移分布云图

5. 第五种工况

1）工况 1

工况 1 T 型梁和固定支座上支座板为 Bonded，T 型梁和活动支座上支座板为 Bonded，约束条件为：桥梁上表面受到 5000kN 的竖向力，固定支座端桥梁受到 250kN 的水平力，固定支座和活动支座下支座板固定。工况约束图如图 6-71 所示。

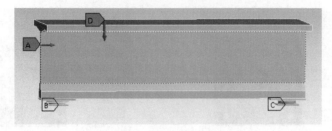

图 6-71　第五种工况 1 约束图

　　固定支座和活动支座最大应力均出现在不锈钢板上，分别为 483.52MPa 和 228.58MPa（表 6-30）。固定支座和活动支座下支座板的应力分布云图见图 6-72，分布规律和第四种工况 1 相似。

表 6-30　第五种工况 1 下固定支座和活动支座各部件的最大应力　　单位：MPa

	上支座板	不锈钢板	平面聚四氟乙烯板	球冠衬板	球面不锈钢板	球面聚四氟乙烯板	下支座板
固定支座	116.29	483.52	14.33	128.34	109.9	25.668	31.386
活动支座	104.78	228.58	32.03	60.234	40.741	23.7	33.334

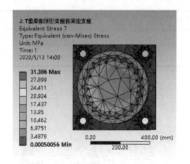
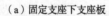
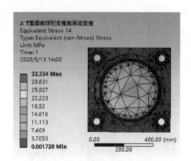

（a）固定支座下支座板　　　　　　　　　（b）活动支座下支座板

图 6-72　第五种工况 1 下固定支座和活动支座下支座板的应力分布云图

　　从表 6-31 中可以看到，固定支座最大应变出现在球面聚四氟乙烯板处，为 3.0218×10^{-2}，活动支座最大应变出现在平面聚四氟乙烯板处，为 3.7684×10^{-2}。图 6-73 为固定支座和活动支座下支座板的应变分布云图，分布规律和第四种工况 1 相似。

表 6-31　第五种工况 1 下固定支座和活动支座各部件的最大应变

	上支座板	不锈钢板	平面聚四氟乙烯板	球冠衬板	球面不锈钢板	球面聚四氟乙烯板	下支座板
固定支座	5.668×10^{-4}	2.4361×10^{-3}	1.686×10^{-2}	6.2318×10^{-4}	6.7661×10^{-4}	3.0218×10^{-2}	1.545×10^{-4}
活动支座	5.1312×10^{-4}	1.1443×10^{-3}	3.7684×10^{-2}	3.0093×10^{-4}	2.2738×10^{-4}	2.7884×10^{-2}	1.6302×10^{-4}

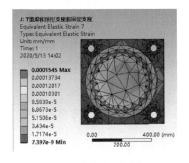
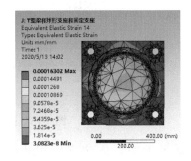

（a）固定支座下支座板　　　　　　　　　　（b）活动支座下支座板

图 6-73　第五种工况 1 下固定支座和活动支座下支座板的应变分布云图

根据表 6-32，固定支座和活动支座最大位移均出现在上支座板，分别是 2.8435mm 和 2.8609mm。图 6-74 为固定支座和活动支座下支座板的位移分布云图，分布规律和第四种工况 1 相似。

表 6-32　第五种工况 1 下各部件的最大位移　　　　　单位：mm

	上支座板	不锈钢板	平面聚四氟乙烯板	球冠衬板	球面不锈钢板	球面聚四氟乙烯板	下支座板
固定支座	2.8435	2.2865	1.708	1.3784	1.3731	0.7044	3.3451×10^{-2}
活动支座	2.8609	2.6801	1.0329	0.51063	0.51353	0.82169	3.1484×10^{-2}

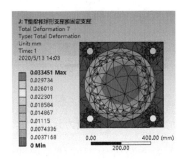
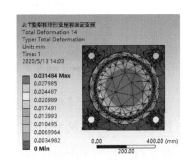

（a）固定支座下支座板　　　　　　　　　　（b）活动支座下支座板

图 6-74　第五种工况 1 下固定支座和活动支座下支座板的位移分布云图

2）工况 2

工况 2 接触方式设置和工况 1 相同，约束为水平力 250kN（在活动支座端），竖向力 5000kN。工况约束图如图 6-75 所示。

图 6-75　第五种工况 2 约束图

根据表 6-33，固定支座和活动支座最大应力均在不锈钢板处，分别为 517.42MPa 和 218.62MPa。图 6-76 为固定支座和活动支座下支座板的应力分布云图，分布规律和第四种工况 2 相似。

表 6-33　第五种工况 2 下固定支座和活动支座各部件的最大应力　单位：MPa

	上支座板	不锈钢板	平面聚四氟乙烯板	球冠衬板	球面不锈钢板	球面聚四氟乙烯板	下支座板
固定支座	129.07	517.42	15.878	122.59	123.68	30.993	31.389
活动支座	100.45	218.62	30.621	57.596	38.856	22.581	31.957

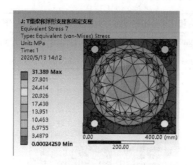

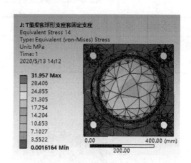

（a）固定支座下支座板　　　　　　　　（b）活动支座下支座板

图 6-76　第五种工况 2 下固定支座和活动支座下支座板的应力分布云图

根据表 6-34，固定支座和活动支座的最大应变分别出现在球面聚四氟乙烯板和平面聚四氟乙烯板，最大值分别为 3.6466×10^{-2} 和 3.6026×10^{-2}。图 6-77 为固定支座和活动支座下支座板的应变分布云图，应变分布和第四种工况 2 相似。

表 6-34　第五种工况 2 下固定支座和活动支座各部件的最大应变

	上支座板	不锈钢板	平面聚四氟乙烯板	球冠衬板	球面不锈钢板	球面聚四氟乙烯板	下支座板
固定支座	6.2924×10^{-4}	2.6061×10^{-3}	1.868×10^{-2}	6.2817×10^{-4}	6.5249×10^{-4}	3.6466×10^{-2}	1.5437×10^{-4}
活动支座	4.9188×10^{-4}	1.0945×10^{-3}	3.6026×10^{-2}	2.8776×10^{-4}	2.1744×10^{-4}	2.6567×10^{-2}	1.5626×10^{-4}

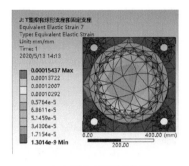
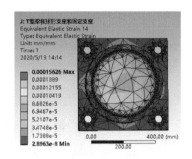

|（a）固定支座下支座板|（b）活动支座下支座板|

图 6-77　第五种工况 2 下固定支座和活动支座下支座板的应变分布云图

根据表 6-35，固定支座和活动支座的最大位移均在上支座板上，分别为 2.814mm 和 2.4748mm。图 6-78 为固定支座和活动支座下支座板的位移分布云图，分布规律与第四种工况 2 相似。

表 6-35　第五种工况 2 下固定支座和活动支座各部件的最大位移　　　单位：mm

	上支座板	不锈钢板	平面聚四氟乙烯板	球冠衬板	球面不锈钢板	球面聚四氟乙烯板	下支座板
固定支座	2.814	2.2644	1.6773	1.31	1.3067	0.69912	3.7015×10^{-2}
活动支座	2.4748	2.2702	1.0105	0.4946	0.49729	0.8121	3.0185×10^{-2}

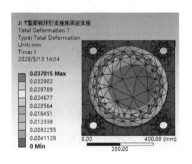
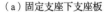
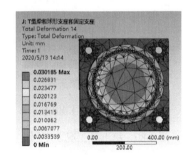

|（a）固定支座下支座板|（b）活动支座下支座板|

图 6-78　第五种工况 2 下固定支座和活动支座下支座板的位移分布云图

3）工况 3

工况 3 接触方式设置与前面相同，约束为横桥向水平力 250kN，竖向力 5000kN。工况约束图如图 6-79 所示。

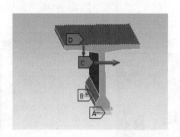

图 6-79　第五种工况 3 约束图

根据表 6-36，固定支座和活动支座最大应力均出现在不锈钢板，分别为 501.57MPa 和 316.59MPa。图 6-80 为固定支座和活动支座下支座板的应力分布云图，应力分布和第四种工况 3 相似。

表 6-36　第五种工况 3 下固定支座和活动支座各部件的最大应力　　单位：MPa

	上支座板	不锈钢板	平面聚四氟乙烯板	球冠衬板	球面不锈钢板	球面聚四氟乙烯板	下支座板
固定支座	201.86	501.57	78.124	185.9	250.51	93.006	85.983
活动支座	117.05	316.59	63.864	101.13	56.64	65.937	48.414

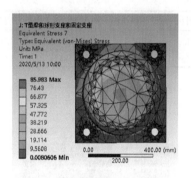

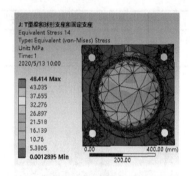

（a）固定支座下支座板　　　　　　　　（b）活动支座下支座板

图 6-80　第五种工况 3 下固定支座和活动支座下支座板的应力分布云图

根据表 6-37，固定支座和活动支座最大应变均出现在球面聚四氟乙烯板，分别为 0.10964 和 7.7705×10^{-2}。图 6-81 为固定支座和活动支座下支座板的应变分布云图，分布规律与第四种工况 3 相似。

表 6-37　第五种工况 3 下固定支座和活动支座各部件的最大应变

	上支座板	不锈钢板	平面聚四氟乙烯板	球冠衬板	球面不锈钢板	球面聚四氟乙烯板	下支座板
固定支座	9.9308×10^{-4}	3.1793×10^{-3}	9.1943×10^{-2}	9.0791×10^{-4}	1.4382×10^{-3}	0.10964	4.3248×10^{-4}
活动支座	5.8138×10^{-4}	1.5881×10^{-3}	7.5138×10^{-2}	5.2898×10^{-4}	4.2476×10^{-4}	7.7705×10^{-2}	2.3842×10^{-4}

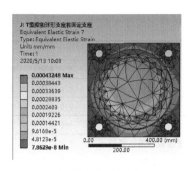 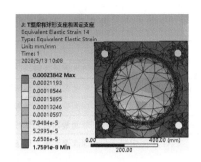

（a）固定支座下支座板　　　　　　　　（b）活动支座下支座板

图 6-81　第五种工况 3 下固定支座和活动支座下支座板的应变分布云图

根据表 6-38，固定支座和活动支座最大位移都在上支座板，分别为 8.4284mm 和 10.353mm。图 6-82 为固定支座和活动支座下支座板的位移分布云图，分布规律与第四种工况 3 相似。

表 6-38　第五种工况 3 下固定支座和活动支座各部件的最大位移　　　单位：mm

	上支座板	不锈钢板	平面聚四氟乙烯板	球冠衬板	球面不锈钢板	球面聚四氟乙烯板	下支座板
固定支座	8.4284	4.0388	3.0297	2.2534	2.2294	1.4806	0.16125
活动支座	10.353	5.2344	3.1737	3.0706	3.0853	1.0291	4.0775×10^{-2}

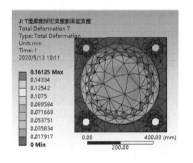 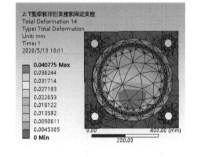

（a）固定支座下支座板　　　　　　　　（b）活动支座下支座板

图 6-82　第五种工况 3 下固定支座和活动支座下支座板的位移分布云图

6. 五种工况对比分析

五种工况下固定支座和活动支座的应变、位移最大值出现部位见表 6-39，固定支座应变最大值主要出现在球面聚四氟乙烯板，活动支座主要出现在平面和球面聚四氟乙烯板，最大位移出现在上支座板。

表 6-39　五种工况中应变、位移出现最大部件

工况		应变		位移	
		固定支座	活动支座	固定支座	活动支座
第一种工况		平面聚四氟乙烯板	球面聚四氟乙烯板	上支座板	上支座板
第二种工况		球面聚四氟乙烯板	球面聚四氟乙烯板	上支座板	上支座板
第三种工况		球面聚四氟乙烯板	球面聚四氟乙烯板	上支座板	上支座板
第四种工况	固定端	球面聚四氟乙烯板	平面聚四氟乙烯板	上支座板	上支座板
	活动端	球面聚四氟乙烯板	平面聚四氟乙烯板	上支座板	上支座板
	横桥向	球面聚四氟乙烯板	平面聚四氟乙烯板	上支座板	上支座板
第五种工况	固定端	球面聚四氟乙烯板	平面聚四氟乙烯板	上支座板	上支座板
	活动端	球面聚四氟乙烯板	平面聚四氟乙烯板	上支座板	上支座板
	横桥向	球面聚四氟乙烯板	球面聚四氟乙烯板	上支座板	上支座板

7. 下支座板固定位置受力分析

选取下支座板中间部位，对五种不同水平下下支座板的应变进行了统计，见表 6-40，并画出折线图（图 6-83），可以看出，两种支座的应变大小与水平力大小基本呈线性变化，固定支座的应变总是大于活动支座的应变。

表 6-40　加载不同水平力下支座板某个部位应变大小

	50kN	100kN	150kN	200kN	250kN
固定支座	4.6296×10^{-6}	1.0545×10^{-5}	1.6618×10^{-5}	2.0698×10^{-5}	2.7373×10^{-5}
活动支座	4.963×10^{-7}	1.0503×10^{-6}	1.6495×10^{-6}	2.2672×10^{-6}	2.9328×10^{-6}

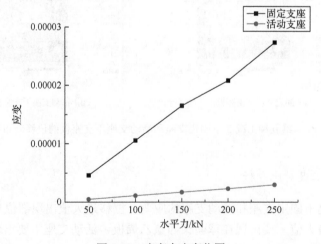

图 6-83　应变大小变化图

6.4　环向分布式光纤与球形支座的复合工艺研究

6.4.1　传感元件与支座结构的复合设计

为了避免传感元件与光纤复合过程中粘贴定位偏移所造成的测量误差，需要在传感元件粘贴位置进行开槽，沿槽粘贴 FBG，大幅度提高光纤黏结的定位精准度，开槽尺寸如图 6-84 所示。

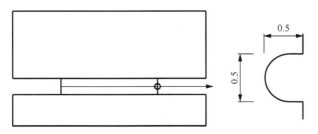

图 6-84　开槽尺寸图（单位：mm）

为了尽可能减小支座元件材质的不均匀和加载试验机偏压所带来的不利影响，在传感元件上布设多个传感器件，如图 6-85 所示，试验过程中将 FBG 对称黏结有利于数据的对比。该方法可以提高传感器的整体精度，改善复合系统的传感能力。

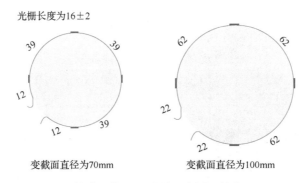

图 6-85　传感元件 FBG 黏结示意图（单位：mm）

6.4.2　FBG 复合工艺

1. 复合位置的清洗

为排除传感元件表面附着的尘埃和杂质对传感器复合的影响，在复合之前需要用酒精对传感元件粘贴位置表面进行多次清洗。同时，试验过程中由于试件模型加工工艺的影响，其表面粗糙程度较高，需要使用质量较好的清洗工具如无尘布等来对试件表面进行擦拭，避免粘贴位置处的二次污染。

2. 封胶材料

试验过程中选取两种封装方法进行测试。

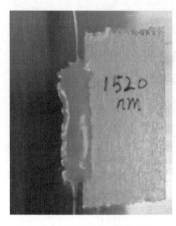

图 6-86　采用 AB 胶封装

第一种封装方法：先利用 502 胶水，采用点粘方法将中心波长为 1520nm 的 FBG 固定到指定位置，固定后利用 AB 胶将 FBG 涂抹覆盖，使其完全黏结在试件表面上，如图 6-86 所示。重复该步骤直至所有 FBG 粘贴完毕。但 AB 胶硬度过高偏脆，抗振动、抗冲击性能比较差，并且固化时间较长，粘贴固化过程中会产生对人体有害的气体，因此考虑第二种封装材料。

第二种封装方法：利用欧洲 Permabond 公司的氰基丙烯酸酯胶进行封装处理。先采用点粘方式将 FBG 固定到指定位置，然后涂抹氰基丙烯酸酯胶将 FBG 覆盖，使其完全黏结，如图 6-87 所示。Permabond 2011 Gel 氰基丙烯酸酯胶是一种单组分、快速固化、表面不敏感、触变性黏合剂凝胶，用于黏合垂直和多孔基材、金属、弹性体、塑料、木材和陶瓷。它具有耐高温、最大间隙填充能力，易于应用，是高速生产线的理想选择，封胶材料和其固化剂如图 6-88 所示。

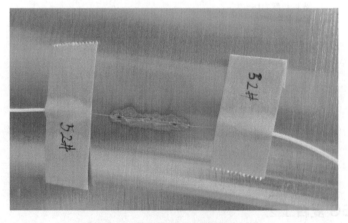

图 6-87　采用氰基丙烯酸酯胶封装

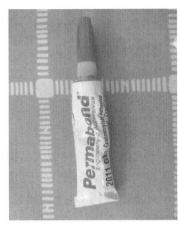

图 6-88　氰基丙烯酸酯胶和固化剂

3. 预应力施加

为保证传感元件与试件紧密贴合，在粘贴传感器件的过程中需要对光纤 FBG 施加持续的预应力，让其与粘贴位置处紧密贴合，提高复合系统的传感精度。在试验室测试过程中，先采取悬挂重物的方式令光纤 FBG 与试件紧密贴近，进行封胶后，胶装的黏结力可以对 FBG 施加有效的预应力。同时，通过试验室的高低温交变试验箱对其耐久性进行考核（图 6-89），经过 50 万次的温度交变循环，支座的传感测试性能基本无改变。

图 6-89　高低温交变试验

综上所述，根据支座的力学特性与测试要求确定了传感元件与支座结构的复合方式，并通过不同工艺的对比研究表明欧洲 Permabond 公司的氰基丙烯酸酯胶可以满足支座的寿命和测试要求。

6.5　变截面支座模型传感特性

6.5.1　试件制作与试验

试验通过改变支座截面大小来探究环向应变的放大效果。同时，通过对比无变截面支座在相同加载工况下的环向应变，说明变截面应变放大结构的效果。

基于 FBG 传感器的试验支座结构如图 6-90 所示，分别改变应变放大结构的直径、厚度、材质，制作 9 个试件，其中①～⑥试件采用 Q345 钢加工，⑦～⑨采用铝 7075 制作，9 个试件的变截面结构尺寸如表 6-41 所示。在变截面放大器环向布设不同数量的 FBG 传感器，沿变截面放大器周长平均布设。波长分别为 λ_1、λ_2、λ_3、λ_4。沿变截面沟槽环绕布设一圈 FBG 传感器，波长分别为 1510nm、1520nm、1530nm 和 1540nm。试验共用 4 只 FBG 传感器，依次记为 1#、2#、3#和 4#，传感器设计参数和布设方式如图 6-91 所示。

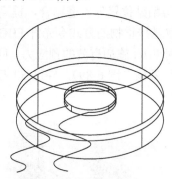

图 6-90　基于 FBG 传感器的试验支座结构图

表 6-41　各试件尺寸情况

编号	材质	直径 d/mm	厚度 h/mm	传感器选择
①	Q345	100	5	3#FBG 传感器
②	Q345	100	10	2#FBG 传感器
③	Q345	100	30	2#FBG 传感器
④	Q345	70	5	4#FBG 传感器
⑤	Q345	70	10	1#FBG 传感器
⑥	Q345	70	30	1#FBG 传感器
⑦	铝 7075	70	10	1#FBG 传感器
⑧	铝 7075	70	30	4#FBG 传感器
⑨	铝 7075	100	10	2#FBG 传感器

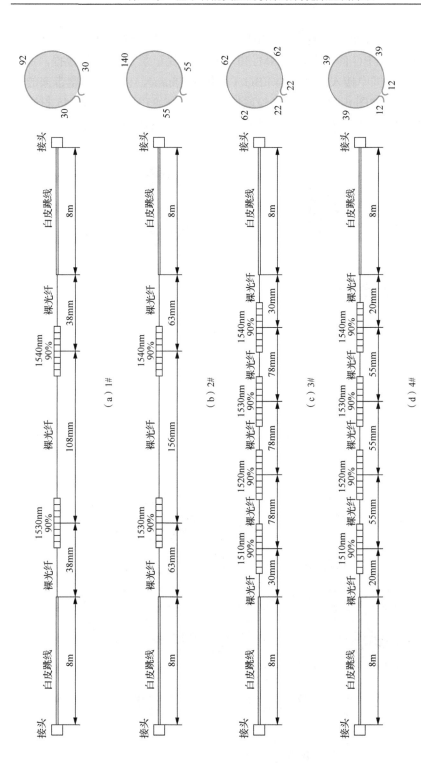

图 6-91　传感器设计参数及布设图

　　试验采用 YEW-2000 试验机逐级加载，分级荷载为 100kN，加载到 500kN 后逐级卸载，同时将 FBG 的一端接到 SM130 光栅解调仪记录 FBG 波长数据，重复4 个循环。此外测试中接入温度补偿 FBG（波长 1555nm），以消除温度带来的测试误差。试验原理如图 6-92 所示，试验现场情况如图 6-93 所示。对 Q345 材质中变截面直径相同且厚度不同的试件数据进行对比，分别为①号、②号、③号以及④号、⑤号、⑥号两组。

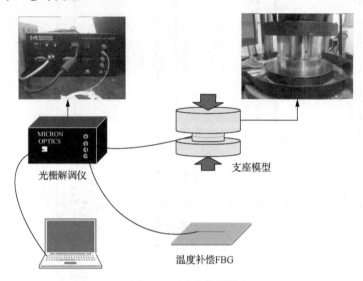

光栅解调仪

支座模型

温度补偿FBG

图 6-92　试验原理图

图 6-93　试验现场情况

6.5.2　变截面厚度对支座模型传感特性的影响

1. 直径为 100mm 的变截面支座模型

图 6-94 为直径为 100mm 的变截面支座模型中 FBG 应变传感器的荷载响应特性，其中图（a）、（b）、（c）分别为变截面厚度为 5mm、10mm 和 30mm 的 FBG 波长-荷载响应特性，从图中可以看到在小于工作荷载 500kN 下，三个试件的 FBG 波长均有随荷载增大而减小的趋势，并呈良好的线性关系，传感器的灵敏度分别为−0.33pm/kN、−0.41pm/kN 和−0.054pm/kN，4 次循环数据表明传感器重复性好。

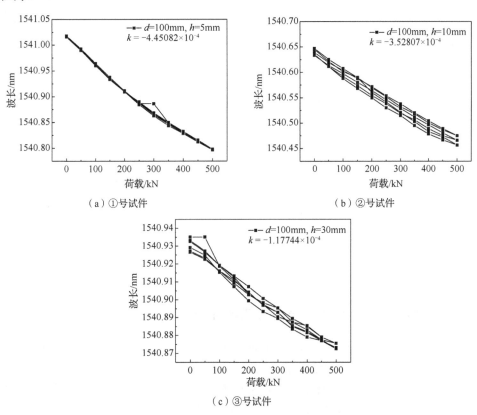

（a）①号试件　　　　　　　　　（b）②号试件

（c）③号试件

图 6-94　直径 100mm 试件数据曲线

2. 直径为 70mm 的变截面支座模型

图 6-95 为直径为 70mm 的支座模型中 FBG 应变传感器的荷载响应特性，其中图（a）、（b）变截面厚度为 5mm 和 10mm，从图中可以看到在小于工作荷载 500kN 下，两个试件 FBG 波长均有随荷载增大而减小的趋势，并呈良好的线性关

系，灵敏度分别为 0.56pm/kN 和 0.5pm/kN，5 次循环数据表明传感器重复性良好。但是⑥号（d=70mm，h=30mm）试件的数据规律与上述试件完全相反，呈现随荷载增加而波长增大的趋势，这可能是由于材料的不均匀性造成的。

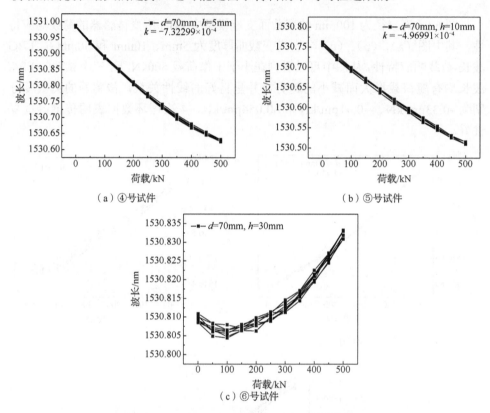

（a）④号试件   （b）⑤号试件

（c）⑥号试件

图 6-95　直径 70mm 试件 FBG 波长与荷载关系

6.5.3　变截面直径对支座模型传感特性的影响

设定材料弹性模量为 $2.1×10^5$MPa，泊松比为 0.25，变截面距离底部距离为 33mm，可知在变截面直径逐渐增大的过程中，变截面位置处的应变由压应变逐渐转变为拉应变，压缩效应逐渐减小，数值上压应变逐渐增大。保持变截面厚度不变，改变变截面的半径，仿真分析得到变截面结构环向应变如表 6-42 所示。利用数据作图，获得了变截面环向应变与变截面半径的关系曲线，如图 6-96 所示。从图中可知，变截面放大器的应变随半径增大而减小，而且变截面放大器的应变为压缩应变。

表 6-42　变截面结构环向应变与其尺寸的关系

半径/mm	厚度			
	5mm	8mm	10mm	15mm
25.00	−118	−63.7	−49.5	35.2
30.00	−102	−48.1	−36.6	27.4
35.00	−84.2	−37.5	−27.5	−14.9
40.00	−68.9	−34.5	−20.7	−9.84
45.00	−56	−30	−16.6	−5.85
50.00	−45.1	−25.1	−14.7	−2.67
55.00	−35.9	−20.3	−12.1	−0.007
60.00	−28	−15.8	−9.26	2.1
65.00	−21.4	−11.7	−6.43	3.74
70.00	14.2	−7.87	−3.65	4.58
75.00	13.8	−4.34	−0.955	5.10
80.00	13.3	−1.97	8.52	5.33
85.00	13.4	0.644	9.07	5.33
90.00	20.4	4.29	10.5	8.14
99.00	13.6	13.9	14.1	14.6

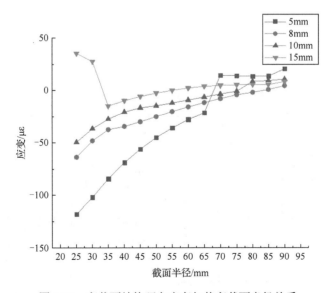

图 6-96　变截面结构环向应变与其变截面半径关系

6.5.4　传感器的工作范围

同一支座 FBG 的输出是线性的,且重复性好。但⑦号试件在不同荷载加载范围(0~250kN 和 0~1500kN)的试验中,FBG 波长的响应曲线是不同的。⑦号试件材质为铝 7075,变截面直径 d=70mm,变截面厚度 h=10mm。试验时对该试件采取不同的加载方式:第一次加载方案为 0~250kN,第二次加载方案为 0~1500kN,结果发现当加载范围为 0~250kN 时,FBG 波长的响应曲线基本为线性,并且重复性良好;当加载范围为 0~1500kN 时,随着荷载逐渐增大,曲线斜率发生变化,并且循环次数不同,循环曲线也不吻合,说明传感器的工作是非线性的,且重复性差。⑦号~⑨号试件的 FBG 波长响应曲线如图 6-97~图 6-99 所示。因此,推断该变截面结构 FBG 传感器有一定的工作范围,当超出荷载工作范围时,传感器的重复性会显著变差,并且灵敏度也会发生改变,导致传感器结构无法正常使用。

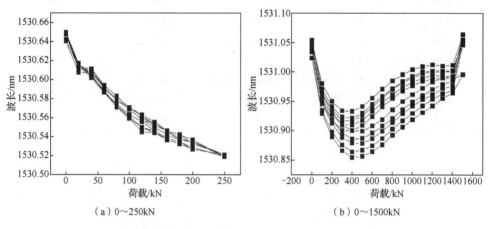

（a）0~250kN　　　　　　　　　（b）0~1500kN

图 6-97　⑦号试件的 FBG 波长响应曲线

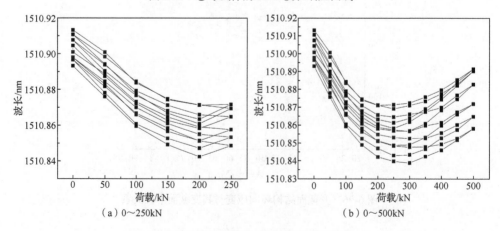

（a）0~250kN　　　　　　　　　（b）0~500kN

图 6-98　⑧号试件的 FBG 波长响应曲线

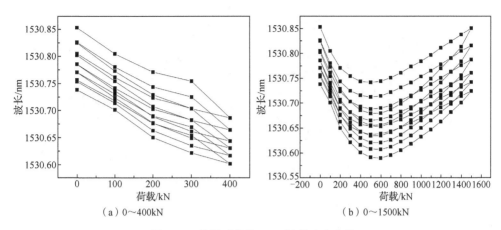

（a）0~400kN　　　　　　　　　　（b）0~1500kN

图 6-99　⑨号试件的 FBG 波长响应曲线

　　对比⑦、⑧、⑨号试件的应变曲线，找出其曲线的极值点作为传感器工作范围临界值。发现在同一材质下，传感器工作范围与长径比有一定关系，长径比越大，传感器工作范围越小，如表 6-43 所示。

表 6-43　⑦、⑧、⑨号试件数据极值点

编号	直径/mm	厚度/mm	长径比	1#FBG 荷载 /kN	2#FBG 荷载 /kN	3#FBG 荷载 /kN	4#FBG 荷载 /kN
⑦	70	10	0.14	400	200	—	—
⑧	70	30	0.43	250	100	50	150
⑨	100	10	0.1	500	650	—	—

　　对材质为 Q345 的支座模型试件进行传感器传感特性试验，并与铝材质支座模型试验结果进行对比。图 6-100 表明 1#、2#FBG 波长随荷载变化关系，可以看到 0~1000kN 范围内，FBG 波长逐渐减小，超过 1000kN 后，波长又开始增大，且不同加载循环传感器输出不一致，这表明传感器非线性误差增大、重复性差、迟滞明显。因此，传感器存在一定的测量范围，超荷载后，会破坏传感器，影响其传感特性。同时，发现试件在加载 500kN 之后斜率发生变化并逐渐趋于 0，在 900kN 左右斜率由负变正，并且 2#FBG 传感器在三个循环的重复性差，认为该试件在荷载超过 700kN 左右的情况下无法正常工作，达不到传感测试的目的。

　　与同尺寸铝 7075 试件的试验数据比较（图 6-101），发现铝 7075 试件比 Q345 试件工作范围更小。这可能是材料的泊松效应影响了其力学性能，从而导致荷载测试范围减小。

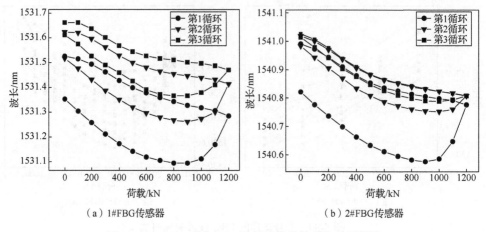

（a）1#FBG传感器　　　　　　　　（b）2#FBG传感器

图 6-100　Q345 试件 FBG 波长随荷载的变化关系曲线

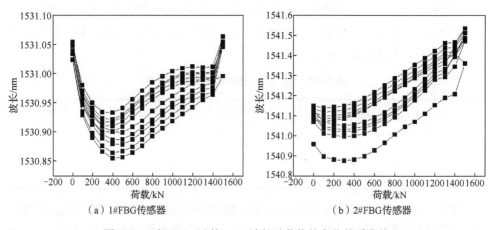

（a）1#FBG传感器　　　　　　　　（b）2#FBG传感器

图 6-101　铝 7075 试件 FBG 波长随荷载的变化关系曲线

6.6　实际变截面支座传感特性

6.6.1　试件尺寸与试验

选用 3 个变截面结构尺寸的 ZG270-500 钢支座，分别为：①变截面直径为 275mm、变截面厚度为 10mm 的球形支座；②变截面直径为 315mm、变截面厚度为 10mm 的球形支座；③无变截面的球形支座。在变截面结构处环向布设两个 FBG 传感器，波长分别为 1530nm 和 1540nm，命名为 1#FBG、2#FBG。两个 FBG 传感器对向布设，参数和布设方式分别如图 6-102 所示。

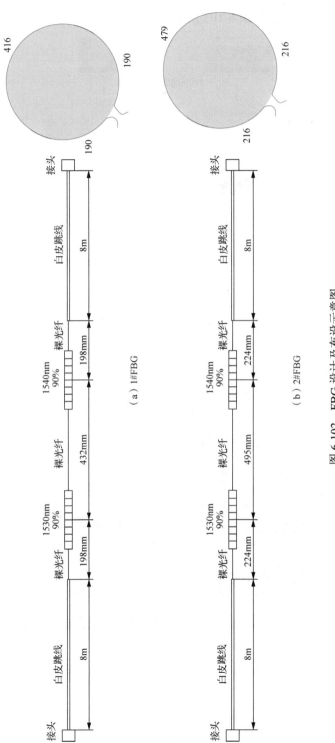

（a）1#FBG

（b）2#FBG

图 6-102　**FBG 设计及布设示意图**

试验整体线路连接图如图 6-103 所示。

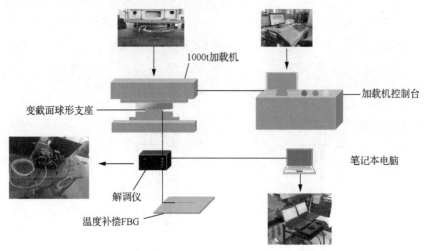

图 6-103　试验整体线路连接示意图

　　试验采用分级加载的方法，加载范围为 0～5000kN，分级荷载为 500kN，然后逐级卸载，同时，将 FBG 环的一端连接到 SM130 光栅解调仪记录 FBG 波长数据。试验中采用 YAW-10000J 微机控制电液伺服压力试验机对试件进行预压，保证试件和传感器接触良好。此外考虑到测试时间较长，测试中接入温度补偿 FBG（波长 1555nm）消除温度带来的测试误差，同时记录三个 FBG 的波长数据。支座加载情况和现场测试情况分别如图 6-104、图 6-105 所示。

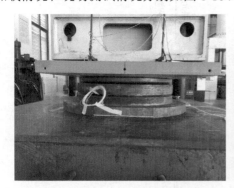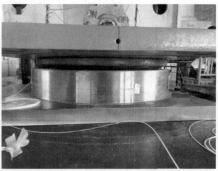

图 6-104　支座加载情况

图 6-105　现场测试情况

6.6.2　变载面直径为 275mm 的支座

1. 灵敏度分析

图 6-106 为波长 1530nm 和 1540nm 的 FBG 波长-荷载响应图，可以看到两个 FBG 波长均随着荷载增大而减小，且曲线斜率越来越小。根据线性拟合的结果来看，1530nm 传感器每 1000kN 变化 67pm；1540nm 传感器每 1000kN 变化 84pm。1530nm 传感器在 5000kN 荷载下产生的应变为 322.25$\mu\varepsilon$；1540nm 传感器在 5000kN 荷载下产生的应变为 401.8$\mu\varepsilon$（1$\mu\varepsilon$=1.2pm）。因此，具有变载面放大器（d=275mm）的支座灵敏度为 151pm/1000kN，可以实现 10tf（1tf=9.80665×10^{3}N）的连续测量。在 0～5000kN 范围内传感器输出是线性的，重复性良好。

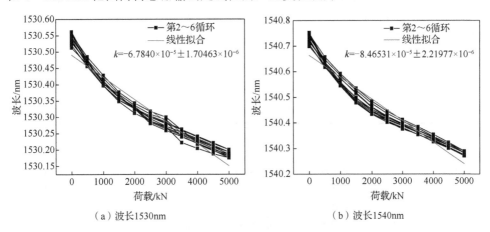

（a）波长1530nm　　　　　　　　　　　（b）波长1540nm

图 6-106　FBG 波长-荷载响应图

2. 重复性分析

重复性是指测量系统在同一工作条件下，按同一方向作全量程多次（3 次以上）测量时，对于同一个激励量其测量结果的不一致程度。其表达式为

$$\delta_{\mathrm{R}} = \frac{t\sigma}{y_{\mathrm{FS}}} \times 100\% \qquad (6\text{-}16)$$

式中，t 为置信系数；σ 为标准差；y_{FS} 为满量程。我们分别对正行程和逆行程的 FBG 波长数据进行重复性分析，如表 6-44 所示。

表 6-44　重复性计算表

	标准差	波长最大值	波长最小值	满量程	δ	
					$t=2$	$t=3$
1530 正行程	0.074	1530.5557	1530.1132	0.4425	0.334463277	0.501694915
1540 正行程	0.04421	1540.7469	1540.2658	0.4811	0.183787154	0.275680732
1530 逆行程	0.01968	1530.5623	1530.1442	0.4181	0.094140158	0.141210237
1540 逆行程	0.02151	1540.7528	1540.2658	0.487	0.088336756	0.132505133

3. 迟滞性分析

迟滞性是指测量系统在全量程范围内，输入量由小到大（正行程）或由大到小（反行程）二者静态特性不一致的程度。

$$\delta_{\mathrm{H}} = \frac{\Delta y_{\mathrm{H.max}}}{y_{\mathrm{FS}}} \times 100\% \qquad (6\text{-}17)$$

式中，$\Delta y_{\mathrm{H.max}}$ 为不重合的最大值；y_{FS} 为满量程。

迟滞性反映了传感器装置机械结构上的缺陷问题，比如机械摩擦、间隙、松动、FBG 与构件之间的滑移等。我们分别对每个循环中两个 FBG 波长数据进行迟滞性分析，如表 6-45 所示。从表中可以看出，第 1 循环迟滞性误差比较大，其原因可能是由于：①试件第一次承压，内部空间不均匀；②初始加载胶水和 FBG 之间存在滑移。

表 6-45　迟滞性计算表

	1530nm			1540nm		
	$\Delta y_{\mathrm{H.max}}$	y_{FS}	δ_{H}	$\Delta y_{\mathrm{H.max}}$	y_{FS}	δ_{H}
第 1 循环	0.1608	0.4099	0.392290803	0.0742	0.4434	0.167343257
第 2 循环	0.0183	0.3628	0.050441014	0.0215	0.4532	0.047440424
第 3 循环	0.0177	0.3624	0.04884106	0.0319	0.4589	0.069514055
第 4 循环	0.0188	0.3498	0.053744997	0.0331	0.4457	0.074265201
第 5 循环	0.0195	0.3624	0.053807947	0.0365	0.4644	0.078596038
第 6 循环	0.024	0.3618	0.066334992	0.038	0.4635	0.081984898

4. 温度干扰

对同一加卸载循环温度变化，每一个循环大概持续 30min。表 6-46 是单个循环温度变化分析，从表中可以看到极差反映温度引起的波长变化约 2～14pm，因此我们推断实验过程中温度基本对 FBG 波长数据无影响。

表 6-46　单个循环温度变化分析

总数 N	均值/nm	标准差	最小值/nm	最大值/nm	极差（最大值–最小值）/nm
21	1555.17384	0.00362	1555.1678	1555.1798	0.012
21	1555.1825	0.00224	1555.1783	1555.1855	0.0072
21	1555.18734	0.00154	1555.1848	1555.191	0.0062
21	1555.1917	0.00294	1555.1798	1555.1943	0.0145
21	1555.19453	0.00065	1555.1958	1555.1934	0.0024
21	1555.19598	0.00175	1555.1996	1555.1925	0.0071

表 6-47 是每个循环和第 1 循环之间温度（初始温度）变化做的分析，其中第 4 循环、第 5 循环和第 6 循环温度影响波长变化为 20pm 左右，可知环境温度变化约为 2℃。因此，我们认为温度补偿 FBG 能减小测试误差。

表 6-47　不同循环温度与初始温度影响波长变化分析　　单位：pm

第 2 循环-第 1 循环	第 3 循环-第 1 循环	第 4 循环-第 1 循环	第 5 循环-第 1 循环	第 6 循环-第 1 循环
11.1	17.6	23.8	26.1	26.1
9.7	16.9	22.3	25.7	26
10.9	15.3	22.6	24.2	23
10.5	16.5	21.3	25.1	25.1
9.4	15.2	21	24.5	22.4
9.9	15.6	21.3	22.8	24.5
10	14.9	20.3	22.3	24.2
11.9	14.8	20.3	23.5	23.8
9.1	14.8	19.3	21.8	22.5
9.9	15.3	19.3	21.2	24.3
7	13.5	16.1	21.5	22.7
7.5	11.2	17.6	19	19.6
8.4	13.9	18.4	21.1	22.3
7.8	10.5	17.1	18	18.6
6.1	10.3	15.5	17.9	20
8.4	11.1	15.5	18.4	21
8.6	11.1	17.4	18.2	20.6
7.6	12.3	16.2	16.8	21.2
6.1	10.2	15.4	15	18.5
6.5	11.3	14.3	17.2	18.7
5.5	11.2	0	14.1	19.8

5. 混凝土计算

因为桥梁球形支座下支座板直径变化会影响位于支座下方混凝土承压能力，变截面放大器的高度越低，支座板下方混凝土的承压越大，所以变截面放大器尺寸还需要受到混凝土承压能力的约束。

下支座板底面的压力分布呈现为鞍形，这导致它的中心处受力略小，而四周处略大，压应力在底部的分布区为下支座变截面放大器按 45° 向地板面扩散，如图 6-107 所示。

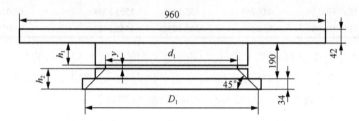

图 6-107　混凝土承压计算示意图（单位：mm）

变截面放大器受压面积为

$$S = \frac{\pi d_1^2}{4} \tag{6-18}$$

变截面放大器的压应力为

$$\sigma = \frac{F_N}{S} \tag{6-19}$$

混凝土受压面积为

$$S = \frac{D_1^2}{4} \tag{6-20}$$

混凝土压应力为

$$\sigma_1 = \frac{F_N}{S_1} \tag{6-21}$$

式中，d_1 为变截面放大器在水平面投影直径（m）；D_1 为变截面放大器在混凝土面投影直径（m）。

同时，

$$\sigma_1 \leqslant f_{ck} \tag{6-22}$$

$$D_1 = d_1 + 2h_2 \tag{6-23}$$

式中，f_{ck} 为混凝土轴心抗压强度（N/mm^2）；h_2 为下支座板变截面放大器距混凝土表面的高度（mm）。

f_{ck} 的取值见表 6-48。一般的支座垫石的混凝土强度为 C40/C45/C50，取混凝土强度为 C50 进行计算。

表 6-48　不同强度等级混凝土的轴心抗压强度

强度	C15	C20	C25	C30	C35	C40	C45	C50	C55	C60	C65	C70	C75	C80
f_{ck}	10.0	13.4	16.7	20.1	23.4	26.8	29.6	32.4	35.5	38.5	41.5	44.5	47.4	50.2

因此计算得到

$$d_1 + 2h_2 \geqslant 443\text{mm} \tag{6-24}$$

欲求 d_1 最小值，需要确定 h_2 最大值，也就是 h_1 最小值。当变截面放大器紧贴球冠时，$h_1=69$ 最小，当变截面放大器高度取 10mm 时，$h_2=64$mm。代入式（6-24）求得 $d_1 \geqslant 315$mm。

下一步，我们把变截面直径在此基础上继续缩小至 275mm。

第一种情况：若不改变混凝土强度、变截面放大器高度和位置，即 $d_1=275$mm，那么经计算，需要增加 h_2 厚度至 84mm。

$$275 + 2 \times h_2 \geqslant 443 \tag{6-25}$$

解得

$$h_2 \geqslant 84\text{mm} \tag{6-26}$$

第二种情况：若不改变变截面放大器高度和位置，不增加 h_2 厚度，即 $h_2=64$mm，代入上述公式反向计算得到混凝土轴心抗压强度 $f_{ck} \geqslant 39.21843\text{N/mm}^2$，则需要 C65 以上混凝土。

$$\frac{5000 \times 10^3 \times 4}{\pi(d_1 + 2h_2)^2} \leqslant f_{ck} \tag{6-27}$$

将 $d_1=275$mm，$h_2=64$mm 代入式（6-27），解得

$$f_{ck} \geqslant 39.21843\text{N/mm}^2 \tag{6-28}$$

6.6.3　变截面直径为 315mm 的支座

1. 灵敏度分析

图 6-108（a）、（b）分别为波长 1530nm 和 1540nm FBG 波长-荷载响应图。1530nm 传感器均随着荷载的增大而减小，且斜率越来越小。根据线性拟合的结果来看，1530nm 传感器每 1000kN 变化 44pm；1540nm FBG 波长随荷载增加而减小，超过 2000kN 之后随荷载增大而增大。1530nm 传感器在 5000kN 荷载下产生了 182 个微应变；1540nm 传感器从 0~2000kN 荷载下产生了 50 个微应变，可以看出 1540nm 传感器在 0~2000kN 荷载范围内、变截面直径 315mm、材质 ZG270-500 支座上工作正常；1530nm 传感器在 0~5000kN 范围内工作正常。

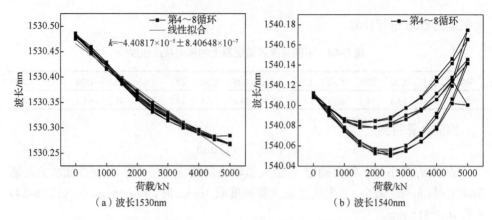

（a）波长1530nm　　　　　　　　　　（b）波长1540nm

图 6-108　变截面直径为 315mm 的支座不同 FBG 波长-荷载响应曲线

2. 重复性分析

我们分别对正行程和逆行程的 FBG 波长数据进行重复性分析，如表 6-49 所示，可以看到 1530nm 传感器的重复性要好于 1540nm 传感器。

表 6-49　变截面直径为 315mm 的支座不同 FBG 重复性计算表

	标准差	波长最大值/nm	波长最小值/nm	满量程	δ	
					$t=2$	$t=3$
1530 正行程	0.0073	1530.4864	1530.2673	0.2191	0.066636239	0.099954359
1540 正行程	0.02867	1540.1748	1540.0503	0.1245	0.460562249	0.690843373
1530 逆行程	0.0073	1530.4845	1530.2673	0.2172	0.263996317	0.395994475
1540 逆行程	0.02867	1540.1748	1540.0784	0.0964	0.594813278	0.892219917

3. 迟滞性分析

对应变数据进行迟滞性分析，分别对每个循环中两个 FBG 波长数据进行迟滞性分析，如表 6-50 所示，可以看到 1540nm 传感器比 1530nm 传感器迟滞性要好一些。

表 6-50　变截面直径为 315mm 的支座不同 FBG 迟滞性计算表

	1530nm			1540nm		
	$\Delta y_{H.max}$	y_{FS}	δ_H	$\Delta y_{H.max}$	y_{FS}	δ_H
第 4 循环	0.0115	0.2032	0.056594488	0.0306	0.0735	0.416326531
第 5 循环	0.0124	0.2134	0.058106842	0.0321	0.0914	0.351203501
第 6 循环	0.0135	0.2147	0.062878435	0.0352	0.0935	0.376470588
第 7 循环	0.0089	0.2114	0.042100284	0.0372	0.1105	0.336651584
第 8 循环	0.0115	0.2152	0.053438662	0.0376	0.1182	0.318104907

4. 温度干扰

表 6-51 是对单个循环 FBG 的温度变化分析，可以看出受温度影响 FBG 波长变化范围为 2～4pm，因此认为温度基本对数据无影响。

表 6-51　变截面直径为 315mm 的支座不同加载循环 FBG 波长变化表

总数 N	均值/nm	标准差	最小值/nm	最大值/nm	极差（最大值−最小值）/nm
21	1554.97491	$9.7841×10^{-4}$	1554.9739	1554.9761	0.0022
21	1554.97697	0.00135	1554.9741	1554.9782	0.0041
21	1554.97954	0.00127	1554.9781	1554.9821	0.004
21	1554.98424	0.00149	1554.9821	1554.9862	0.0041
21	1554.9861	$9.98237×10^{-4}$	1554.984	1554.9882	0.0042

6.6.4　无变截面结构支座

1. 灵敏度分析

图 6-109（a）、（b）分别为波长 1530nm 和 1540nm FBG 波长-荷载响应图。1530nm 和 1540nm 传感器在 0～1500kN 范围内波长随荷载增大而减小，随后波长基本不变；1530nm 传感器在 0～1500kN 范围内产生应变约 60.5με，1540nm 传感器在 0～1500kN 范围内产生应变约 50με，可以看出在没有变截面结构时，材质 ZG270-500 的支座中的传感器灵敏度低，并且在 1000～5000kN 范围内传感器不能正常工作，测试量程仅为 0～1000kN，量程范围小。

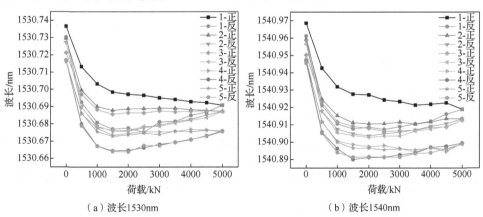

（a）波长1530nm　　　　　　　　　　（b）波长1540nm

图 6-109　FBG 波长-荷载响应图

2. 重复性分析

我们分别对正行程和逆行程的 FBG 波长数据进行重复性分析，见表 6-52。从表中可以看到，对于无变截面结构的桥梁球形支座的波长误差大，重复性差，传感器在支座正常荷载范围内不能正常工作。

表 6-52　重复性计算表

	标准差	波长最大值/nm	波长最小值/nm	满量程	δ	
					t=2	t=3
1530 正行程	0.00732	1530.7366	1530.6829	0.0537	0.272625698	0.408938547
1540 正行程	0.00918	1540.9686	1540.9043	0.0643	0.285536547	0.428304821
1530 逆行程	0.00207	1530.7303	1530.6739	0.0564	0.073404255	0.110106383
1540 逆行程	0.00403	1540.9612	1540.9	0.0612	0.131699346	0.19754902

3. 迟滞性分析

类似地，对数据进行迟滞性计算，结果见表 6-53，从表中可以看到对于无变截面结构的桥梁球形支座的波长误差大，迟滞性大，传感器在支座正常荷载范围内不能正常工作。

表 6-53　迟滞性计算表

	1530nm			1540nm		
	$\Delta y_{H.max}$	y_{FS}	δ_H	$\Delta y_{H.max}$	y_{FS}	δ_H
第 1 循环	0.0458	0.0614	0.745928339	0.0497	0.0613	0.810766721
第 2 循环	0.0423	0.0538	0.786245353	0.0459	0.0557	0.824057451
第 3 循环	0.0401	0.0512	0.783203125	0.0439	0.0537	0.817504655
第 4 循环	0.0409	0.0524	0.780534351	0.0483	0.0577	0.837088388
第 5 循环	0.0415	0.0532	0.780075188	0.0486	0.0561	0.86631016

4. 温度干扰

表 6-54 是对 5 个循环加载下在 FBG 波长受温度影响的变化情况，从表中可以看到 FBG 波长变化在 1～5pm，因此我们认为温度基本无影响。

表 6-54　不同循环温度波长变化分析

总数 N	均值/nm	标准差	最小值/nm	最大值/nm	极差（最大值−最小值）/nm
5	1555.19966	0.00186	1555.197	1555.2019	0.0049
5	1555.2004	9.59166×10^{-4}	1555.1994	1555.2014	0.002
5	1555.19982	4.60435×10^{-4}	1555.1994	1555.2004	0.001
5	1555.20092	6.87023×10^{-4}	1555.2004	1555.2021	0.0017
5	1555.2003	0.00106	1555.1994	1555.2016	0.0022
5	1555.2004	0.00111	1555.1992	1555.2016	0.0024

续表

总数 N	均值/nm	标准差	最小值/nm	最大值/nm	极差（最大值–最小值）/nm
5	1555.19966	0.0013	1555.1981	1555.2012	0.0031
5	1555.20082	0.0011	1555.1995	1555.202	0.0025
5	1555.2005	0.00188	1555.1981	1555.2027	0.0046
5	1555.20034	0.00166	1555.1984	1555.2027	0.0043
5	1555.20084	0.00113	1555.1998	1555.2022	0.0024
5	1555.20088	0.0015	1555.1992	1555.2023	0.0031
5	1555.20108	0.00132	1555.1995	1555.2025	0.003
5	1555.20058	0.00145	1555.1993	1555.2026	0.0033
5	1555.20062	9.03881×10^{-4}	1555.1996	1555.2015	0.0019
5	1555.20002	0.00139	1555.1977	1555.2013	0.0036
5	1555.19982	0.0015	1555.1978	1555.202	0.0042
5	1555.20008	0.00108	1555.1984	1555.2011	0.0027
5	1555.19976	9.86408×10^{-4}	1555.1987	1555.201	0.0023
5	1555.2008	0.00122	1555.1988	1555.202	0.0032
5	1555.2007	0.00137	1555.1991	1555.2024	0.0033

表 6-55 是对三次不同直径的支座的斜率和最大应变进行比较，可以得出波长 1530nm 和 1540nm 传感器在 d=275mm 的支座测试中发生的最大应变和响应曲线斜率最大。因此，直径 275mm 的支座上的 FBG 灵敏度最高，变截面放大器的应变放大效果最好。

表 6-55　不同直径变截面放大器应变比较

变截面直径 d/mm	1530nm		1540nm	
	$k/10^{-5}$	最大应变/$\mu\varepsilon$	$k/10^{-5}$	最大应变/$\mu\varepsilon$
315	−4.4	182	—	50
275	−6.78	322.25	−8.4	401.8
无变截面	—	60.5	—	50

参 考 文 献

[1] Bhuiyan A R, Alam M S. Seismic performance assessment of highway bridges equipped with superelastic shape memory alloy-based laminated rubber isolation bearing[J]. Engineering Structures, 2013, 49: 396-407.

[2] Zheng Y, Dong Y, Li Y H. Resilience and life-cycle performance of smart bridges with shape memory alloy (SMA)-cable-based bearings[J]. Construction and Building Materials, 2018, 158: 389-400.

[3] 韩鹏, 唐术熙, 王文彪, 等. 基于光纤变形传感器的测力型板式橡胶支座: CN206279444U[P]. 2017-06-27.

[4] 庄一舟, 傅公康. 桥梁健康的监测方法及其智能测力支座: CN102564660A[P]. 2012-07-11.

[5] 盖卫明, 姜瑞娟, 于芳, 等. 球型钢支座、智能支座以及支座监测系统: CN106192734A[P]. 2016-12-07.

[6] 黄茂忠, 张澍曾. 一种自调高多向智能测力支座: CN102095539B[P]. 2012-09-05.

[7] 陈逸, 江春明, 沈国军, 等. 一种橡胶拉压智能测力支座: CN204530444U[P]. 2015-08-05.

[8] 董桔灿, 于芳, 姜瑞娟, 等. 铅芯橡胶隔震支座、智能支座以及支座监测系统: CN106223189B[P]. 2018-01-23.

[9] 郭才广, 胡怡玮. 一种智能盆式支座: CN207032020U[P]. 2018-02-23.

[10] 黄斌, 冯永辉, 宋兴启, 等. 智能盆式橡胶支座: CN202202252U[P]. 2012-04-25.

[11] 姜瑞娟, 于芳, 陈宜言, 等. 盆式橡胶支座、智能支座以及支座监测系统: CN106192735A[P]. 2016-12-07.

[12] 刘志东, 熊高波, 李世军, 等. 智能盆式支座: CN103410088A[P]. 2013-11-27.

[13] 臧晓秋, 李学斌, 李东昇, 等. 三向测力盆式橡胶支座的设计及试验研究[J]. 铁道建筑, 2012(4): 1-5.

[14] 周云, 陈松柏, 陈太平. 一种基于盆式支座改进的智能称重支座: CN204988485U[P]. 2016-01-20.

[15] 周云, 陈松柏, 陈太平. 一种基于桥梁板式支座改进的智能称重支座: CN204825620U[P]. 2015-12-02.

[16] 黄茂忠, 张澍曾. 一种竖向智能测力支座: CN102032959B[P]. 2012-10-10.

[17] 于芳, 姜瑞娟, 陈宜言, 等. 摩擦摆隔震支座、智能支座以及支座监测系统: CN106049263A[P]. 2016-10-26.

[18] 于芳, 姜瑞娟, 陈宜言, 等. 高阻尼橡胶隔震支座、智能支座以及支座监测系统: CN106192736A[P]. 2016-12-07.

[19] 袁万城, 李燕峰, 党新志, 等. 智能拉索减震支座: CN205443918U[P]. 2016-08-10.

[20] 袁万城, 李燕峰, 党新志, 等. 智能光纤拉索减震支座系统: CN105755950A[P]. 2016-07-13.

第7章 基于螺旋分布式光纤的锚索腐蚀长期监测方法

7.1 概　　述

　　预应力锚索常常深埋于各种结构中，且长期处于张拉状态，并处于混凝土、土壤、岩石等环境中，会受到大气湿度、地下水等各种因素的影响，产生各种情况的腐蚀。预应力锚索结构主要由锚固段、自由段和外锚头三部分组成，如图 7-1 所示。锚固段锚固形式分为机械式和胶结式，目前大多数锚固形式都采用胶结式锚固。胶结式锚固的优点是，可用于各种岩体，只要内锚固段有足够的长度，就可以提供较大的锚固力；胶结式锚固材料多采用水泥浆或水泥砂浆，水泥浆与围岩有较好的黏结性能，对锚固材料有较好的防护特性。自由段是连接外锚头和锚固段的整体构件，也是外锚头施加预应力传递到锚固段的主要设置结构构件；外锚头是提供张拉应力和锁定的结构部件[1]。

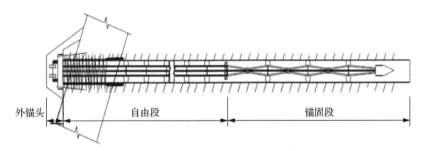

外锚头　　　　自由段　　　　　　　锚固段

图 7-1　预应力锚索结构

　　对于预应力锚索，待钢绞线埋入岩体后，对内锚固段用水泥浆进行灌注，由于水泥浆的碱性环境，在钢绞线表面会形成一层钝化膜，可以阻止钢绞线的锈蚀。但是实际上，当锚索张拉后，内锚固段的水泥浆体极有可能产生拉裂缝，在岩土体里湿度较大的环境下，如还有侵蚀性氯离子和硫酸根离子的作用，经过若干年后，就会导致钝化膜破坏，钢绞线就容易锈蚀。预应力锚索在拉应力状态下长期处于围岩、土壤中，且大多要穿过地层破碎带或软弱夹层，工作环境比较恶劣，必然受到地下水、气体湿度和岩石成分的影响。在如此复杂的因素作用下，预应力锚索会产生基于多种原理的锈蚀，并交叉发展，导致预应力锚固结构失效。一般来说，有以下几种导致锈蚀的机理。

由于预应力锚索所处环境复杂多样，其腐蚀类型也多种多样，主要腐蚀类型如图 7-2 所示。

图 7-2　锚索腐蚀类型

预应力锚索腐蚀主要类型有应力腐蚀、氢脆、电化学腐蚀、杂散电流腐蚀及其他腐蚀，表 7-1 为各腐蚀类型对比。因为预应力锚索处于高应力状态下，其主要腐蚀损伤机理为应力腐蚀和电化学腐蚀。但在实际工程中，一般是多种腐蚀共同作用导致预应力锚索腐蚀破坏。

预应力锚索腐蚀损伤形态有均匀腐蚀、晶间腐蚀、局部溶出、点蚀、破裂，是锚索在不同腐蚀因素作用下的结果，如图 7-3 所示。预应力锚索的腐蚀机制因所处环境不同而各不相同，从而导致预应力锚索腐蚀形态也各不相同。

综上所述，预应力锚索的腐蚀具有以下特点：①时间随机性；②空间随机性；③隐蔽性；④均匀腐蚀与局部腐蚀共存。上述特征决定了预应力锚索的腐蚀必须通过多种手段及方法才能全面识别。

表 7-1　预应力锚索腐蚀类型对比

腐蚀类型	腐蚀机理	腐蚀特征
应力腐蚀	在高应力状态和腐蚀性介质的共同作用下，导致预应力锚索在受拉过程中应力分布不均，产生应力集中，在平均应力远低于破坏应力时，发生锚索沿腐蚀边缘处突然断裂的现象	事先无预兆、断口与拉力垂直
氢脆	预应力锚索在酸性和微碱性的介质中发生脆性断裂的另一种类型。因为锚索吸收了氢原子，而使其变脆，所以称之为氢脆	常与应力腐蚀伴随发生，二者很难区分
电化学腐蚀	预应力锚索的电化学腐蚀与钢筋的电化学腐蚀机理一样，都是由于表层的钝化膜被破坏后与周围环境中的腐蚀介质接触并发生电化学反应从而引起腐蚀	所处环境可能有腐蚀介质，容易发生电化学腐蚀
杂散电流腐蚀	指由不按预定线路流通的电流引起的电化学腐蚀，本质上是电化学腐蚀，属于局部腐蚀，其原理与电化学腐蚀一样，都是具有阳极过程和阴极过程的氧化还原反应	杂散电流危害比较大，且无法避免
其他腐蚀	化学腐蚀、生物腐蚀、晶间腐蚀、杂物腐蚀	非主要腐蚀

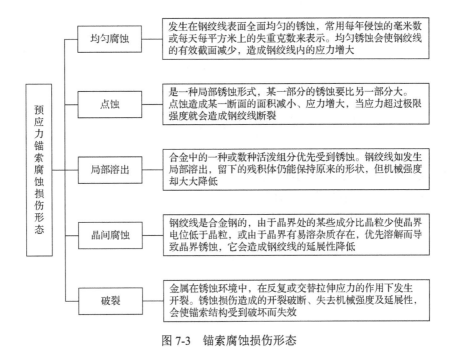

图 7-3　锚索腐蚀损伤形态

7.2　基于螺旋分布式光纤的锚索均匀腐蚀监测原理

7.2.1　腐蚀膨胀厚壁圆筒模型分析

通常情况下，钢筋的均匀腐蚀过程是随机发生的。当混凝土结构中的钢筋发生腐蚀后会产生大量的腐蚀膨胀产物并在钢筋表面不断积累，对外围的混凝土保护层产生膨胀力，因此，对混凝土腐蚀膨胀过程进行理论分析时，采用如下假定：①钢筋混凝土结构是各向同性的且被视为理想弹塑性材料，满足双剪强度准则；②钢筋混凝土结构的几何形状、约束边界条件及腐蚀膨胀力等均与钢筋的中轴线对称，因此可将均匀腐蚀膨胀问题简化为平面应变问题。厚壁圆筒模型试件受力示意图，如图 7-4 所示。

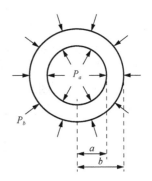

图 7-4　厚壁圆筒模型试件受力示意图

根据厚壁圆筒拉梅（Lame）公式，并且规定该模型试件中正压力的方向为正方向，拉应力的方向为负方向，则有

$$\sigma_r = \frac{\frac{b^2}{r^2}-1}{\frac{b^2}{a^2}-1}P_a + \frac{1-\frac{a^2}{r^2}}{1-\frac{a^2}{b^2}}P_b \tag{7-1}$$

$$\sigma_\theta = -\frac{\frac{b^2}{r^2}+1}{\frac{b^2}{a^2}-1}P_a + \frac{1+\frac{a^2}{r^2}}{1-\frac{a^2}{b^2}}P_b \tag{7-2}$$

式中，σ_r 为径向应力；σ_θ 为环向应力；a 为试件内半径；b 为试件外半径；P_a 为圆筒内孔压力；P_b 为圆筒外壁围压；r 为圆筒厚壁上任意点的半径。

在本节的研究中不考虑外围压力，即 $P_b = 0$，因此式（7-1）和式（7-2）可以转化为

$$\sigma_r = \frac{\frac{b^2}{r^2}-1}{\frac{b^2}{a^2}-1}P_a \tag{7-3}$$

$$\sigma_\theta = -\frac{\frac{b^2}{r^2}+1}{\frac{b^2}{a^2}-1}P_a \tag{7-4}$$

由上述分析可知，内孔压力（即钢筋腐蚀膨胀力）会引起外层混凝土产生环向应力应变，这就是钢筋腐蚀膨胀的原理。

7.2.2　基于螺旋分布式光纤的锚索腐蚀监测原理

依据锚索腐蚀膨胀的原理，本章提出基于螺旋分布式光纤的锚索腐蚀长期监测新方法。光纤与锚索结构是一体的，锚索发生腐蚀后腐蚀产物堆积在锚索周围，对螺旋分布式光纤产生腐蚀膨胀作用，光纤自身产生径向位移和环向位移。这里选取螺旋分布式光纤微圆弧 $\overset{\frown}{PB}$ 进行应变分析，假定螺旋分布式光纤只有环向位移没有径向位移，如图 7-5 所示。

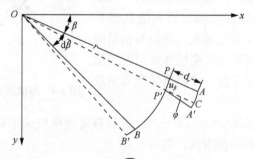

图 7-5　圆弧 $\overset{\frown}{PB}$ 应变分析图

由于光纤受力产生环向位移，此时，径向线段 PA 移动到 $P'A'$，环向线段 PB 移动到 $P'B'$，那么 P、A、B 三点的位移分别为

$$PP' = u_\beta \tag{7-5}$$

$$AA' = u_\beta + \frac{\partial u_\beta}{\partial r} \mathrm{d}r \tag{7-6}$$

$$BB' = u_\beta + \frac{\partial u_\beta}{\partial \beta} \mathrm{d}\beta \tag{7-7}$$

式中，β 为螺旋线的升角；r 为锚索半径。

作线段 $P'C \parallel PA$，则 φ 为 PA 的转角，由于 φ 是微小的，因此可以去除高阶微量使得 $PA \approx P'A'$，那么径向线段 PA 的线应变为

$$\varepsilon_r = 0 \tag{7-8}$$

同时，由应变定义可得环向线段 PB 的线应变为

$$\varepsilon_\beta = \frac{P'B' - PB}{PB} = \frac{BB' - PP'}{PB} = \frac{\left(u_\beta + \dfrac{\partial u_\beta}{\partial \beta}\mathrm{d}\beta \right) - u_\beta}{r\mathrm{d}\beta} = \frac{1}{r}\frac{\partial u_\beta}{\partial \beta} \tag{7-9}$$

结合式（3-36）、式（3-39）、式（7-9），进一步推导可得

$$\upsilon_B(\varepsilon,T) = \upsilon_B(0) + \frac{1}{r}\frac{\mathrm{d}\upsilon_B(\varepsilon)}{\mathrm{d}\varepsilon}\left(\frac{\partial u_\beta}{\partial \beta} - \frac{\partial u_{\beta_0}}{\partial \beta_0} \right) + \frac{\mathrm{d}\upsilon_B(T)}{\mathrm{d}T}(T - T_0) \tag{7-10}$$

式中，$\upsilon_B(0)$ 为初始应变、初始温度时布里渊频移量；$\upsilon_B(\varepsilon,T)$ 为应变 ε、温度 T 时布里渊频移量；$\dfrac{\mathrm{d}\upsilon_B}{\mathrm{d}T}$ 为温度比例系数；$\dfrac{\mathrm{d}\upsilon_B}{\mathrm{d}\varepsilon}$ 为应变比例系数；$T - T_0$ 为温度差；$\dfrac{1}{r}\left(\dfrac{\partial u_\beta}{\partial \beta} - \dfrac{\partial u_{\beta_0}}{\partial \beta_0} \right)$ 为应变变化量。

锚索腐蚀引起螺旋分布式光纤的环向应变变化，故通过监测光纤环向应变的变化即可对混凝土中锚索腐蚀情况进行判断，其原理如图 7-6 所示。

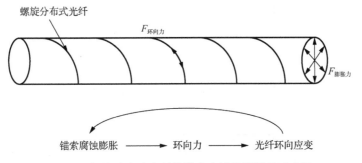

图 7-6　螺旋分布式光纤的锚索腐蚀监测原理示意图

7.2.3　环向光纤应力的影响参数分析

依据式（7-3）、式（7-4），我们研究了环向应力与腐蚀膨胀力、锚索半径及保护层厚度的曲线关系。当内孔压力即锚索腐蚀膨胀力、试件外半径及圆筒厚壁内任意点半径均一定时，环向应力随锚索半径的增大而逐渐增大，其变化曲线如图 7-7 所示。圆筒厚壁内任意点的半径越大，锚索腐蚀膨胀力对其产生的作用就越小。锚索半径、内孔压力及试件外半径一定时，在圆筒厚壁内环向应力随任意点半径的增大而逐渐减小，最终变化趋于平缓，如图 7-8 所示。锚索混凝土结构的保护层厚度即模型试件中外半径与内半径的差值，该差值越大，那么在相同径向应力的情况下，模型试件所受环向应力越小，其环向应力与混凝土保护层厚度的关系如图 7-9 所示。

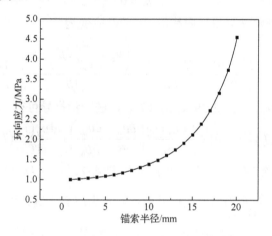

图 7-7　环向应力与锚索半径的关系曲线

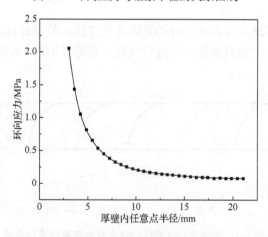

图 7-8　环向应力与厚壁内任意点半径的关系曲线

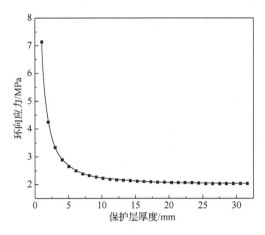

图 7-9　环向应力与混凝土保护层厚度的关系曲线

　　混凝土中锚索腐蚀膨胀力会对周围混凝土结构产生环向应力,引起周围混凝土的应变。在距离锚索中心一定半径范围内,随着腐蚀膨胀力的变化,环向应力的变化较为明显。因此,基于螺旋分布式光纤的锚索腐蚀监测原理中利用环向应变对锚索腐蚀程度进行评价是可行的。

7.3　螺旋分布式光纤的曲率研究

　　将螺旋缠绕结构中的螺旋线进行展开,如图 7-10 所示。依据螺旋缠绕角的定义, α 表示的是螺旋缠绕角, β 为 α 的余角,表示的是螺旋线升角,也即本章提出的光纤缠绕角。

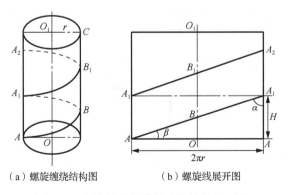

　（a）螺旋缠绕结构图　　　　　　（b）螺旋线展开图

图 7-10　螺旋缠绕结构图及螺旋线展开图

　　当光纤被螺旋分布在圆柱体试件上时,完全可以将其等效为圆柱螺旋线,该螺旋曲线的参数方程为

$$x = r\cos\theta$$
$$y = r\sin\theta \tag{7-11}$$
$$z = \pm\frac{H}{2\pi}\theta = \pm r\theta\cot\alpha$$

式中，r 为光纤螺旋分布的半径；H 为螺旋分布螺距；α 为螺旋缠绕角；θ 为螺旋线绕圆柱旋转的角度。

则该圆柱空间螺旋线的曲率 ρ 为

$$\rho = \frac{4\pi^2 R}{4\pi^2 R^2 + H^2} \tag{7-12}$$

平面曲线下，曲线的曲率为

$$\rho = \frac{2\pi}{\sqrt{(2\pi r)^2 + H^2}} \tag{7-13}$$

在不受力的情况下，光纤弯曲主要影响螺旋分布式光纤的光损耗，由此针对光纤弯曲曲率变化对螺旋分布式光纤的光损耗的影响进一步分析。

同时，由于钢筋锈胀环向应力在不同螺旋缠绕方向产生的应力不同，为保证各条光纤应变可以进行对比，光纤螺旋缠绕必须具有确定的螺旋缠绕角，同时为实现不同螺旋缠绕角之间应力应变值的转换，必须求得环向应力与螺旋应力（即螺旋方向应力）的关系。

7.3.1 螺旋缠绕角对螺旋分布式光纤传感器性能的影响

取砂浆垫层上三角形单元体分析：选取螺旋线上的一点 P，分析其应力状态的情况。为了便于分析，在 P 点附近取 AB 平面，并与经过 P 点的 x 面 PB 和 y 面 PA 划出一个微小的三角板 $\triangle PAB$，如图 7-11 所示。当面积 AB 无限减小而趋于 P 点时，平面 AB 上的应力即经过 P 点、平行于 z 轴而倾斜于 x 轴和 y 轴的任何斜面上的应力。

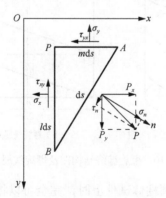

图 7-11 三角板 $\triangle PAB$ 微元体

斜面 AB 上的全应力 P 在 x 轴及 y 轴上的投影分量为 P_x 和 P_y，n 代表斜面 AB 外法线的方向，其方向余弦为

$$\cos(n, x) = l \tag{7-14}$$

$$\cos(n, y) = m \tag{7-15}$$

假定斜面 AB 的长度为 ds，因此 PB 面和 PA 面的长度分别为 $l$ds、$m$ds，而 $\triangle PAB$ 的面积为 $l$ds $\cdot$ $m$ds $/2$。垂于图平面的尺寸选取一个单位长度。由 x 轴及 y 轴方向的平衡条件及令 ds 趋于零可得

$$P_x = l\sigma_x + m\tau_{yx} \tag{7-16}$$

$$P_y = m\sigma_y + l\tau_{xy} \tag{7-17}$$

令斜面 AB 上的正应力和切应力分别为 σ_n 和 τ_n，由 P_x 和 P_y 的投影可得

$$\sigma_n = lP_x + mP_y \tag{7-18}$$

$$\tau_n = lP_y - mP_x \tag{7-19}$$

联立式（7-18）、式（7-19）可得

$$\sigma_n = l^2\sigma_x + m^2\sigma_y + 2lm\tau_{xy} \tag{7-20}$$

$$\tau_n = lm(\sigma_y - \sigma_x) + (l^2 - m^2)\tau_{xy} \tag{7-21}$$

设经过 P 点的某一斜面上的切应力等于零，则该斜面上的正应力即为 P 点的主应力 σ。由于砂浆棒只受环向应力 σ_x，本章只考虑沿 x 轴方向的应力即钢筋腐蚀作用对光纤的法向侧压力 σ_x，因此有

$$\sigma_y = \tau_{xy} = 0 \tag{7-22}$$

联立式（7-20）、式（7-22）可得

$$\sigma = \sigma_x\cos^2\beta = \sigma_x\cos^2\left(\frac{\pi}{2} - \alpha\right) \tag{7-23}$$

式（7-23）即为分布式光纤所受螺旋主应力与环向应力和螺旋缠绕角的关系式。

此外，以固定螺旋缠绕角还可以将光纤位置与钢筋位置联系起来，实现钢筋腐蚀的定位。将按某一角度缠绕的螺旋缠绕光纤全部拆开（图 7-12）可得

$$H = L\cos\beta \tag{7-24}$$

因此，只要光纤上任一点光纤发生应变，仅测得该点距 O 点的长度 L 就可得出该点在钢筋上距起始点 A 的长度 H，如式（7-24），进而可以实现对钢筋的锈胀定位。

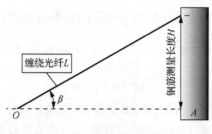

图 7-12 　光纤缠绕原理

7.3.2 　弯曲曲率对螺旋分布式光纤传感器性能的影响

1. 缠绕半径对弯曲曲率的影响

光纤弯曲产生光信号损耗，一般来说弯曲半径越小，弯曲损耗越大。当以一个固定的曲率半径把光纤缠绕成光纤线圈时，光损耗是固定的，该损耗与曲率半径相关[2,3]。

由式（7-13）可知，螺旋分布式光纤弯曲曲率 ρ 与缠绕半径 r 及缠绕螺距具有以下关系：

$$\rho = \frac{2\pi}{\sqrt{\left(2\pi r\right)^2 + H^2}} \tag{7-25}$$

因此，可得缠绕半径与弯曲曲率的关系曲线，如图 7-13 所示。由图可知，螺旋分布式光纤的弯曲曲率随缠绕半径的增大呈减小的趋势，最终趋于不变。

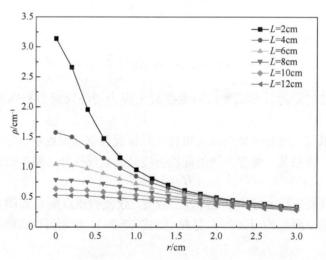

图 7-13 　弯曲曲率与缠绕半径之间的关系曲线

2. 缠绕螺距对弯曲曲率的影响

螺旋缠绕角在实际操作中是很难控制的，因此提出用螺距代替螺旋缠绕角的工艺参数，进行光纤缠绕。当螺旋分布式光纤的缠绕半径一定时，螺旋分布式光纤的弯曲曲率随缠绕螺距的增大而减小，如图 7-14 所示。

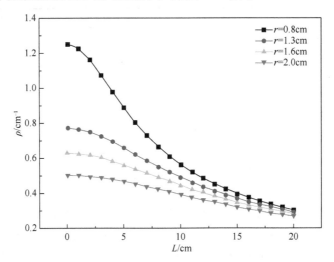

图 7-14　弯曲曲率与缠绕螺距之间的关系曲线

当缠绕螺距一定时，缠绕半径越大，弯曲曲率就越小，同时，对应的螺旋缠绕角就越小，反之亦然。当缠绕半径一定时，螺旋缠绕的螺距越大，弯曲曲率就越小，对应的螺旋缠绕角也就越大，反之亦然。因此，分析螺旋缠绕角对螺旋分布式光纤传感器性能的影响是有必要的。

在光损耗满足要求的情况下（表 7-2），以 6cm 缠绕直径进行缠绕 100 圈，可以测量钢筋长度仅为 18.83m。因此，如果增加光纤测试长度，可增大光纤曲率半径，可降低光损耗。

表 7-2　光纤技术参数

光纤特性	条件	数据
筛选张力	离线	≥9.0N
宏弯附加衰减	1550nm	
	1 圈 ϕ32mm	≤0.50dB
	100 圈 ϕ60mm	≤0.05dB
动态疲劳参数（nd，典型值）		≥27

注：nd 表征光纤的疲劳寿命。

选用直径 16mm 的光圆碳素钢作为试验材料，并结合上述分析给出了光纤缠绕直径、螺旋缠绕角、缠绕螺距及弯曲曲率半径之间部分对应关系，如表 7-3 所示，并分别在该钢筋表面及钢筋外层不同厚度的砂浆层上进行多次重复性螺旋分布试验验证。

表 7-3　螺旋分布式传感器结构参数分析表

缠绕直径/mm	螺旋缠绕角/(°)	缠绕螺距/cm	弯曲曲率/cm^{-1}
16	30	8.7	0.625
16	35	7.1	0.719
16	45	5.0	0.885
16	60	2.9	1.087
26(d=5mm)	60	4.7	0.667
32(d=8mm)	60	5.8	0.541
36(d=10mm)	60	6.5	0.463

通过螺旋缠绕光纤，使用 BOTDA 进行光纤应变测试，发现：

（1）相同缠绕直径下，螺旋缠绕角越小，则缠绕螺距越大，同时，弯曲曲率越小。缠绕直径为 16mm 时，以 30°、35°、45° 及 60° 的螺旋缠绕角分别进行缠绕试验，结果发现以 60°、45° 及 35° 螺旋缠绕角的光纤，其光损耗较大。30° 螺旋缠绕角的测试效果明显较好且无明显光损。通过缠绕试验结果表明，在相同缠绕直径下，光纤的弯曲曲率小于 0.625cm^{-1} 为宜。

（2）以相同螺旋缠绕角进行缠绕时，垫层厚度越大，螺旋缠绕的螺距也越大。试验发现，钢筋外层包裹砂浆垫层厚度为 5mm、8mm 以及 10mm 时，以 60° 螺旋缠绕角进行缠绕时，光纤的弯曲曲率小于 0.667cm^{-1} 较为适宜。

综上所述，缠绕半径与螺距的选择应以尽量降低光损耗为原则，通过理论分析与缠绕试验分析，光纤弯曲曲率小于 0.667cm^{-1} 为宜。因此，在保证光纤临界曲率半径的要求下，以固定角度进行光纤缠绕，提出以螺距参数作为光纤缠绕的工艺参数。

7.4　螺旋分布式光纤应变与腐蚀率的理论数学模型

7.4.1　钢筋锈胀力与腐蚀率关系的理论分析

在钢筋的腐蚀过程中，由于锈蚀产物的不断堆积，会对周围的混凝土产生膨胀应力，当锈胀力达到临界值时，混凝土构件会产生由内向外扩展的裂缝。金伟良等[4]给出了单位长度上混凝土未开裂部分的混凝土环向应力公式：

$$\sigma = \frac{e^2 \times (d/2e) \times \left[1 + \dfrac{(c+d/2)^2}{r^2}\right]}{(e+d/2)^2 - e^2} \times q \qquad (7\text{-}26)$$

式中，σ 为混凝土环向应力（MPa）；e 为锈蚀层厚度（mm）；d 为钢筋直径（mm）；c 为混凝土保护层厚度（mm）；r 为锈蚀产物渗透半径（mm）；q 为钢筋锈胀力（N/mm^2）。

通过分析式（7-26）发现，环向应力与钢筋锈胀力呈正比例关系，金伟良等[5] 在此基础上提出了钢筋锈胀力的表达式：

$$q = \frac{\left\{\left[\sqrt{(n-1)\rho+1}-1\right]R\right\}^{-0.049n^2+0.4n+0.9546}}{\dfrac{(1+\mu)Rc^2+(1-\mu)R^3}{E(c^2+R^2)}+\dfrac{n\rho R}{140e^{-0.33n}(1.924n\rho+2-2\rho)}} \tag{7-27}$$

式中，q 为钢筋锈胀力（N/mm^2）；n 为钢筋锈蚀后体积膨胀率；ρ 为钢筋截面损失率；R 为钢筋半径（mm）；μ 为混凝土泊松比；c 为混凝土保护层厚度（mm）；E 为混凝土弹性模量（MPa）。

通过分析式（7-27）[5]发现，随着锈蚀层厚度增加，钢筋锈胀力增大。对比式（7-26）与式（7-27）可发现，对于同种预应力混凝土结构，在混凝土完全开裂前，混凝土环向应力与腐蚀率基本成正比例关系。因为混凝土弹性模量固定不变，所以应变变化量 $\Delta\varepsilon$ 与腐蚀率变化量 $\Delta\omega$ 成正比，即

$$\Delta\varepsilon \propto \Delta\omega \tag{7-28}$$

因此，只要确定其比例系数，就能通过应变变化量的大小推算钢筋的腐蚀率变化量，即

$$\Delta\omega = K\Delta\varepsilon \tag{7-29}$$

$$\Delta\varepsilon = K'\Delta\omega \tag{7-30}$$

式中，$\Delta\omega$ 为钢筋腐蚀率变化量；K' 为腐蚀率灵敏度；K 为腐蚀率-应变换算系数；$\Delta\varepsilon$ 为螺旋光纤应变变化量。

因为钢筋在自然状态下腐蚀非常缓慢，腐蚀到开裂状态一般需要几年到几十年的时间不等，所以本试验采用了电化学方法加速钢筋的腐蚀过程，使钢筋的腐蚀过程缩短到几天到几十天不等。试验装置如图 7-15 所示。

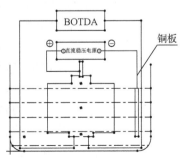

图 7-15　试验装置及示意图

由于电加速腐蚀的速率远高于自然腐蚀速率,因此试验中所测得的腐蚀速率可通过法拉第电解定律计算得出。

$$Q = nFZ \qquad (7\text{-}31)$$

式中,Q 为通过电极的电量(C);n 为沉积出该金属的物质的量(mol);F 为法拉第常数;Z 为每个金属被电解所需的电子数。

在电加速的过程中,由于采用的是直流稳压电源,所以通电过程中通过的电量与时间成正比,所以有

$$Q = It \qquad (7\text{-}32)$$

式中,Q 为通过电极的电量(C);I 为通过电极的电流(A);t 为通电的时长(s)。

联立式(7-31)与式(7-32)得出理论腐蚀率的计算公式:

$$\omega = \int \frac{MIt}{mFZ} \mathrm{d}t \times 100\% \qquad (7\text{-}33)$$

式中,ω 为有效钢筋的腐蚀率;M 为金属的摩尔质量(g/mol); I 为通过电极的电流(A);t 为通电时长(s);m 为钢筋的有效质量(g);F 为法拉第常数;Z 为每个金属被电解所需的电子数。

在电加速腐蚀过程中,钢筋在盐水中发生吸氧腐蚀,钢筋作为负极发生氧化反应,电化学方程为

$$2\mathrm{Fe} - 4e^- = 2\mathrm{Fe}^{2+}$$

在腐蚀过程中,钢筋被氧化为 Fe^{2+},Fe^{2+} 具有很强的还原性,氧气氧化生成 $\mathrm{Fe(OH)}_3$,$\mathrm{Fe(OH)}_3$ 脱水形成 $\mathrm{Fe_2O_3}$。所以在电加速腐蚀计算中,Z 取 2。

在本次试验中,共使用了两种不同长度的钢筋,钢筋尺寸分别为 $\phi16\times100\mathrm{mm}$ 和 $\phi16\times200\mathrm{mm}$。对这两种钢筋分别称重,记 100mm 钢筋质量 $m_1 = 210\mathrm{g}$,记 200mm 钢筋质量 $m_2 = 370\mathrm{g}$。由于钢筋两端的螺纹部分未参与电加速腐蚀,所以不在有效质量之内,有效钢筋为中间没有螺纹的部分,其中,100mm 钢筋的有效质量为 $m_2 - m_1 = 160\mathrm{g}$,200mm 钢筋的有效质量为 320g。

在腐蚀过程中,由于主要参与腐蚀的介质为钢筋,所以 M 为铁的相对原子质量,$M = 55.8$;I 为腐蚀过程中的实时电流强度,本试验中采用直流电源,$I = 0.1\mathrm{A}$。根据式(7-33),钢筋腐蚀率随时间的变化关系如下:

200mm 钢筋腐蚀率随时间变化关系:$\omega = 1.8 \times 10^{-7} t$;

100mm 钢筋腐蚀率随时间变化关系:$\omega = 3.6 \times 10^{-7} t$。

综上所述,由于在预应力锚索的腐蚀过程中产生的应力与钢筋相似,所以试验中使用钢筋模拟预应力锚索的腐蚀过程。钢筋腐蚀所产生的锈胀力作用在光纤上使其产生应变,因为钢筋的锈胀力与其腐蚀率成正比,所以钢筋腐蚀率与光纤所测应变也成正比,只要建立钢筋腐蚀率与光纤所测应变数学模型,即可推断出钢筋腐蚀率。

7.4.2　螺旋光纤缠绕参数与光纤应变的理论分析

由图 7-16 可知，将螺旋光纤展开后可简化为数量不等的直角三角形。试件砂浆直径相同，但是螺旋缠绕角 θ 不同。设钢筋层直径为 d，变形后的直径为 $d(1+\varepsilon)$，由三角形关系易得，A 试件螺距为 $\cot\theta_1\pi d$，斜边长为 $\sec\theta_1\pi d$；B 试件螺距为 $\cot\theta_2\pi d$，斜边长为 $\sec\theta_2\pi d$。

变形后 A 试件斜边应变为

$$\varepsilon_{\mathrm{A}}=\sqrt{\frac{[\pi d(1+\varepsilon)]^2+(\cot\theta_1\pi d)^2}{(\sec\theta_1\pi d)^2}}-1=\sqrt{1+(\varepsilon^2+2\varepsilon)\sin^2\theta_1}-1 \tag{7-34}$$

变形后 B 试件斜边应变为

$$\varepsilon_{\mathrm{B}}=\sqrt{\frac{[\pi d(1+\varepsilon)]^2+(\cot\theta_2\pi d)^2}{(\sec\theta_2\pi d)^2}}-1=\sqrt{1+(\varepsilon^2+2\varepsilon)\sin^2\theta_2}-1 \tag{7-35}$$

因为钢筋层的环向应变 ε 很小，当环向应变值趋于 0 时，有如下公式：

$$\varepsilon_{\mathrm{A}}=\sqrt{1+(\varepsilon^2+2\varepsilon)\sin^2\theta_1}-1=(\varepsilon^2+2\varepsilon)\sin^2\theta_1 \tag{7-36}$$

$$\varepsilon_{\mathrm{B}}=\sqrt{1+(\varepsilon^2+2\varepsilon)\sin^2\theta_2}-1=(\varepsilon^2+2\varepsilon)\sin^2\theta_2 \tag{7-37}$$

不难看出式（7-36）和式（7-37）具有一定的数学关系，将式（7-36）和式（7-37）相比得到

$$\frac{\varepsilon_{\mathrm{A}}}{\varepsilon_{\mathrm{B}}}=\frac{\sin^2\theta_1}{\sin^2\theta_2} \tag{7-38}$$

从式（7-38）中我们看到，不同角度之间具有一定的比值。对比试验数据，2# 和 5# 螺旋缠绕角分别为 60° 和 30°，所以它们砂浆层的斜率应为 3，这与 206/223= 0.92 相差甚远。同理 3# 和 7# 试件同样适用，3# 和 7# 螺旋缠绕角分别为 60° 和 30°，所以它们砂浆层的斜率应为 3，与试验数据 276/82=3.37 吻合。其原因可能是 2# 和 5# 试件在试验前期存在胶体破裂情况，导致数据出现偏差。而 3# 和 7# 试件前期没有出现胶体破裂的现象，数据可信度较高。因此，在保护层厚度相同，螺旋缠绕角不同情况下，钢筋层和砂浆层应变存在一定比例关系［式（7-38）］。

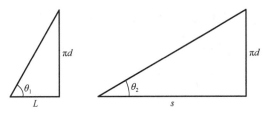

图 7-16　砂浆层展开示意图

7.5　钢筋混凝土结构的钢筋腐蚀规律

7.5.1　试验方案

在试件制作中，试验采用螺旋式缠绕方式，先确定光纤的螺旋缠绕角和螺距，采用表 7-4[6]的参数进行布设，缠绕在直径为 16mm Q235 光圆碳素钢上。依据 BOTDA 设备的空间分辨率以及以保证测试的准确性和精确性为原则，设计了不同尺寸的试件，螺旋分布式光纤传感试件分别编号为 1#、2#、1-1#、1-2#、2-1#、2-2#。

1#：由于工艺原因，目前没有将三个垫层的光纤螺旋缠绕在同一根钢筋上，钢筋上光纤弯曲损耗较大，分别制作垫层厚度为 5mm、8mm、12mm 的螺旋光纤分布传感器，然后植入如图 7-17 所示的混凝土试件中，尺寸为 150mm×150mm×300mm，如图 7-18 所示。

2#：通过计算并对比光纤螺旋缠绕曲率半径值，确定本次试验钢筋上螺旋缠绕角为 30°，在钢筋上缠绕传感光纤，同时在 5mm、8mm、12mm 垫层上以螺旋缠绕角为 60° 缠绕光纤，把钢筋上的光纤应变通过式（7-23）换算为缠绕半径相同、螺旋缠绕角为 30° 的应变值进行比较分析，试件尺寸为 150mm×150mm×300mm，如图 7-18 所示。

100mm 长试件：按照螺旋缠绕角为 30°，螺距为 8.7cm 以图 7-19 方式缠绕光纤，100mm 钢筋上共布设了一圈光纤，光纤长度为 105mm；按照螺旋缠绕角为 60°，螺距为 6.5cm 以图 7-19 的方式缠绕光纤，100mm 砂浆棒上布设了一圈光纤，光纤长度为 130mm。1-1#试件尺寸为 300mm×300mm×100mm，1-2#试件尺寸为 150mm× 150mm×100mm。

200mm 长试件：按照螺旋缠绕角为 30°，螺距为 8.7cm 以图 7-19 方式缠绕光纤，200mm 钢筋上共布设了两圈光纤，光纤长度为 210mm；按照螺旋缠绕角为 60°，螺距为 6.5cm 以图 7-19 的方式进行缠绕，200mm 砂浆棒上共布设了三圈光纤，光纤长度为 390mm。2-1#试件尺寸为 300mm×300mm×200mm，2-2#试件尺寸为 150mm× 150mm×200mm。

表 7-4　螺旋分布式传感器结构参数分析表

缠绕直径/mm	螺旋缠绕角/(°)	缠绕螺距/cm	弯曲曲率/cm⁻¹
16	30	8.7	0.625
36(d=10mm)	60		
26(d=5mm)	60		
32(d=8mm)	60	6.5	0.463
40(d=12mm)	60		

图 7-17　钢筋混凝土试件模型

图 7-18　钢筋层光纤布设方式

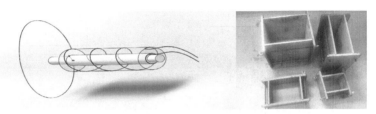

图 7-19　光纤缠绕及混凝土成型模具示意图

对 1#、2#试件采用电加速腐蚀试验全浸泡方法加速腐蚀。将浇筑好并养护一定时间的钢筋混凝土试件一端用环氧树脂胶进行密封，另一端钢筋伸出段连接导线，之后再用环氧树脂胶将钢筋、导线及混凝土端面进行密封，最后将钢筋混凝土试件放入 NaCl 溶液中浸泡，分别对每根钢筋外加直流稳流电源加速腐蚀 [图 7-20（a）]。同时，将传感光纤接入布里渊分布式光纤传感仪 [图 7-20（b）] 进行测量，试验装置如图 7-21 所示，试验现场照片如图 7-22 所示。1#、2#试件试验相关参数为电流密度为 1400μA/cm^2，经计算其电流强度为 0.21A；NaCl 溶液浓度为 7.0%；螺旋缠绕角为 30°；测试间隔为 5min/次。

（a）直流电源　　　　　　　　　　（b）布里渊分布式光纤传感仪

图 7-20　主要试验仪器图

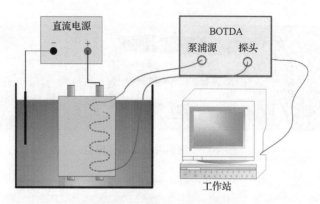

图 7-21　电加速腐蚀示意图

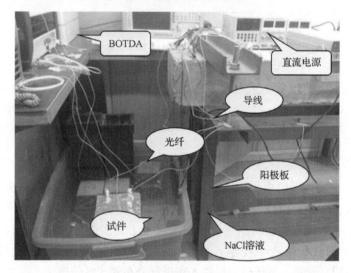

图 7-22　试验现场照片

对 1-2#、2-2#试件采用半浸泡式加速腐蚀方法,将混凝土试块浸泡在 5%的 NaCl 溶液中,试块与水箱底部用砖块垫起,使底面与 NaCl 溶液充分接触。顶端钢筋与直流稳压电源的正极相连接,直流稳压电源负极与铜板相连接,将铜板浸泡在 NaCl 溶液中作为直流稳压电源的负极,形成完整的电流通路,试验装置如图 7-15 所示。

7.5.2　钢筋锈胀规律

图 7-23、图 7-24 是螺旋光纤应变随锈蚀时间的变化曲线,尽管 2# 试件在操作过程中数据未能及时采集,依然从图中可以看到光纤应变与加速腐蚀时间(即腐蚀率与光纤应变)的关系,将钢筋腐蚀膨胀分为以下三个阶段(图 7-25)。

(1)第一阶段(应变缓慢增加阶段):钝化膜破坏及钢筋脱钝后,开始产生腐蚀,此时产生的锈胀力较小,其内部存在的初始微裂纹在这样的低应力作用下状态十分稳定，没有扩展的趋势或扩展速度比较缓慢。此时光纤应变监测曲线近似直线。

（2）第二阶段（应变突变阶段）：随着腐蚀产物产生，锈胀力逐渐增大，混凝土内部微裂纹快速扩展，混凝土从内部开裂至完全开裂，光纤应变快速增加。

（3）第三阶段（应变饱和阶段）：混凝土发生开裂，混凝土对钢筋锈胀约束减小，光纤应变快速增加。

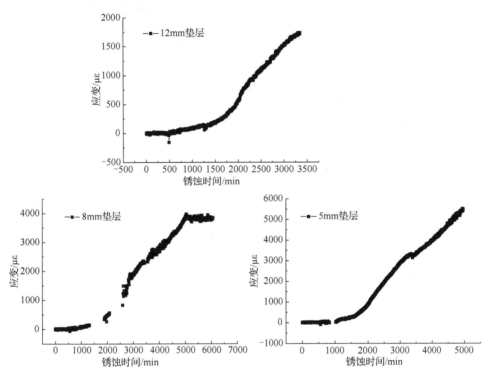

图 7-23　1#试件锈蚀时间-应变曲线

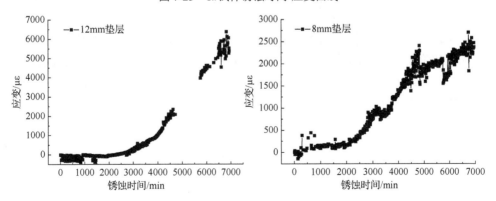

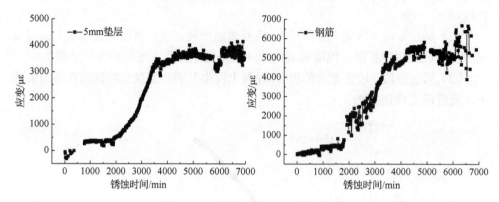

图 7-24　2#试件锈蚀时间-应变曲线

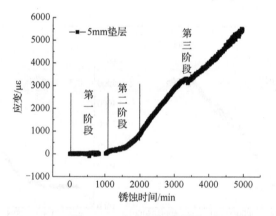

图 7-25　应变变化阶段图

　　2-2#、1-2#、2-1#试件光纤应变与钢筋试件的腐蚀率关系分别如图 7-26、图 7-27、图 7-28 所示。通过对比三组试件的应变-腐蚀率曲线发现，三组试件都具有相同的变化趋势，分为三个腐蚀阶段，即应变的缓慢增加阶段、应变的突变阶段、应变的饱和阶段。其中，1-2#试件由于操作失误导致部分数据缺失，但仍能看出三个腐蚀阶段。因此，螺旋分布式测试方法能够应用于不同钢筋长度和不同保护层厚度的混凝土构件。

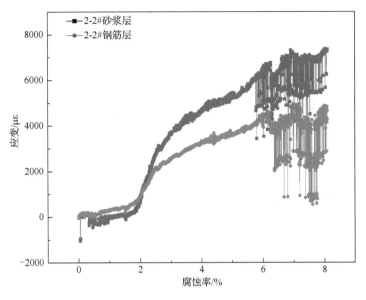

图 7-26　2-2#试件应变-腐蚀率曲线

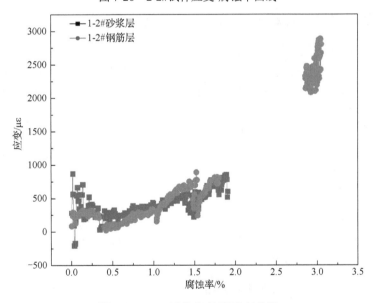

图 7-27　1-2#试件应变-腐蚀率曲线

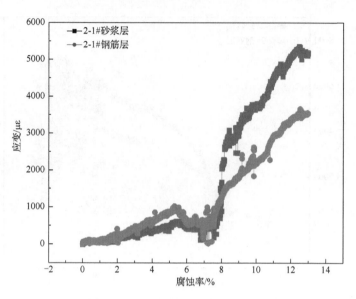

图 7-28　2-1#试件应变-腐蚀率曲线

7.5.3　垫层厚度对螺旋分布式光纤应变的影响

2#试件钢筋及垫层光纤应变对比如图 7-29 所示,从图中可以看出,钢筋上的光纤应变与其垫层上的光纤应变变化趋势相同。其中 5mm 垫层上的光纤应变规律与其内部钢筋上的光纤应变规律非常相似,垫层上的光纤应变略大于钢筋上的应变;由于垫层厚度增大,12mm 垫层厚度光纤应变与其内部钢筋上的光纤应变相差较大,且应变突变点较早,但前期总体趋势仍相同。同时,由于钢筋上光纤应变变化波动性大,垫层上应变变化均匀。由于腐蚀产物较多,腐蚀后期钢筋上的光纤传感器与钢筋脱离,锈胀力损失大,钢筋上光纤应变无增大现象,垫层上光纤测量周期更长。

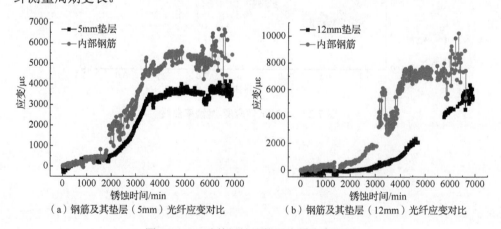

（a）钢筋及其垫层（5mm）光纤应变对比　　　（b）钢筋及其垫层（12mm）光纤应变对比

图 7-29　2#试件钢筋及垫层光纤应变对比

不同垫层螺旋分布式光纤应变随时间变化曲线、腐蚀率与应变关系、1#试件光纤变化时程图如图 7-30、图 7-31、图 7-32 所示。由图 7-30、图 7-31 可以看出：

（1）初始阶段（<1000min），腐蚀率不足 1%，混凝土未开裂，应变较小，各个垫层产生的应变都较小，差别不大。

（2）随着腐蚀产物增加，5mm 垫层的光纤应变最先发生变化（约 1600min，腐蚀率 1.2% 左右），说明 5mm 垫层最先开裂，应变较大，8mm、12mm 垫层在 1700～1800min（腐蚀率 1.5%）应变缓慢增加，说明开裂缓慢。

（3）随着混凝土的开裂，光纤应变快速增加，垫层光纤应变逐渐增大，与理论分析相吻合。

（4）在早期（<3000min）可以看出两个试件不同垫层厚度的光纤应变变化规律基本相同，在 3000min 时，8mm 垫层的 2#试件光纤应变出现下降，且变化缓慢，可能为光纤应力松弛，导致测量值失准。

垫层上的光纤没有与腐蚀产物直接接触，受到的应变更加均匀，同时还可以避免腐蚀产物对光纤的损坏。垫层上的光纤应变规律与钢筋上的光纤应变规律相似，因此，可以利用垫层螺旋光纤对钢筋腐蚀进行监测。垫层越薄，与钢筋上的应变变化值越相近，突变点越早，测量周期越短；垫层越厚，突变点越晚，测量周期越长。所以，在建立螺旋分布式光纤传感器时需选择合理垫层厚度。

2-1#、2-2#试件（保护层厚度分别为 150mm、75mm）在开裂前，螺旋光纤应变与腐蚀率之间的关系如图 7-33～图 7-35 所示。从图中可以看到，两个试件的螺旋光纤应变-腐蚀率曲线变化趋势相同，但是在开裂时，2-1#试件的钢筋腐蚀率要远高于 2-2#试件。此外，对于 2-1#试件，腐蚀率灵敏度的斜率要明显小于 2-2#试件。这表明混凝土开裂时锈胀力会随保护层厚度增大，开裂前应变-腐蚀率依旧成正比，但是其开裂时的锈胀力不一样，混凝土保护层厚度越大，开裂锈胀力越大，这与本试验结果相符，表明该方法能够反映不同厚度的混凝土的开裂及锈蚀过程。

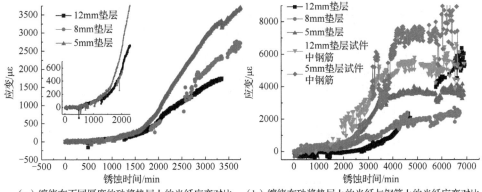

（a）缠绕在不同厚度的砂浆垫层上的光纤应变对比　　（b）缠绕在砂浆垫层上的光纤与钢筋上的光纤应变对比

图 7-30　不同垫层光纤应变随时间变化曲线

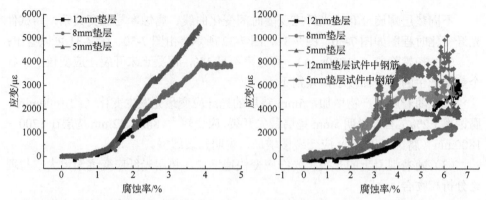

（a）缠绕在不同厚度的砂浆垫层上的光纤应变对比　　（b）缠绕在砂浆垫层上的光纤与钢筋上的光纤应变对比

图 7-31　腐蚀率与应变关系图

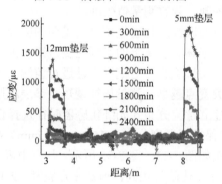

图 7-32　1#试件光纤变化时程图

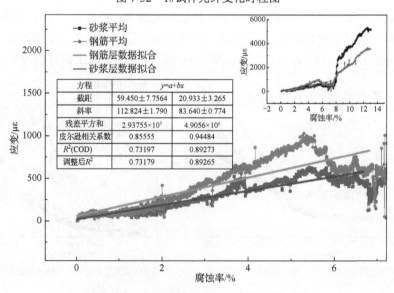

图 7-33　2-1#腐蚀率与螺旋光纤应变关系

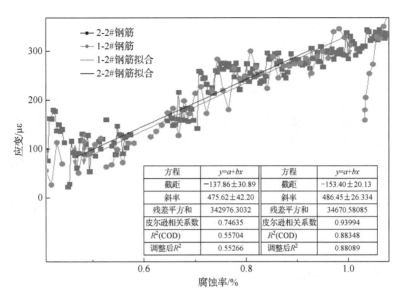

方程	y=a+bx	方程	y=a+bx
截距	−137.86±30.89	截距	−153.40±20.13
斜率	475.62±42.20	斜率	486.45±26.334
残差平方和	342976.3032	残差平方和	34670.58085
皮尔逊相关系数	0.74635	皮尔逊相关系数	0.93994
R^2(COD)	0.55704	R^2(COD)	0.88348
调整后R^2	0.55266	调整后R^2	0.88089

图 7-34　开裂前 1-2#、2-2#试件钢筋层腐蚀率灵敏度对比

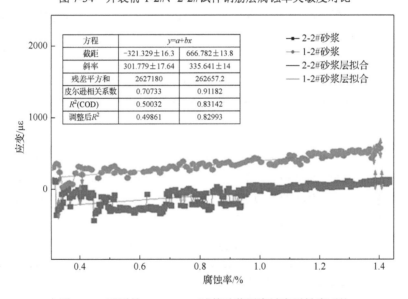

方程	y=a+bx		
截距	−321.329±16.3	666.782±13.8	
斜率	301.779±17.64	335.641±14	
残差平方和	2627180	262657.2	
皮尔逊相关系数	0.70733	0.91182	
R^2(COD)	0.50032	0.83142	
调整后R^2	0.49861	0.82993	

图 7-35　开裂前 1-2#、2-2#试件砂浆层腐蚀率灵敏度对比

2-1#、2-2#试件腐蚀率灵敏度对比及腐蚀率换算系数对比分别见表7-5、表7-6。

表 7-5　2-1#、2-2#试件腐蚀率灵敏度对比　　　　单位：με/(1%)

	2-1#试件	2-2#试件
钢筋层	112.824	486.45
砂浆层	83.640	335.641

表 7-6　2-1#、2-2#试件腐蚀率换算系数对比

	2-1#试件	2-2#试件
钢筋层	0.10101	0.002056
砂浆层	0.04290	0.002979

当混凝土保护层厚度增大时，腐蚀产物的体积膨胀率减小。在腐蚀过程中，虽然两个试件相同时间内产生的锈蚀产物相同，但是由于 2-1#试件体积膨胀率减小导致腐蚀产物的堆积厚度减小，锈胀力减小，即在相同腐蚀率时，2-1#试件的螺旋光纤应变要低于 2-2#试件的螺旋光纤应变。通过对比发现，当混凝土保护层厚度发生变化时，腐蚀率灵敏度 K' 也在变化。腐蚀率灵敏度随着混凝土保护层厚度的增大而减小。因此，测试不同保护层厚度的混凝土的钢筋腐蚀率时，标定腐蚀率灵敏度即可进行预应力锚索的腐蚀率测量。

7.5.4　钢筋腐蚀长度对螺旋分布式光纤应变的影响

图 7-26 和图 7-27 为 2-2#和 1-2#试件的螺旋光纤应变与钢筋腐蚀率变化曲线，从图中可以看到在混凝土开裂前，两个试件的光纤应变与腐蚀率成正比，这与 7.4.1 节理论分析的结果相同，通过对开裂前的应变数据进行拟合，如表 7-7 和图 7-34、图 7-35 所示。

表 7-7　1-2#、2-2#试件腐蚀率灵敏度对比　　　　　　单位：$\mu\varepsilon/(1\%)$

	1-2#试件	2-2#试件
钢筋层	475.62	486.45
砂浆层	301.779	335.641

对于保护层厚度为 150mm 的混凝土试块，由式（7-29）、式（7-30）可知光纤螺旋应变与腐蚀率之间的换算系数与腐蚀率灵敏度互为倒数，即 $K'=1/K$，可得到对应的换算系数，见表 7-8。

表 7-8　1-2#、2-2#试件腐蚀率换算系数对比

	1-2#试件	2-2#试件
钢筋层	0.002103	0.0020560
砂浆层	0.003313	0.0029793

在钢筋腐蚀过程中，单位时间、单位长度的钢筋产生的腐蚀产物质量相同，由于混凝土保护层厚度相同，所以锈蚀产物的厚度相同，锈胀力相同，单位时间内产生的应变也相同，在此过程中钢筋长度未对光纤应变产生影响。通过对比拟合数据发现，只要满足 BOTDA 的测量空间分辨率要求，腐蚀率灵敏度不随钢筋长度而变化，理论分析与试验结果相一致，因此钢筋长度变化对螺旋分布式测试方法没有影响。

7.5.5　光纤应变与结构损伤的关系

实时观察混凝土结构试件发现了裂缝的产生与扩展过程。图 7-36 为 2#试件 12mm 垫层结构损伤图，可以看到 12mm 垫层结构损伤变化过程：①3000min，12mm 垫层结构在 3000min 左右时开始出现锈胀裂缝，且只有一面出现裂缝，裂缝较小没有贯穿混凝土结构，无腐蚀产物渗出；②3500min，两面各出现一道裂缝，都位于钢筋一侧，未形成贯穿裂缝，裂缝宽度有所增加但仍较小，无产物渗出；③4000min，裂缝宽度明显增加，可以直观看到锈胀裂缝，腐蚀产物有少量渗出；④5000min，裂缝继续扩展，腐蚀产物渗出较多。由以上可知钢筋发生非均匀腐蚀。

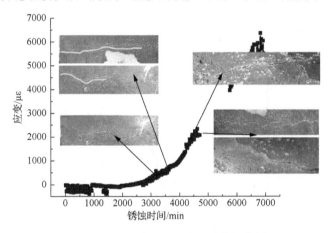

图 7-36　2#试件 12mm 垫层结构损伤图

图 7-37 为 2#试件 8mm 垫层结构损伤图，从图中可以看到 8mm 垫层结构损伤变化过程：①3000min，8mm 垫层结构只有一面出现裂缝（另一面为混凝土成型面）且出现在钢筋一端，裂缝长度约为 10cm，不是贯穿裂缝，腐蚀产物少量渗出；②3500min，出现两道裂缝，但位于同一面的钢筋两端，未形成贯穿裂缝，裂缝宽度有所增加但仍较小，一端产物渗出较多，另一端基本无渗出；③4000min，裂缝继续扩展，腐蚀产物持续渗出；④5000min，裂缝继续扩展，腐蚀产物渗出较多。由以上结构开裂图片可知钢筋发生非均匀腐蚀，由于裂缝长度较 12mm 垫层钢筋小，因此非均匀性较 12mm 垫层钢筋更明显。

图 7-38 为 2#试件 5mm 垫层结构损伤图，从图中可以看到 5mm 垫层结构损伤变化过程：①3000min，5mm 垫层结构出现裂缝，裂缝长度约为 23cm（试件全长 30cm），无腐蚀产物渗出；②4000min，裂缝继续扩展，形成贯穿裂缝，一端腐蚀产物渗出；③5000min，裂缝继续扩展，裂缝较大，腐蚀产物渗出较多。由以上结构开裂图片可知钢筋发生较均匀腐蚀，在后期发生一端渗出腐蚀产物，开始出现非均匀腐蚀特征。

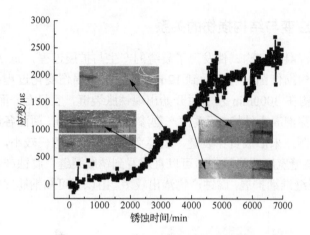

图 7-37　2#试件 8mm 垫层结构损伤图

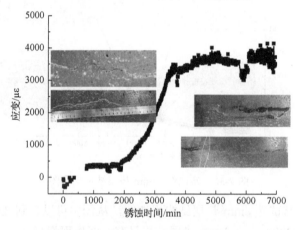

图 7-38　2#试件 5mm 垫层结构损伤图

　　综上所述，混凝土裂缝基本产生于光纤应变突变阶段（图 7-25 第二阶段），裂缝发展、扩大及开裂到一定程度后腐蚀产物渗出位于应变饱和阶段（图 7-25 第三阶段）。此外，裂缝的产生及发展情况大体分为两类：①形成贯穿裂缝，如 5mm 垫层的混凝土，后期裂缝发展亦为均匀锈胀，全长裂缝均发展，说明腐蚀较均匀；②形成未贯穿裂缝，只在某一部位产生裂缝，如 12mm、8mm 垫层的混凝土，裂缝发展在开裂部位明显，腐蚀产物渗出更严重，而在未开裂部位不明显，说明产生了局部腐蚀。

7.5.6　钢筋腐蚀的损伤定位规律

　　图 7-39 为 1#试件 12mm、5mm 垫层腐蚀处光纤应变时程图，可以看出：①埋入混凝土试件中光纤应变在前 1500min 应变较小，后期应变增大，对比两段光纤

应变可知 5mm 垫层光纤应变变化较大；②由于埋入的整段光纤应变整体上升，钢筋腐蚀较均匀，混凝土开裂也较均匀（贯穿全长的裂缝，如图 7-40 所示），未出现局部开裂。在腐蚀后期 12mm 垫层出现尖峰，说明腐蚀后期发生局部腐蚀开裂。

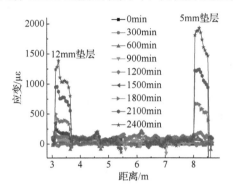

图 7-39　不同腐蚀时间下 1#试件光纤应变分布图

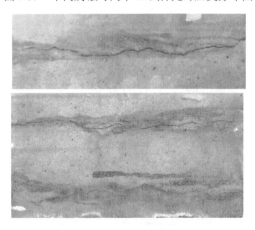

图 7-40　1#混凝土试件开裂图

图 7-41 是 2#试件 12mm 垫层光纤应变时程图和垫层应变及结构裂缝对比图，从图中可以看出 12mm 垫层钢筋呈现出非均匀腐蚀特点，同时结合混凝土开裂部位光纤应变值明显比其他部位的应变值大，因此通过光纤应变监测值可以对钢筋腐蚀进行定位。

从光纤应变时程变化图可以看出钢筋腐蚀中主要为三处明显的局部腐蚀，分别为 12.85～12.95m、13.1～13.2m、13.2～13.4m。每段局部腐蚀光纤长度约为 10cm，换算钢筋为 5cm/段。12.85～12.95m 段由于应变较小，腐蚀程度低，所以混凝土未开裂，而 13.1～13.2m、13.2～13.4m 段相距较近，混凝土裂缝连通，裂缝长度为 10cm（图 7-40 裂缝）。2#试件 8mm 垫层光纤应变时程图和垫层应变及结构裂缝对比图如图 7-42 所示，从图中可以看到 8mm 垫层的结构裂缝为两段，每段光纤长度 13cm，对应钢筋长度约为 7cm，而与混凝土裂缝实际长度（约 7cm）基本一致。

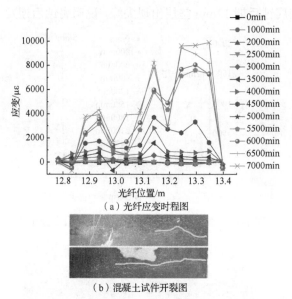

（a）光纤应变时程图

（b）混凝土试件开裂图

图 7-41　2#试件 12mm 垫层光纤应变时程图及结构裂缝对比图

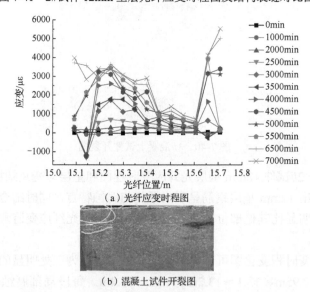

（a）光纤应变时程图

（b）混凝土试件开裂图

图 7-42　2#试件 8mm 垫层光纤应变时程图及结构裂缝对比图

图 7-43 为 2#试件 5mm 垫层光纤应变时程图和垫层应变及结构裂缝对比图，可以看到 5mm 垫层产生贯穿裂缝，腐蚀较均匀，且光纤应变同样呈现均匀增长，

在腐蚀产物渗出点腐蚀程度较高，对应位置光纤应变较高。

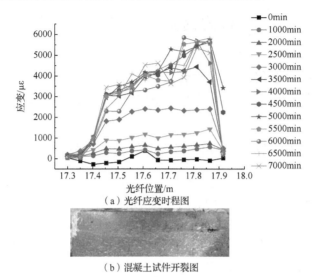

（a）光纤应变时程图

（b）混凝土试件开裂图

图 7-43　2#试件 5mm 垫层光纤应变时程图及结构裂缝对比图

图 7-44 为 2#试件钢筋上光纤应变时程图和垫层应变及结构裂缝对比图，可以看到钢筋上的光纤应变区较短，且应变变化较垫层应变大、波动大，也可以实现对损伤的定位。因此，螺旋分布式光纤传感器可以反映钢筋的腐蚀，光纤应变大的位置对应结构裂缝，可实现对腐蚀损伤的定位。

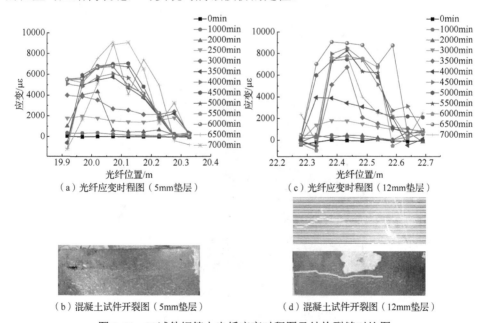

（a）光纤应变时程图（5mm垫层）

（c）光纤应变时程图（12mm垫层）

（b）混凝土试件开裂图（5mm垫层）

（d）混凝土试件开裂图（12mm垫层）

图 7-44　2#试件钢筋上光纤应变时程图及结构裂缝对比图

7.6　复合式锚索长期监测模型试验

为了验证基于光纤传感的锚索腐蚀长期监测方法的可行性，本节搭建了预应力锚索腐蚀长期监测验证平台，并进行电加速腐蚀试验，阐明预应力锚索的腐蚀规律。

7.6.1　预应力锚索腐蚀长期监测验证平台的搭建

为了搭建预应力锚索腐蚀的长期监测验证平台，设计了反力架为钢绞线施加预应力，并选取钢绞线试件：长度 2m 的符合《预应力混凝土用钢绞线》（GB/T 5224—2023）要求（公称直径为 15.2mm、抗拉强度为 1860MPa）的钢绞线 1 根，锚固长度为 1m。然后将钢绞线依次穿过反力架、亚克力 250mm×250mm 模板和圆形模具，在钢绞线两头安装工具锚，并在反力架进行张拉，待张拉到 152kN 后锁定（安全系数 1.5）。再将直径为 50mm、长为 450mm 的聚氯乙烯（polyvinyl chloride, PVC）圆柱形模具与钢绞线同轴心固定，两端用模板封闭向模具内浇筑砂浆，制作标准砂浆试块。待砂浆初凝后缠绕光纤（螺旋缠绕角为 60°）并用胶水固定，准备长度为 1m 左右的皮套作为 FBG 的预置管道，埋设 FBG 作为温度补偿使用。养护 3d 之后将面凿毛，试件详见图 7-45。最后将直径为 160mm、长为 400mm 的PVC 管圆柱形模具同轴心与砂浆包裹体固定，浇筑混凝土并制作试验试块。室温养护 28d 后对非腐蚀段的钢绞线以及与之接触的砂浆体、混凝土柱等表面涂抹环氧树脂胶，如图 7-46 所示。

图 7-45　光纤缠绕与外层混凝土浇筑

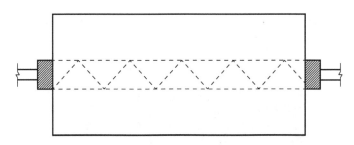

图 7-46　涂胶位置示意图

7.6.2　电加速腐蚀试验

将 250mm×430mm×250mm 腐蚀箱拼装并黏结好，在反力架下面垫上木条作为支撑。向箱内注入 5%NaCl 溶液至完全淹没混凝土试块。之后放置 12～24h，使氯离子逐渐向混凝土内部扩散到达钢筋，试验原理图如图 7-47 所示，将接口 1 连接光频域反射计（optical frequency-domain reflectometry, OFDR），采用加温方式确定待测光纤测量距离范围。接口 1 连接 OFDR，保存此时应变数据。对接口 2 重复上述操作，进行光纤定位。确保测试仪器在工作状态并接通电源，将电流保持在 0.1A。若前期因为电阻过大导致电流无法维持在 0.1A，可将电流维持在稳流电源最大允许值。将 BOTDA 机器设置自动测量保存，步长为 10min；OFDR 机器采集步长为 1h；FBG 仪器、室温计、水温计数据采集步长为 10min。试验现场照片如图 7-48 所示。

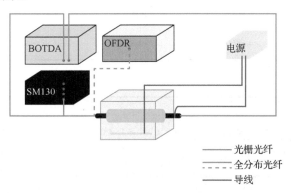

图 7-47　试验原理图

图 7-48　试验现场照片

7.6.3　结果分析与讨论

1. OFDR 光纤定位位置

1#试件测量前定位数据见表 7-9 和图 7-49,接口 1 混凝土内光纤起始位置为 4.69m,与试验中定位 4.68m 基本吻合。接口 2 混凝土内光纤起始位置为 4.91m,与试验中定位 4.92m 基本吻合。

表 7-9　OFDR 光纤初始测量表

仪器	接口 1		接口 2	
	光纤起止/m	长度/m	光纤起止/m	长度/m
OBR 4600	4.68～6.57	1.89	4.92～6.87	1.96

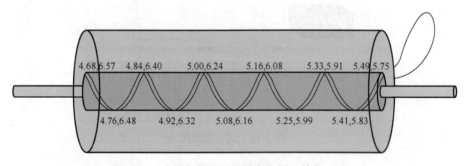

图 7-49　试件内部光纤位置定位图(单位:m)

2. OFDR 应变空间分布

光纤应变空间分布如图 7-50 所示。从图中可以看到随着腐蚀率的增加,砂浆层上光纤应变逐渐增加。腐蚀前期存在 4 个波峰波谷，砂浆棒缠绕光纤为 4.8 圈。这说明腐蚀前期存在铁锈分布不均匀问题。后期波峰波谷逐渐消失。6.14～6.86m 是缠绕在钢筋上的光纤空间距离，可以看到光纤的环向应变沿光纤长度的分布规律。图 7-51 显示的是光纤应变随着钢绞线质量损失率的变化规律，可以看出图中三条曲线分别是不同位置上的光纤应变，它们的空间距离分别为 6.14～6.26m、6.28～6.62m、6.64～6.78m。按其斜率划分为 3 段，光纤应变随着钢绞线质量损失率的增加而增大，第一阶段的砂浆层光纤平均腐蚀率灵敏度为 236με/(1%)，第二阶段

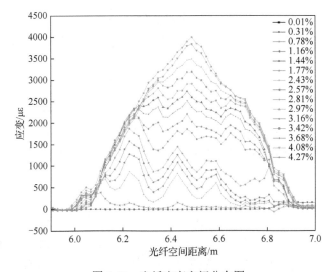

图 7-50　光纤应变空间分布图

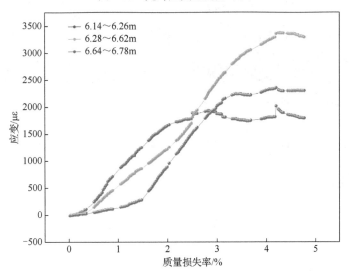

图 7-51　光纤应变时程图

平均腐蚀率灵敏度为 995με/(1%)，腐蚀后期应变变化趋于稳定。拟合曲线平均斜率详见表 7-10。三条曲线显示质量损失率为 4.2%时光纤应变突然增大，此时试件发出类似钢绞线断裂的声音，应变数据波动的原因可能是钢绞线断裂回弹，使混凝土发生振动。混凝土抗拉能力较弱，钢绞线的回弹可能进一步加剧了裂缝的发展，导致应变不再增加。同时，位于 6.14~6.26m、6.64~6.78m 处的光纤应变低于 6.28~6.62m 处的光纤应变，说明腐蚀产物会从端部析出，实际工程中要加强锚头部位的密封。腐蚀产物并非均匀地分布在砂浆中，而是分布在砂浆层的缝隙中。

表 7-10　砂浆层拟合斜率表

位置/m	螺旋缠绕角/(°)	第一阶段腐蚀范围/%	第一阶段斜率	第二阶段腐蚀范围/%	第二阶段斜率
6.14~6.26	60	0~0.34	348	0.34~2.03	940
6.28~6.62	60	0~0.34	172	0.34~4.17	931
6.64~6.78	60	0~1.47	189	1.47~3.30	1116

从图 7-52 和图 7-53 可以看出，腐蚀产物并没有侵入混凝土内，并沿着砂浆层裂缝扩展；预应力钢筋腐蚀过程分为明显的三个阶段，与第 2 章钢筋混凝土的腐蚀规律基本相同。

图 7-52　腐蚀后混凝土内部图

图 7-53　砂浆棒端部腐蚀

参 考 文 献

[1] 宋世德, 李鹏, 周卫杰, 等. 一种基于光纤布拉格光栅的金属腐蚀传感器[J]. 光电子·激光, 2015, 26(10): 1866-1872.

[2] Zhao X F, Cui Y J, Wei H M, et al. Research on corrosion detection for steel reinforced concrete structures using the fiber optical white light interferometer sensing technique[J]. Smart Materials and Structures, 2013, 22(6): 065014.

[3] Zhao X F, Gong P, Qiao G F, et al. Brillouin corrosion expansion sensors for steel reinforced concrete structures using a fiber optic coil winding method[J]. Sensors, 2011, 11(11): 10798.

[4] 金伟良, 赵羽习, 鄢飞. 钢筋混凝土构件的均匀钢筋锈胀力的机理研究[J]. 水利学报, 2001(7): 57-62.

[5] 金伟良, 赵羽习, 鄢飞. 钢筋混凝土构件的均匀钢筋锈胀力及其影响因素[J]. 工业建筑, 2001(5): 6-8.

[6] Hou Y, Aldrich C, Lepkova K, et al. Monitoring of carbon steel corrosion by use of electrochemical noise and recurrence quantification analysis[J]. Corrosion Science, 2016, 112: 63-72.

第8章 基于轴向分布式光纤的锚索腐蚀
长期监测方法

8.1 概　　述

预应力锚固结构已日益成为岩土加固工程中的首选方法，它具有增加边坡稳定、减少开挖量、可将集中荷载分散到较大范围内、改善洞室的受力条件等诸多优点，被广泛用于边坡及滑坡支挡、深基坑支护、大型地下洞室支护、水工大坝加固等工程。作为一种处于高应力状态的地下结构，其性能与所处工作环境密切相关。由于其工作环境中存在着大量以水为载体的腐蚀性介质，可通过这些结构面与锚固体发生接触，同时受预应力锚固系统结构自身设计特点和施工控制难等因素的影响，将不可避免地对其锚索造成腐蚀，尤其经常发生点蚀引发预应力锚索的断裂。对于局部腐蚀的测量，腐蚀范围小，利用腐蚀锈胀原理无法测量钢筋腐蚀。因此，本章针对预应力锚索的局部腐蚀损伤问题，提出一种基于轴向分布式光纤的锚索腐蚀长期监测方法，通过力学理论分析和实验验证等手段，建立预应力锚索腐蚀与轴向光纤应变的数学模型，为预应力锚索的腐蚀长期监测提供有效手段。

8.2 基于轴向分布式光纤的锚索腐蚀监测原理

在实际工程中，预应力锚索所处环境不同而发生的腐蚀机制各不相同，导致了预应力锚索腐蚀形态也各不相同。一般预应力锚索腐蚀主要形态[1]为均匀腐蚀、局部腐蚀，甚至点蚀。然而，这些腐蚀特征都导致了预应力锚索有效横截面面积的减小，从而引起锚索沿程应力与应变的变化，因此通过轴向分布式光纤可有望解决预应力锚索局部腐蚀监测的难题。

8.2.1 预应力锚索腐蚀损伤监测思路

预应力锚索腐蚀最终都导致钢绞线横截面面积减小致使应力集中[2]，甚至出现钢丝脆断，所以锚索腐蚀损伤程度与光纤分布应变有直接关系。因此，本节提出把锚索的均匀腐蚀与局部腐蚀转化为光纤轴向沿程应变的思路来解决锚索腐蚀损伤监测难题。

由于腐蚀，工程中处于高应力状态下的锚索应变发生变化，表示为

$$\Delta\varepsilon = \frac{F}{E}\left(\frac{1}{S} - \frac{1}{S_0}\right) \qquad (8\text{-}1)$$

式中，F 为工程中钢绞线所受的张拉力（N）；E 为钢绞线弹性模量（GPa）；S 为钢绞线腐蚀段横截面面积（mm^2）；S_0 为钢绞线原始横截面面积（mm^2）；$\Delta\varepsilon$ 为钢绞线腐蚀前后的应变差。

从式（8-1）可以看出，F/E 是放大系数，工程中所用锚索的横截面面积 S_0 是一定的，因此 F/E 值越大，即预应力越大，本方法的腐蚀率灵敏度越高。例如，工程中 5mm 直径单丝钢绞线张拉力约为 24kN，弹性模量约为 200GPa，钢绞线单丝原始横截面面积为 19.625mm^2。将数据都代入式（8-1）得到：

$$\Delta\varepsilon = \frac{24}{200}\left(\frac{1}{S} - \frac{1}{19.625}\right) \qquad (8\text{-}2)$$

根据式（8-2）计算了不同腐蚀率下对应的轴向光纤应变，如表 8-1 所示。

表 8-1　截面损失率与轴向应变对应关系

去截面处面积/mm^2	去截面处应力/MPa	截面损失率/%	应变/με
19.425	1236	1.02	63
19.125	1255	2.55	160
18.625	1289	5.10	328
18.125	1324	7.64	506
17.625	1362	10.19	694
17.125	1401	12.74	893
16.625	1444	15.29	1103
16.125	1488	17.83	1327
15.625	1536	20.38	1565
15.125	1587	22.93	1819
14.65	1641	25.48	2090
14.125	1699	28.03	2381
13.625	1761	30.57	2693
13.125	1829	33.12	3028
12.625	1901	35.67	3390
12.125	1979	38.22	3782
11.625	2065	40.76	4208

注：24kN 时钢绞线单丝应变为 6115με。

　　为了更直观地表示高应力状态下，锚索腐蚀所引起的轴向应变差，下面作出截面损失率与锚索轴向应变差的柱形图。

　　由表 8-1 可以看出，工程中预应力锚索 1%的腐蚀率也能引起锚索腐蚀段与未腐蚀的锚索相比，工程中预应力锚索 1%的腐蚀率能引起锚索腐蚀段 63με 的应变差（本章中使用的高精度光纤应变分析仪应变分辨率为 25με，因此腐蚀分辨率为 1%）；从图 8-1 中可以看到，腐蚀率（截面损失率数值上等于腐蚀率，本章的实验手段是利用截面损失代替腐蚀产生的截面损失）越大，产生的应变也越大，也就更容易被监测。图 8-1 对比了工程中截面损失率相同的锚索，在高应力状态下引起的轴向应变差与低应力状态下引起的轴向应变差的区别，可以明显看出，只有在高应力状态下的预应力锚索才能引起明显的轴向应变差，所以本试验的监测思路——把高应力状态下锚索的局部腐蚀转化为光纤轴向沿程应变来监测锚索腐蚀是可行的。

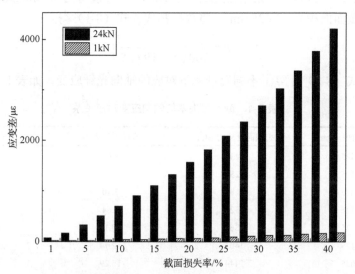

图 8-1　腐蚀率与轴向应变关系

8.2.2　预应力锚索腐蚀损伤表征参数

　　预应力锚索腐蚀从本质上讲是钢绞线腐蚀导致有效钢材减少。由于预应力锚索所处环境的隐蔽性，采用传统测试钢筋腐蚀量的方法（质量损失率[3]，即一定时间内钢筋单位体积上的腐蚀量）无法直接测量其腐蚀速率及腐蚀量，因此，需要通过其他指标间接反映预应力锚索的腐蚀状况。

　　1. 现有表征参数

　　锚索腐蚀表征参数如图 8-2 所示，对比分析现有预应力锚索腐蚀损伤的监测方法与表征参数发现，它们虽然能在一定程度上监测表征腐蚀，但都无法实时显示锚索的腐蚀状况，还有部分方法长期监测性能尚需完善；故轴向分布式光纤传感器的耐久性与实时传感的优点就被凸显出来。

在上述各种表征预应力锚索腐蚀的方法中，推导发现截面损失率评定的方法与质量损失率评定的方法本质上是一样的，可以相互推导。以下是推导过程。

质量损失率：

$$\eta = \frac{m_0 - m}{m_0} = \frac{\rho L S_0 - \rho L S}{\rho L S_0} = \frac{S_0 - S}{S_0} \qquad (8\text{-}3)$$

截面损失率：

$$\eta_s = \frac{m_0 - m}{m_0} = \frac{\rho L S_0 - \rho L S}{\rho L S_0} = \frac{S_0 - S}{S_0} \qquad (8\text{-}4)$$

由式（8-3）和式（8-4）可以推导出式（8-5）

$$\eta_s = \eta \qquad (8\text{-}5)$$

式中，η 为质量损失率；η_s 为截面损失率；m_0 为初始质量；m 为腐蚀后质量；ρ 为钢绞线密度；L 为腐蚀长度；S_0 为初始截面面积；S 为腐蚀后截面面积。

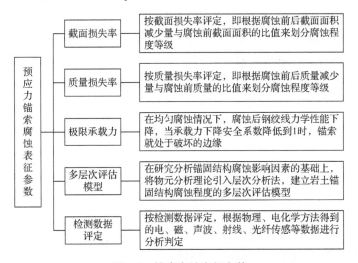

图 8-2　锚索腐蚀表征参数

2. 新损伤度表征参数

综合上述表征预应力锚索腐蚀损伤的方法，并结合将预应力锚索腐蚀损伤转化为光纤轴向沿程应变变化的研究思路，采用了能直观表征锚索腐蚀损伤的截面损失率来评估锚索的腐蚀情况，并引入连续因子评定锚索腐蚀损伤度。连续性因子定义如下：

$$\varphi = \frac{A'}{A} \tag{8-6}$$

式中，A 为未腐蚀处横截面面积；A' 为腐蚀后剩余横截面面积。损伤度 $D = 1 - \varphi$，当损伤度 $D = 0$ 时结构无损伤。随着结构腐蚀程度的加深，损伤度不断增大，当损伤度为 1 时结构完全破坏。因此，利用损伤度可以评判腐蚀程度。然而，预应力锚索结构具有高应力特征，在损伤度远未达到 1 时，产生脆断。经计算得知，工程中预应力锚索损伤度达到 0.34 时锚索便破坏失效。

由损伤度定义可以推导出，实际上评估锚索腐蚀率的截面损失率与损伤度一致，推导过程如下：

$$D = 1 - \varphi = 1 - \frac{A'}{A} = \frac{A - A'}{A} = \eta_s \tag{8-7}$$

因此，损伤度作为评价锚索腐蚀是更直观的表征腐蚀损伤的指标。

8.2.3　腐蚀率测试范围

1. 最小腐蚀率的确定

本试验所用高精度光纤应变分析仪在空间分辨率为 10cm 时，能识别 25με 以上的应变变化。也就是说腐蚀范围大于 10cm 且腐蚀程度能引起预应力锚索轴向应变产生 25με 及以上的变化时才能被高精度光纤应变分析仪识别。在工程实际情况中，预应力锚索的轴向应变与应力的关系为

$$E = \frac{\sigma}{\varepsilon} \tag{8-8}$$

$$\sigma = \frac{F}{S} \tag{8-9}$$

联合弹性模量及应力计算式（8-8）、式（8-9）得式（8-10）：

$$S = \frac{F}{E\varepsilon} \tag{8-10}$$

只有当应变大于高精度光纤应变分析仪所能识别的应变才能被区别为两个应变事件，所以式（8-10）可写成式（8-11）：

$$S = \frac{F}{E(\varepsilon + \Delta\varepsilon)} \tag{8-11}$$

将式（8-11）代入截面损失率公式［式（8-4）］即可得到工程中高精度光纤应变分析仪所能识别的最小腐蚀率。

$$\eta_s = \frac{S_0 - S}{S_0} = \frac{S_0 - \dfrac{F \times 10^6}{E(\varepsilon + \Delta\varepsilon)}}{S_0} \tag{8-12}$$

式中，E 为弹性模量（GPa）；σ 为应力（MPa）；ε 锚索为未腐蚀段微应变（με）；

F 为钢绞线所受张拉力（N）；S 为腐蚀段截面面积（mm^2）；S_0 为未腐蚀段截面面积（mm^2）；η_s 为截面损失率；$\Delta\varepsilon$ 为仪器能识别的最小应变（$\mu\varepsilon$）。

工程中 7mm 钢绞线单丝所受力大概为 24kN，弹性模量约为 200GPa，未腐蚀段对应的应变为 6115$\mu\varepsilon$，试验所用钢绞线单丝横截面面积为 19.625mm^2。将上述参数代入式（8-12）得到：

$$\eta_s = \frac{19.625 - \dfrac{24\times10^6}{200\times(6115+\Delta\varepsilon)}}{19.625} \approx 1 - \frac{6115}{6115+\Delta\varepsilon} \tag{8-13}$$

由式（8-13）可以看出，工程中预应力锚索所能识别的最小腐蚀率与高精度光纤应变分析仪能够识别的最小应变差有关，而本试验中能识别的应变差为 25$\mu\varepsilon$，代入式（8-13）计算得到高精度光纤应变分析仪所能监测的最小截面损失率约为 0.41%。但工程中实际发生的可能腐蚀长度小于 10cm，这时测得的光纤应变会小于其实际值，表 8-2 是不同空间分辨率下高精度光纤应变分析仪应变测试精度。

表 8-2　不同空间分辨率下高精度光纤应变分析仪应变测试精度

腐蚀长度/mm	能识别的最小应变/$\mu\varepsilon$
100	±25
25	±100
12.5	±200
1	±2500

不同腐蚀长度下 BOTDA 所能识别的最小应变为

$$\Delta\varepsilon/25 = 100/L \tag{8-14}$$

把式（8-14）代入式（8-12）得到：

$$\eta_s = \frac{S_0 - \dfrac{F}{E\left(\varepsilon + \dfrac{2500}{L}\right)}}{S_0} = 1 - \frac{FL\times10^6}{ES_0(\varepsilon L + 2500)} \tag{8-15}$$

因为式（8-15）中的张拉力 F、钢绞线弹性模量 E、钢绞线未腐蚀段截面面积 S_0 以及张拉力下钢绞线的应变 ε 在工程中都是定值，所以高精度光纤应变分析仪所能识别的最小截面腐蚀率只与其腐蚀长度和设备空间分辨率有关。

将上述定值代入式（8-15），得到了高精度光纤应变分析仪所能识别的最小截面腐蚀率与空间分辨率的关系：

$$\eta_s = 1 - \frac{FL\times10^6}{3925\times(\varepsilon L + 2500)} = 1 - \frac{24L\times10^6}{3925\times(6115L+2500)} \tag{8-16}$$

依据式（8-16）可以得到腐蚀范围与能识别的最小截面损失率对应关系，如表 8-3 所示。

表 8-3　腐蚀范围与能识别的最小截面损失率对应关系

倍率	能识别的最小应变/με	腐蚀长度/mm	能识别的最小截面损失率/%
1	25	100	0.41
2	50	50	0.80
5	125	20	1.98
10	250	10	3.88
20	500	5	7.47
25	625	4	9.17
50	1250	2	16.80
100	2500	1	28.76

综上所述，可以得出如下结论：

（1）可测量的最小的腐蚀率与高精度光纤应变分析仪的空间分辨率、腐蚀长度 L 有关，仪器精度也决定了监测的腐蚀率精度。

（2）10cm 空间分辨率的应变分析仪理论上能识别 1mm 腐蚀长度、截面损失率高于 28.76% 的腐蚀。

2. 最大腐蚀率的确定

在实际工程中，钢绞线处于高应力状态，钢绞线腐蚀到一定程度就会失效，因此计算工程中钢绞线所允许的最大截面损失率。

例如，工程中钢绞线应力不能超过抗拉强度 1860MPa，将抗拉强度代入应力计算得到：

$$1860 = \frac{F}{S} \tag{8-17}$$

联合式（8-4）和式（8-17）得到：

$$1860 = \frac{F}{S} = \frac{F}{S_0 - S_0 \eta_s} \tag{8-18}$$

所以工程中钢绞线所允许的最大截面损失率计算公式为

$$\eta_s = 1 - \frac{F}{1860 S_0} \tag{8-19}$$

式中，F 为钢绞线所受张拉力；S 为腐蚀后钢绞线的横截面面积；S_0 为未腐蚀时钢绞线横截面面积；η_s 为截面损失率。

因为工程中钢绞线的横截面面积 S_0 跟所受张拉力 F 是定值，由式（8-19）可以看出预应力锚索最大腐蚀率是一个定值。将 S_0、F 代入式（8-19）求得钢绞线所能允许的最大截面损失率约为 34.25%。

式（8-19）可用于不同工程项目，只需给出钢绞线横截面面积 S_0 以及所受张拉力 F 即可计算出钢绞线所允许的最大截面损失率。因此，轴向分布式光纤用于测试预应力锚索的腐蚀率范围在 0.41%至 34.25%之间，且腐蚀长度大于 1mm 以上都能识别。

8.2.4　预应力锚索腐蚀损伤数学模型的推导

截面损失率及轴向光纤应变的数学模型如下：

$$\eta_{\mathrm{s}} = \frac{S_0 - S}{S_0} = \frac{S_0 - \dfrac{F \times 10^6}{E\varepsilon}}{S_0} = 1 - \frac{F \times 10^6}{S_0 E \varepsilon} \tag{8-20}$$

在式（8-20）中代入预应力锚索所承受的张拉力 F、锚索的横截面面积 S_0 以及锚索的弹性模量 E 得到：

$$\eta_{\mathrm{s}} = 1 - \frac{24 \times 10^6}{19.625 \times 200\varepsilon} = 1 - \frac{6115}{\varepsilon} \tag{8-21}$$

式（8-21）说明，在确定工程中其他参数后只需再代入高精度光纤应变分析仪所采集的应变数据 ε 即可计算截面损失率 η_{s}。但是锚固体系的徐变以及锚索腐蚀等会导致锚索实际承受的张拉力产生变化，而且锚索的弹性模量并不均匀。上述因素都会导致测试的截面损失率不准确，因此又推导出了式（8-22）：

$$\eta_{\mathrm{s}} = \frac{S_0 - S}{S_0} = \frac{\dfrac{F}{E\varepsilon_0} - \dfrac{F}{E\varepsilon}}{\dfrac{F}{E\varepsilon_0}} = \frac{\dfrac{1}{\varepsilon_0} - \dfrac{1}{\varepsilon}}{\dfrac{1}{\varepsilon_0}} = 1 - \frac{\varepsilon_0}{\varepsilon} \tag{8-22}$$

式中，η_{s} 为截面损失率；F 为钢绞线所受张拉力（N）；E 为钢绞线的弹性模量（GPa）；ε_0 为未腐蚀段钢绞线的应变（με）；ε 为腐蚀段钢绞线的应变（με）；S 为腐蚀后钢绞线的横截面面积（mm²）；S_0 为未腐蚀时钢绞线的横截面面积（mm²）。

因为同一根锚索处所承受的力 F 大小一致，且认为同一腐蚀处锚索的弹性模量 E 也一致，所以可以推导出截面损失率只与高精度光纤应变分析仪所采集的应变数据 ε_0、ε 有关。其中 ε_0 为未腐蚀预应力钢绞线应变，ε 为钢绞线腐蚀后腐蚀处的应变。

若把工程状态下未腐蚀段应变 ε_0=6115με 代入式（8-22）中，可以发现，其实式（8-21）和式（8-22）是一致的，但是两个公式所表达的监测思想不同，式（8-21）所采用的钢绞线未腐蚀段应变 ε_0 是通过理论计算出来的，需要工程中提供准确的参数（如张拉力 F、钢绞线弹性模量 E 以及钢绞线横截面面积 S_0）；而式（8-22）中钢绞线未腐蚀段应变 ε_0 是通过高精度光纤应变分析仪测试出来的，不需要工程现场提供任何数据。所以，式（8-21）作为辅助公式，可定性判定预应力锚索的截面损失率。

8.2.5　试件的设计及制作

1. 试件材料的选取与设计

试验中使用的钢绞线单丝的直径为 5mm、长度为 1m、公称抗拉强度为 1860MPa、弹性模量为 200GPa。传感光纤采用紧套光纤[4]。此外，为模拟钢绞线腐蚀损伤，采用线切割截去钢绞线单丝部分界面模拟钢绞线腐蚀。因此需要分析截面深度与腐蚀率的关系。

1）截面深度

根据理论分析，高精度光纤应变分析仪在实际工程所能识别的最小截面损失率为 0.41%，工程中钢绞线所能允许的最大截面损失率约为 34.25%，做出以下六个等级的截面损失率试件：34.87%、22.92%、12.24%、5.20%、2.45%、0.48%。在试验初期为了验证试验可行性做了三组截面损失率为 29.18%、50%、70.74% 的试件。

在加工中采用截面深度来表示截面损失率，且截面深度也能在一定程度上表征腐蚀率，所以推导了截面损失率与单侧截面深度的数学关系。

试件截面示意图如图 8-3 所示，通过截面半径 R 以及截面深度 h 即可表示出 $\cos\theta$：

$$(R-h)/R = \cos\theta \tag{8-23}$$

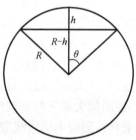

图 8-3　试件截面示意图

通过 θ 便可求出扇形与三角形面积：

$$2\theta/360° = S_{扇形}/\pi R^2 \tag{8-24}$$

$$S_{三角形} = (R-h)R\sin\theta \tag{8-25}$$

截面损失率可表达成

$$\eta_s = (S_{扇形} - S_{三角形})/S_{圆形} \tag{8-26}$$

联立式（8-23）～式（8-26）并化简得到：

$$\eta_s = \theta/180° - \sin\theta \times \cos\theta/\pi \tag{8-27}$$

$$\eta_s = \frac{\arccos\theta}{180} - \frac{\dfrac{R-h}{R}\sqrt{1-\left(\dfrac{R-h}{R}\right)^2}}{\pi} \qquad (8\text{-}28)$$

式中，R 为试件截面半径；h 为截面深度；θ 为扇形所对圆心角；η_s 为截面损失率。

　　2）截面长度范围

　　因为高精度光纤应变分析仪的空间分辨率为 10cm，截面范围分为以下五个：5cm、10cm、15cm、20cm、30cm。试件尺寸示意图如图 8-4 所示。

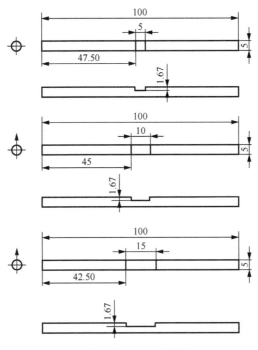

图 8-4　试件尺寸示意图（单位：mm）

2. 试件制作

　　根据分析结果，设计试件加工参数如表 8-4 所示。试件经过打磨、清洗、黏结及光纤熔接四个过程。为了保证光纤与钢绞线充分接触，避免应变传递导致的误差，先对钢绞线用砂纸进行打磨，使其表面平整光滑。同时，为了防止打磨的屑末、污渍等的影响，用脱脂棉球蘸酒精将打磨处擦洗干净。此外，将光纤拉直后在固定的位置先用 502 胶进行点式粘贴，固定后再用 AB 胶进行固化，涂覆上 AB 胶后晾置大约 24h。最后，将黏结在钢绞线上用来传感的紧套光纤与连接高精度光纤应变分析仪的松套光纤用热缩管熔接起来，最终制成试件，如图 8-5 所示。

表 8-4 试件参数对应表

试件号	截面深度/mm	截面损失率/%	截面长度/cm	Pumb/m	Probe/m
1#	1.67	29.26	10	10.5	10.5
2#	1.67	29.26	15	10.5	10.5
3#	1.67	29.26	5	10.5	10.5
4#	2.5	50.00	10	10.5	10.5
5#	2.5	50.00	15	10.5	10.5
6#	2.5	50.00	5	10.5	10.5
7#	3.33	70.74	10	10.5	10.5
8#	3.33	70.74	15	10.5	10.5
9#	3.33	70.74	5	10.5	10.5
10#	2.5	50.00	(5,10)	10.5	10.5
11#	2.5	50.00	(5,15)	10.5	10.5
12#	2.5	50.00	(10,15)	10.5	10.5
13#	3.33	70.74	(5,10)	5.5	5.5
14#	3.33	70.74	(5,15)	5.5	5.5
15#	3.33	70.74	(10,15)	5.5	5.5
16#	1.67	29.26	(5,10)	5.5	5.5
17#	1.67	29.26	(5,15)	5.5	5.5
18#	1.67	29.26	(10,15)	5.5	5.5
19#	2.5,3.33	50.00,70.74	5	5.5	5.5
20#	2.5,1.67	50.00,29.26	5	5.5	5.5
21#	1.67,3.33	29.26,70.74	5	5.5	5.5
22#	2.5,3.33	50.00,70.74	10	5.5	5.5
23#	2.5,1.67	50.00,29.26	10	5.5	5.5
24#	1.67,3.33	29.26,70.74	10	5.5	5.5
25#	2.5,3.33	50.00,70.74	15	5.5	5.5
26#	2.5,1.67	50.00,29.26	15	5.5	5.5
27#	1.67,3.33	29.26,70.74	15	5.5	5.5
28#	1	14.24	10	10.5	10.5
29#	0.5	5.20	10	10.5	10.5
30#	0.3	2.45	10	10.5	10.5
31#	0.2	1.34	10	10.5	10.5
32#	0.1	0.48	10	10.5	10.5
33#	1.9	34.87	30	10.5	10.5
34#	1.9	34.87	20	10.5	10.5
35#	1.4	22.92	30	10.5	10.5
36#	1.4	22.92	20	10.5	10.5
37#	0.9	12.24	30	10.5	10.5
38#	0.9	12.24	30	10.5	10.5

续表

试件号	截面深度/mm	截面损失率/%	截面长度/cm	Pumb/m	Probe/m
39#	0.5	5.20	30	10.5	10.5
40#	0.3	2.45	20	10.5	10.5
41#	0.3	2.45	30	10.5	10.5
42#	0.1	0.48	30	10.5	10.5
43#	0.1	0.48	20	10.5	10.5
44#	1.3	20.66	20	10.5	10.5

注：Pumb 为距泵浦光端长度；Probe 为距探测光端长度。

图 8-5　试件制作工艺

8.3　基于轴向分布式光纤的预应力锚索腐蚀损伤的监测方法

本节采用 MTS 液压伺服材料试验机对制作的试件施加阶梯张拉力至工程规定的应力水平，并利用轴向分布式光纤传感器对预应力锚索试件沿程应力应变进行监测。然后，建立轴向分布式光纤应变与预应力锚索腐蚀率数学模型，反映腐蚀程度并能精确定位腐蚀位置，以评估预应力锚索剩余使用寿命。

8.3.1　试验方案

为了模拟钢绞线在工程中所处的高应力状态，采用 MTS 液压伺服材料试验机阶梯张拉钢绞线至工程中规定应力状态。试件最大应力不超过 $1860 \times 66\% \approx 1228$MPa。试验中模拟了腐蚀率为 29.26%、50%、70.74% 的 3 种工况。根据如表 8-5 所示的不同试件允许的最大荷载，以及每个试件 10 个左右加载阶梯，具体试验加载方案如下：

对于截面深度为 1.67mm 即截面损失率为 29.26% 的试件（1#、2#、3#、16#、17#、18#），加载方案如表 8-6 所示。对于截面深度为 2.5mm 的试件（4#、5#、6#、10#、11#、12#、20#、23#、26#），加载方案如表 8-7 和表 8-8 所示。对于4#、5#、6#、10#、11#、12#试件，即截面损失率为 50% 的试件加载方案如表 8-7 所示。对于 20#、23#、26#试件，即截面损失率为 50% 与 29.26% 所组合的试件，加载方案如表 8-8 所示。对于截面深度为 3.33mm 的试件（7#、8#、9#、13#、14#、15#、19#、21#、22#、24#、25#、27#），加载方案如表 8-9、表 8-10、表 8-11 所

示。对于 7#、8#、9#、13#、14#、15#试件，即截面损失率为 70.74%的试件，加载方案如表 8-9 所示。对于 19#、22#、25#试件，即截面损失率为 50%与 70.74%所组合的试件，加载方案如表 8-10 所示。对于 21#、24#、27#试件，即截面损失率为 29.26%与 70.74%所组合的试件，加载方案如表 8-11 所示。

表 8-5　不同截面损失率试件的最大荷载

截面损失率/%	截面深度/mm	最大荷载/kN
70.74	3.33	7
50.00	2.5	12
34.87	1.9	15
29.26	1.67	17
22.92	1.4	18
14.24	1	20
12.24	0.9	21
5.20	0.5	22
2.45	0.3	23
1.34	0.2	23
0.48	0.1	23

表 8-6　截面损失率为 29.26%加载方案

荷载/kN	去截面处应力/MPa	去截面处理论应变/$\mu\varepsilon$	原始截面处理论应变/$\mu\varepsilon$
0	0	0	0
2	121	606	442
4	242	1211	884
6	363	1817	1326
8	485	2423	1769
10	606	3028	2211
12	727	3634	2653
14	848	4240	3095
16	969	4846	3537

表 8-7　截面损失率为 50%加载方案

荷载/kN	去截面处应力/MPa	去截面处理论应变/$\mu\varepsilon$	原始截面处理论应变/$\mu\varepsilon$
0	0	0	0
2	165	825	442
4	330	1650	884
6	495	2474	1326
8	660	3299	1769
10	825	4124	2211
12	990	4949	2653

表 8-8　截面损失率为 50%与 29.26%加载方案

荷载/kN	去截面处应力/MPa	50%截面损失率处理论应变/με	29.26%截面损失率处理论应变/με	原始截面理论应变/με
0	0	0	0	0
2	165	825	606	442
4	330	1650	1211	884
6	495	2474	1817	1326
8	660	3299	2423	1769
10	825	4124	3028	2211
12	990	4949	3634	2653
14	1155	5774	4240	3095
15	1237	6186	4543	3316

表 8-9　截面损失率为 70.74%加载方案

荷载/kN	去截面处应力/MPa	去截面处理论应变/με	原始截面处理论应变/με
0	0	0	0
1	134	670	227
2	268	1339	453
3	402	2009	680
4	536	2679	907
5	670	3348	1133
6	804	4018	1360
7	938	4688	1586

表 8-10　截面损失率为 50%与 70.74%加载方案

荷载/kN	去截面处应力/MPa	去 50%截面处理论应变/με	去 70.74%截面处理论应变/με	原始截面处理论应变/με
0	0	0	0	0
1	134	412	670	227
2	268	825	1339	453
3	402	1237	2009	680
4	536	1650	2679	907
5	670	2062	3348	1133
6	804	2475	4018	1360
7	938	2887	4688	1586

表 8-11　截面损失率为 29.26% 与 70.74% 加载方案

荷载/kN	去截面处应力/MPa	去 29.26% 截面处理论应变/με	去 70.74% 截面处理论应变/με	原始截面处理论应变/με
0	0	0	0	0
1	134	310	670	227
2	268	621	1339	453
3	402	931	2009	680
4	536	1242	2679	907
5	670	1552	3348	1133
6	804	1863	4018	1360
7	938	2173	4688	1586

　　将制作好的试件夹持在 MTS 液压伺服材料试验机上，设定加载功能，记录高精度光纤应变分析仪的读数，试验现场如图 8-6 所示。

图 8-6　试验现场

8.3.2　结果分析与讨论

1. 预应力锚索腐蚀损伤的定位

　　根据轴向分布式光纤监测预应力锚索腐蚀损伤的原理——将预应力锚索腐蚀损伤转化为锚索沿程应力应变的变化，锚索腐蚀损伤处会产生应力集中导致沿程分布的轴向光纤产生应变突变。

　　图 8-7 为不同试件锚索单腐蚀点的腐蚀损伤定位图，从图中可以看到出现应变突变的地方便是锚索发生腐蚀的部位。从图中还可以看出试件截面损失率越大，应变突变越显著，此外高应力状态下的应变比低应力状态下的应变更容易被识别，与 8.1.1 节理论分析一致，说明了轴向分布式光纤锚索腐蚀监测方法适用于高应力

结构；并可对腐蚀损伤应变峰的位置进行精确定位，定位精度能达到 10cm。

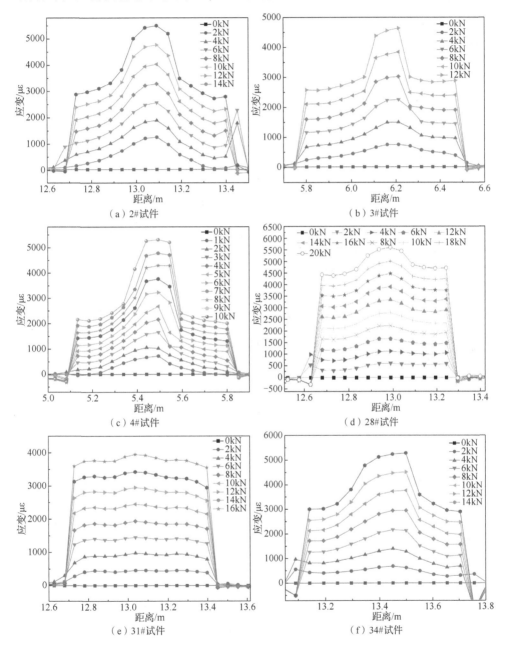

（a）2#试件　　　　　　　　　　（b）3#试件

（c）4#试件　　　　　　　　　　（d）28#试件

（e）31#试件　　　　　　　　　　（f）34#试件

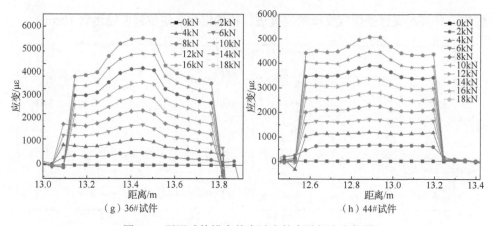

（g）36#试件 （h）44#试件

图 8-7 不同试件锚索单腐蚀点的腐蚀损失定位图

图 8-8 是针对锚索实际腐蚀情况做的补充试验，表示同一根锚索上有两个腐蚀处，且腐蚀程度以及腐蚀范围不同。从图中可以看出同一锚索上有不同腐蚀范围和不同腐蚀程度的损伤也是可以监测的，腐蚀范围越大，应变峰越宽；腐蚀程度越严重，应变峰峰值越大。

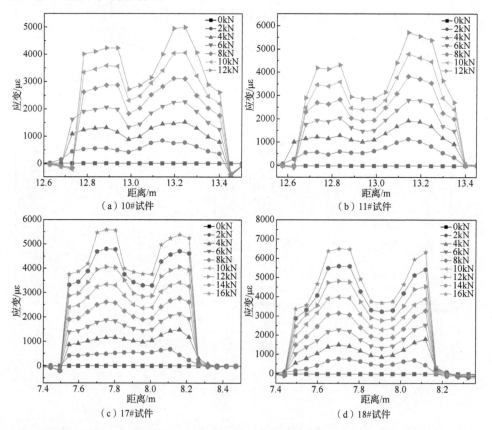

（a）10#试件 （b）11#试件

（c）17#试件 （d）18#试件

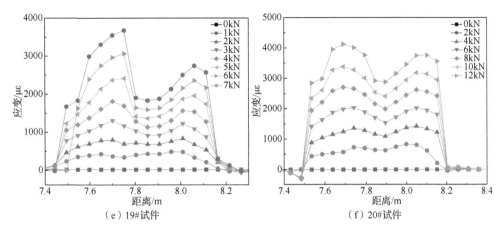

（e）19#试件　　　　　　　　　　（f）20#试件

图 8-8　不同试件的腐蚀定位

2. 预应力锚索腐蚀范围

对于预应力锚索腐蚀损伤监测，不仅要能定位腐蚀位置，还需要知道腐蚀的范围。因为高精度光纤应变分析仪可以设置数据扫描间隔，比如本试验中设计的间隔为 5cm，意味着在处理好的图形中相邻两个点之间的距离为 5cm，那么可以通过应变峰包含的数据点个数 N，计算出腐蚀范围 L（cm），$L=(N-1)\times5$。如果工程中需要其他扫描间隔，把公式中的 5 替换为设置的间隔即可。

依据上述分析，确定不同试件的腐蚀范围（图 8-9～图 8-13），并与实际腐蚀范围进行对比（表 8-12）。由表 8-12 可以看出，测试的腐蚀范围都比实际腐蚀范围偏大 15cm，所以在处理结果时再减去 15cm 即可得到准确的腐蚀范围，腐蚀范围计算公式如下：

$$L=(N-1)\times5-15 \tag{8-29}$$

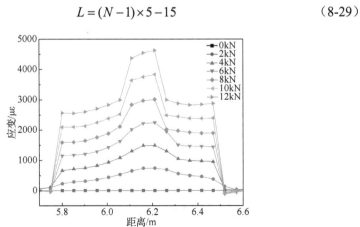

图 8-9　截面长度为 5cm 试件的光纤应变空间分布图（3#试件）

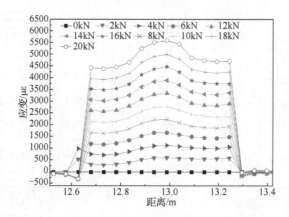

图 8-10　截面长度为 10cm 试件的光纤应变空间分布图（28#试件）

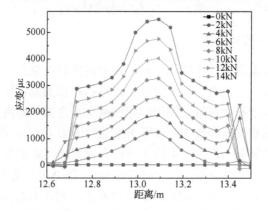

图 8-11　截面长度为 15cm 试件的光纤应变空间分布图（2#试件）

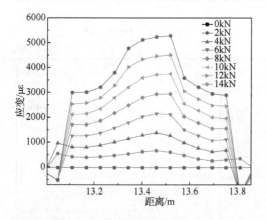

图 8-12　截面长度为 20cm 试件的光纤应变空间分布图（34#试件）

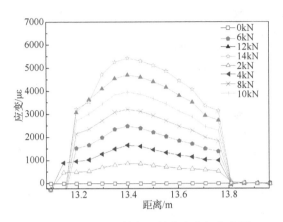

图 8-13　截面长度为 30cm 试件的光纤应变空间分布图（33#试件）

表 8-12　实际腐蚀范围与测试腐蚀范围对比

实际腐蚀范围/cm	测试腐蚀范围/cm	差值/cm	应变峰包含数据点
5	20	15	5
10	25	15	6
15	30	15	7
20	35	15	8
30	45	15	10

3. 预应力锚索腐蚀率数学模型

实际应用中，除需要确定预应力锚索腐蚀损伤位置和腐蚀范围外，还需要获知锚索的腐蚀率。根据预应力锚索腐蚀损伤的数学模型，得到不同预张力下 33#试件的腐蚀率分析表（表 8-13），可以看到与理论计算应变相比，实测钢绞线腐蚀处应变基本吻合，稍偏大，而未腐蚀段光纤采集的应变数据在预张力接近工程规定时与理论基本一致，其原因可能是钢绞线腐蚀处是通过线切割加工来模拟的，其加工精度只能到达 0.1，且钢绞线本身不直导致加工后模拟腐蚀处截面损失率不一致。经计算发现，0.1mm 的深度加工误差可导致 5%左右截面损失率的变化，在应力接近 1238MPa 时可引起 1000με 左右的变化。因此，光纤应变数据是可靠的。

表 8-13　　33#试件不同预张力下的腐蚀率分析（截面损失率 34.87%）

荷载/kN	去截面应力/MPa	去截面理论应变/με	去截面实测应变平均值/με	原始截面理论应变平均值/με	理论腐蚀率/%	实测腐蚀率/%	相对误差/%
0	0	0	0	0	0	0	0
2	156	781	789	570	34.87	27.76	−7.11
4	312	1563	1505	1031	34.87	31.52	−3.35
6	469	2345	2247	1450	34.87	35.47	0.6
8	625	3127	2969	1923	34.87	35.21	0.34
10	781	3909	3707	2380	34.87	35.79	0.92
12	938	4691	4428	2837	34.87	35.93	1.06
14	1094	5473	5122	3256	34.87	36.43	1.56

最后，将光纤应变数据分别代入式（8-22）中，计算钢绞线的截面损失率（表 8-13），对比钢绞线实测损失率 36.43%，可以看到理论与实测腐蚀率是吻合的，因此利用轴向分布式光纤监测钢绞线腐蚀状况是可行的。预应力锚索不同腐蚀率下所对应的钢绞线应变，如表 8-14 所示，从表中可以看到，理论腐蚀率与实测腐蚀率基本吻合，二者误差约为 1%。理论腐蚀率与实测腐蚀率的对比图如图 8-14 所示，从图中可以看出理论腐蚀率与实测腐蚀率基本一致。在 12kN 下，将 33#、34#、36#、37#、38#、39#、40#试件应变数据与腐蚀率作出曲线并与理论作出的曲线对比，如图 8-15 所示，从图中可以看出实测腐蚀率与光纤应变差（腐蚀与未腐蚀情况下）呈线性关系，说明可以通过分布式光纤应变长期实时监测预应力锚索腐蚀损伤。

表 8-14　　理论腐蚀率与实测腐蚀率对比

试件号	理论腐蚀率/%	实测腐蚀率/%	绝对误差/%	腐蚀处实测应变/με	未腐蚀处实测应变/με	应变差值/με
33#	34.87	36.43	1.56	5112	3256	1856
34#	34.87	34.46	−0.41	5102	3344	1758
35#	22.92	22.98	0.06	5538	4265	1273
36#	22.92	23.46	0.54	5385	4122	1263
37#	12.24	12.53	0.29	5299	4635	664
38#	12.24	11.61	−0.63	4567	4036	531
39#	5.20	5.92	0.72	5248	4937	311
40#	2.45	2.86	0.41	4984	4842	142

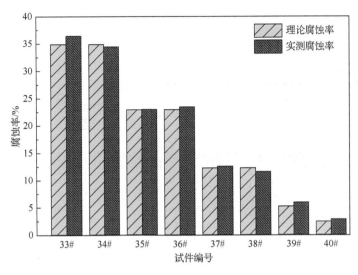

图 8-14　理论腐蚀率与实测腐蚀率的对比图

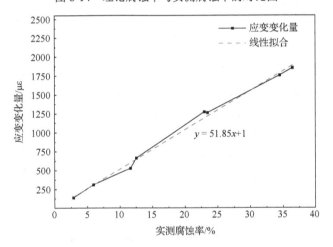

图 8-15　腐蚀长度≥10cm 的试件实测腐蚀率与光纤应变差的关系图

8.4　光纤植入纤维增强复合材料的性能

8.4.1　FBG 智能纤维复合材料的微观力学与界面性能

　　界面黏结的好坏直接影响全分布式光纤传感器的功能，基于作者课题组前期的研究基础[5]，采用了拉挤成型工艺制备纤维复合材料锚索丝，如图 8-16 所示。

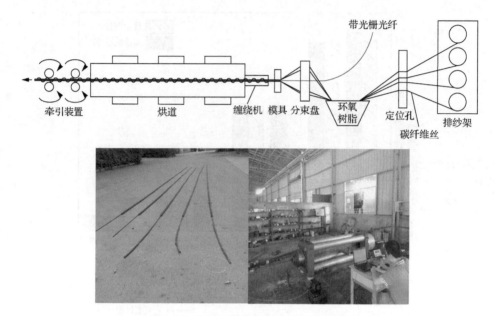

图 8-16 CFRP 筋的制备生产工艺流程

利用拉挤工艺制作复合材料的断面试样，并采用 GeminiSEM300 型扫描电镜（图 8-17）观察界面形貌与复合材料微观结构。首先将断面试样破碎，选取花生米大小的试样（图 8-18），使其上下表面尽量平整。然后用双面胶固定好，进行喷金处理，再放入仪器中进行抽真空处理。最后观察拍摄 SEM 照片。图 8-19 为纤维复合材料的断口形貌，从图中可以看到碳纤维断口整齐，表现为脆性断裂，还可以看到碳纤维的直径为 6μm 左右。

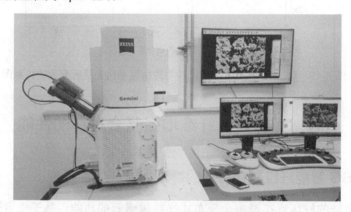

图 8-17 GeminiSEM300 型扫描电镜

图 8-18　纤维复合材料试样

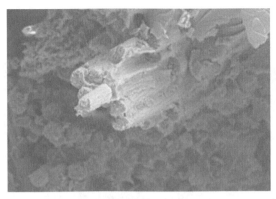
图 8-19　纤维复合材料断口形貌

只有界面黏结良好，埋入的 FBG 才能如实地通过界面传递反映外部环境，因此采用 SEM 分析了 FBG 与复合材料的界面微观性能。光纤由纤芯、包层、涂覆层构成，其中纤芯和包层是光纤的主体，约为 125μm；经涂覆以后，裸纤的直径是 250μm。图 8-20 为 1#智能纤维复合材料的断面扫描电镜图片，从图中可以看到 FBG 与复合材料本身黏结良好，光纤的直径约为 122μm，与光纤芯层的理论直径 125μm 基本吻合；光纤涂覆层的直径约为 250μm，基本与光纤的涂覆层直径吻合较好。图 8-21 为 1#智能纤维复合材料试样的光纤/复合材料成分分析图，Si、O 元素主要分布半径约为 122μm 范围内。C 元素主要分布半径约为 122μm 范围外。但是在 C 元素的分布区域隐约可看到分为两个区域，一个是在直径为 122~250μm 的范围内，这是光纤的涂覆层区域，说明在复合材料的成型过程中由于光纤涂覆层聚酰亚胺的软化，碳纤维已经渗透入该区域，导致碳含量增大；另外一个是直径大于 200μm 的范围，C 元素的含量明显增大，这说明是复合材料的区域。从图中还可以看到光纤传感器和复合材料的界面黏结良好，良好的界面结合可以使外部荷载很好地传递到传感元件上，FBG 就能够如实地反映外部的力学环境，进而为纤维增强复合材料的智能功能提供可靠的保证。

图 8-22 为 2#智能纤维复合材料的断面扫描电镜图片，从图中可以看到 FBG 与复合材料本身黏结良好，光纤的直径约为 100μm，与光纤芯层的理论直径 125μm 基本吻合；光纤涂覆层的直径约为 236.9μm，基本与光纤的涂覆层直径 250μm 吻合较好。图 8-23 为 2#智能纤维复合材料试样的光纤/复合材料成分分析图，Si、O 元素主要分布半径约为 100μm 范围内，与图 8-22 的分析是一致的，C 元素主要分布半径约为 100μm 范围外，与图 8-22 的分析也是一致的。但是在 C 元素的分布区域可较清晰地看到分为两个区域，一个是在直径为 100~200μm 的范围内，这是光纤的涂覆层区域，说明在复合材料的成型过程中由于光纤涂覆层聚酰亚胺的软化，碳纤维已经渗透入该区域，导致 C 含量增大；另外一个是直径大于 200μm

的范围，C 的含量明显增大，这说明是复合材料的区域。从图中也可以看到光纤传感器和复合材料的界面黏结良好。

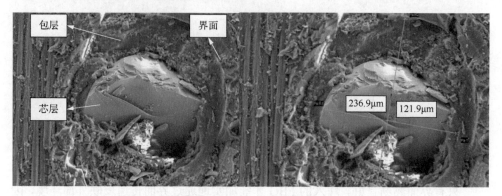

图 8-20　1#智能纤维复合材料的断面扫描电镜图片

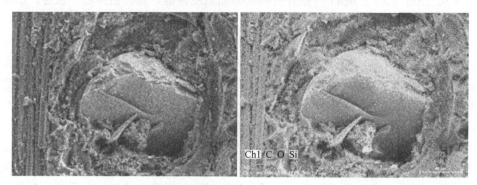

图 8-21　1#智能纤维复合材料试样的光纤/复合材料成分分析

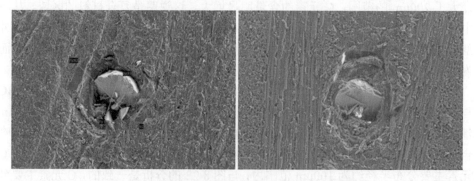

图 8-22　2#智能纤维复合材料的断面扫描电镜图片

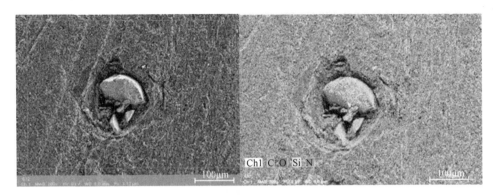

图 8-23 2#智能纤维复合材料试样的光纤/复合材料成分分析

8.4.2 界面的疲劳特性

为了研究光纤与复合材料的界面疲劳特性[6]，本节拟采用 FBG 模拟全分布式光纤传感器研究界面的动态力学性能。拉伸采用 TENSON 材料试验机，荷载精度为 0.03 kN，同时，用疲劳试验机（最大荷载 200kN）加载 20Hz 的正弦交变荷载。宽带光源 BBS（1525～1575nm）发出的光入射到 FBG 上，在持续加载的作用下，布拉格中心波长产生移位，负载光被 FBG 反射导入光谱分析仪 SM125，便可监测出布拉格波长移动量，智能纤维复合材料的传感特性试验现场如图 8-24 所示。本试验通过验证 FBG 波长与动态应变之间的关系，获取传感器的应变敏感特性，为后期的监测提供有力保证。图 8-25 为智能纤维复合材料的应变传感特性，从图中可以看到 FBG 波长从 1519.619nm 变化到 1520.525nm，经历了两个循环，这与实际的加载过程是吻合的（加载到 5kN 后卸载，过程重复两次）。图 8-26 为疲劳荷载（20Hz）下的 FBG 波长时程曲线，FBG 的波长变化能良好地反映出荷载变化，从图中可以体现出 FBG 反映的频率也是 20Hz。因此，智能纤维复合材料的 FBG 能很好地反映激励信号。

图 8-24 智能纤维复合材料的传感特性试验现场

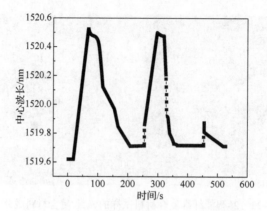

图 8-25　智能纤维复合材料的应变传感特性

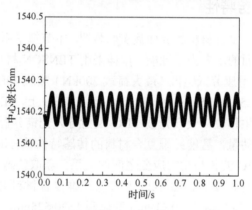

图 8-26　疲劳荷载下 FBG 波长时程曲线

参 考 文 献

[1] 余万超, 韩道均, 唐树名. 预应力锚索腐蚀原理与防腐技术方法初探[J]. 公路交通技术, 2007(3): 131-133.

[2] 王大富, 施养杭, 黄庆丰. 混凝土应力腐蚀研究现状[J]. 山西建筑, 2010, 36(8): 60-61.

[3] 王雪慧, 钟铁毅. 混凝土中锈蚀钢筋截面损失率与重量损失率的关系[J]. 建材技术与应用, 2005(1): 4-6.

[4] 李守平, 何广洲, 李建华, 等. 丙烯酸酯结构胶粘剂改性研究进展[J]. 粘接, 2015, 36(10): 86-89.

[5] 杜彦良, 邵琳, 李剑芝, 等. 适用于斜拉索的智能混杂纤维复合材料的研究[J]. 功能材料, 2008(2): 282-285.

[6] 杨曦凝, 王维, 陈浩然, 等. 光纤光栅传感器在复合材料中的健康监测技术[J]. 交通科技与经济, 2014, 16(3): 125-128.